Spiel, Physik und Spaß

Christian Ucke und
H. Joachim Schlichting

Beachten Sie bitte auch
folgende interessante Titel

Gross, M.

9 Millionen Fahrräder am Rande des Universums
Obskures aus Forschung und Wissenschaft
2011
ISBN: 978-3-527-32917-5

Schilling, G., Christensen, L. L.

Unser Fenster zum Weltraum
400 Jahre Entdeckungen mit Teleskopen
2008
ISBN: 978-3-527-40867-2

Posch, T., Freyhoff, A., Uhlmann, T. (Hg.)

Das Ende der Nacht
Die globale Lichtverschmutzung und ihre Folgen
2009
ISBN: 978-3-527-40946-4

Spiel, Physik und Spaß

Physik zum Mitdenken und Nachmachen

Christian Ucke und H. Joachim Schlichting

WILEY-VCH

WILEY-VCH Verlag GmbH & Co. KGaA

Autoren

Dr. Christian Ucke
Rofanstr. 14 B
81825 München
christian.ucke@web.de

Prof. Dr. Hans-J. Schlichting
Institut für Didaktik der Physik
Westfälische Wilhelms-Universität
Wilhelm-Klemm-Str. 10
48149 Münster
schlichting@uni-muenster.de

Titelbild
Darstellung des Konzeptes „Trinkente".
Mit freundlicher Genehmigung
von Herrn Peter Märki
(www.klangspiel.ch).

1. Nachdruck 2012

1. Auflage 2011

Alle Bücher von Wiley-VCH werden sorgfältig erarbeitet.
Dennoch übernehmen Autoren, Herausgeber und Verlag
in keinem Fall, einschließlich des vorliegenden Werkes,
für die Richtigkeit von Angaben, Hinweisen und Ratschlä-
gen sowie für eventuelle Druckfehler irgendeine Haftung

**Bibliografische Information
der Deutschen Nationalbibliothek**
Die Deutsche Nationalbibliothek verzeichnet diese
Publikation in der Deutschen Nationalbibliografie;
detaillierte bibliografische Daten sind im Internet über
<http://dnb.d-nb.de> abrufbar.

Printed in the Federal Republic of Germany

Gedruckt auf säurefreiem Papier

Satz   TypoDesign Hecker GmbH, Leimen
Druck und Bindung   betz-druck GmbH, Darmstadt
Umschlaggestaltung   Simone Benjamin,
McLeese Lake, Canada

Print ISBN   978-3-527-40950-1

Inhaltsverzeichnis

1   Einleitung

Mechanik

6   Physik mit Büroklammern

9   Der Schwirrring – Rotierende Scheiben am rotierenden Ring

12   Zylinder- und Kugelkreisel

15   Steh auf Kreisel

18   Keltische Wackelsteine

20   Vom Zauber der Hui-Maschine

23   Pustekreisel

26   Der Flug des geflügelten Samens

29   Roll, Kegel roll!

31   Wobbler oder Zwei-Scheiben-Roller

34   Konstruktiver Gegenwind – am Widerstand wachsen

37   Tanzende Puppen und rasende Bürsten

40   Paradoxe Federn

43   Springspielzeug

46   Das „Metapendel" – oder: eine sich selbst antreibende Schaukel

48   Schwingende Puppen und Wolkenkratzer

51   Der Spielzeugspecht

54   Paradoxe Sanduhren

57   Der Trank aus dem Tantalus-Becher

60   Knackige Physik

63   Ein Hammer aus Wasser

65   „Wie lieb und luftig perlt die Blase

68   Atomix – handliche Festkörperphysik

71   Die Energie der Musik

73   Es tönen die Gläser

Thermodynamik

78   Das Liebesthermometer

80   Der trinkende Storch

84   Das Goethe-Barometer

87   Das Galileo-Thermometer – Termometro Lento

89   Lavalampen

92   Die Weihnachtspyramide als Aufwindkraftwerk

95   Spielerisches Bimetall

Elektromagnetismus

100   Der einfachste Elektromotor der Welt

102   Klassische Magnetkreisel

104   Die Magnetkanone

Optik

110   Die Kunst der Verzerrung – anamorphotische Abbildungen

112   Der chinesische Zauberspiegel

114   Das Bild vom Bild – der Zauberspiegel Mirage

117   Kaustik in der Kaffeetasse

120   Ein Regenbogen ohne Regentropfen

123   Durch Farbe in die dritte Dimension

127   Morphing, Zoom und 3D-Bilder

131   Kinetische Farben – Entmischung von weißem Licht durch Bewegung

134   Physikalische Spielereien mit Trinkgläsern

Anhänge

138   Wo sind physikalische Spielzeuge erhältlich?

140   Informationen und Literatur

143   Mitautoren

145   Stichwortverzeichnis

„Das Spiel ist die höchste Form der Forschung"[1]

Es ist wahr, dieses Spiel
ist ein Probierstein des Gehirns.

Johann Wolfgang von Goethe

Auf den ersten Blick mag die inhaltliche, methodische und phänomenologische Verschiedenheit der Themen überraschen, die in der vorliegenden Sammlung vereinigt wurden. Die Auswahl reicht von Spielzeugen im klassischen Verständnis über Designobjekte bis zu interessanten Gegenständen und Phänomenen des Alltags. Aber auch die Zugänge zu den Themen sind uneinheitlich. Mal stehen exploratorische und experimentelle Aspekte im Vordergrund, mal interessieren besonders die theoretischen Grundlagen. Fast immer geht es aber um die Freude am Spiel, die insbesondere durch Nach- und Mitmachen vermittelt werden soll. Wir haben uns bemüht, wenn möglich konkrete Hinweise für eigene Aktivitäten zu geben. Für fast jedes Alter findet sich etwas. Einiges kann schon Kleinkinder ansprechen, anderes ist für Schüler, Studenten oder Lehrer von Interesse, wieder anderes mögen manche Älteren als Spielzeug aus ihrer Jugend erkennen.

Eines haben alle Beiträge gemeinsam. Sie ziehen durch auffällige oder erst durch spielerische Aktivitäten erkennbar werdende Besonderheiten und überraschende Verhaltensweisen die Aufmerksamkeit auf sich und fordern zu einer physikalisch motivierten Auseinandersetzung heraus. Jedenfalls erging es uns so, und wir wünschen uns, dass auch die Leserinnen und Leser sich dem einen oder anderen Thema zum Spiel mit physikalischem Hintergrund oder zur spielerischen Annäherung an physikalisches Beschreiben und Argumentieren verführen lassen. Vor allem sollte im Spielen und Physiktreiben kein Widerspruch gesehen werden.

Spiel ist den Spielenden ernst

Nach einer weit verbreiteten Ansicht wird Spiel als Gegensatz von Ernsthaftigkeit und damit als unvereinbar mit einer besonders im Ausbildungsbereich geforderten Wissenschaftsorientierung angesehen. Auch wenn diese Aussage bereits im Grundsatz falsch ist [1], gibt sie doch den Tenor der Vorbehalte gegen eine wie auch immer geartete Verbindung von Spiel oder Spielzeug und Physik wieder. Da das Spielen wie andere nichtphysikalische Aktivitäten als dem „physikalischen Verhalten" entgegengesetzt aufgefasst wird, sieht man darin die Gefahr einer „Verflachung" der physi-

kalischen Aktivitäten beispielsweise in der Physikausbildung an Schulen und Universitäten. Dabei wird darauf hingewiesen, dass die erlebnishafte, spielerische Atmosphäre leicht die Ernsthaftigkeit und damit die Konzentration auf das „handfeste" Vorgehen im Physikunterricht beeinträchtigen kann.

Die Geringschätzung von Spiel und Spielzeug im Zusammenhang mit dem Lehren und Lernen von Physik gibt es von jeher. Schon Bernhard Schwalbe, ein Verfechter der Idee, Alltagsgegenstände und Spielzeug im Schulunterricht einzusetzen, stellt fest, dass man sich scheut, „Sachen dieser Art in den Unterricht zu bringen, weil dadurch der Anschein der Oberflächlichkeit erweckt und schließlich die ganze Physik als Spielerei aufgefaßt werden könnte" [2]. Bemerkenswert ist, dass die Äußerung zu Beginn des 20. Jahrhunderts erfolgt, als die Verwissenschaftlichung und Wissenschaftsorientierung noch gar nicht „erfunden" waren. Auch Georg Dussler, Verfasser eines auch heute noch als interessante und vielfältige Quelle verwendbaren Buches über physikalische Aspekte von Spiel und Spielzeug, setzt sich mit solchen Vorwürfen auseinander. Er geht davon aus, dass geringschätzige Bemerkungen „umso weniger vorkommen, je wissenschaftlicher" das Spielzeug eingeführt wird „und je ernster die Problemstellung ist" [3].

Andererseits ist die Bedeutung des Spiels und des spielerischen Umgangs mit Alltagsgegenständen immer wieder auch von namhaften Wissenschaftlern hervorgehoben worden und sei es nur dadurch, dass sie selbst spielten und über Spiele und (physikalisches) Spielzeug nachdachten. Beispielsweise hat das auch heute noch bekannte und weit verbreitete Kaleidoskop im Jahre 1814 der berühmte schottische Physiker David Brewster erfunden und beschrieben. Auch einige der von uns behandelten Objekte sind durch spielerischen Umgang von Naturwissenschaftlern hervorgebracht worden. Darauf wird in den entsprechenden Beiträgen kurz eingegangen.

Erinnert sei in diesem Zusammenhang auch daran, dass das Glücksspiel für Blaise Pascal der Ausgangspunkt für seine Erarbeitung der Wahrscheinlichkeitsrechnung bildete [4]. Die Wahrscheinlichkeitsrechnung spielt heute in Form von statistischen Theorien eine fundamentale Bedeutung für die moderne Physik. Würfel- und Urnenspiele, wie sie

---

[1] Albert Einstein

beispielsweise Manfred Eigen und Ruthild Winkler [5] entwickelten, haben in der Methode der zellulären Automaten eine große Verallgemeinerung erfahren. Sie zeigen die Tragfähigkeit eines „spielerischen" Zugangs nicht nur zu Problemen der modernen Physik, sondern der gesamten Naturwissenschaften und noch darüber hinaus.

Ein konkretes Beispiel für die „Wissenschaftshaltigkeit" mancher Spielzeuge ist der Spielzeugkreisel. In zahlreichen Variationen und Weiterentwicklungen ist er immer wieder Gegenstand fachwissenschaftlicher Auseinandersetzungen gewesen. So ist etwa das alle physikalische Intuition trotzende Verhalten des schon lange bekannten Stehaufkreisels [6] erst in den 1950er Jahren physikalisch beschrieben und einigermaßen verstanden worden. Und es wird weiter dazu publiziert. Auch der keltische Wackelstein ist immer noch Gegenstand praktischer und theoretischer physikalischer Überlegungen [7].

Die Herausforderung gerade von Wissenschaftlern durch Spiele und Spielzeug mag Gottfried Wilhelm Leibniz zu dem folgenden Wunsch veranlasst haben: *Je voudrois qu' un habile homme traitât en mathematicien et en physicien de toute sorte de jeux. L'esprit brille dans les jeux, presque plus qu'en toute autre chose* [2]. Dabei geht er davon aus, dass spielerisches Handeln nicht auf den Aspekt der Zerstreuung reduziert werden kann, sondern zu mathematischen und physikalischen Anstrengungen führt, deren Erfolg ein geistiges Vergnügen bereitet [8].

Vom Spiel zur Physik

Spielzeuge und andere Alltagsgegenstände sind keine physikalischen Gegenstände und Spiele keine physikalischen Vorgänge. Wie bei anderen lebensweltlichen Vorgängen und Objekten dominieren nichtphysikalische Aspekte: „Spiel (hier auch als spielerischer Umgang mit Alltagsgegenständen verstanden) ist eine freiwillige Handlung oder Beschäftigung, die innerhalb gewisser festgesetzter Grenzen von Raum und Zeit nach freiwillig angenommenen ... Regeln verrichtet wird, ihr Ziel in sich selber hat und begleitet wird von einem Gefühl der Spannung und der Freude und einem Bewußtsein des 'Andersseins' als das 'gewöhnliche Leben'" [1]. Dieser Aspekt hat bei der Auswahl der von uns ausgewählten Beispiele eine besondere Rolle gespielt. Der Spaß am Spiel ist dabei nicht nur als Selbstzweck zu sehen, sondern kann als Motivation dienen, sich mit den Gegenständen und Phänomenen intensiver zu befassen und eine wissenschaftlich motivierte Auseinandersetzung in Gang setzen.

Der freiwillige, keiner äußeren Zielsetzung verpflichtete spielerische Umgang mit interessanten Gegenständen und Phänomenen ermöglicht es, diese zunächst in ihrer lebensweltlichen Realität wahrzunehmen und zu erleben. Nur vor diesem Hintergrund ist es möglich, das Besondere des physikalischen Zugangs zu erkennen und sich vor diesem Hintergrund klarzumachen, dass die physikalische Sehweise durch eine freiwillige Beschränkung des Blicks zustande kommt: Die Besonderheiten der physikalischen Sehweise, die Vorteile (quantitative Beschreibung, exakte Vorhersagen), aber auch die Nachteile (Absehen von erlebnishaften, sinnlichen und ästhetischen Aspekten) gegenüber dem gewohnten mehr intuitiven Erfassen der Welt kann auf diese Weise konkret erfahren werden.

Nehmen wir als Beispiel den *trinkenden Storch*, ein aus Glas geblasener „Vogel", der in mehr oder weniger regelmäßigem Rhythmus den Schnabel in ein Glas mit Wasser taucht und scheinbar ohne äußeren Antrieb in Bewegung bleibt. Beim rein spielerischen Umgang mit dem Objekt käme man über eine Beschreibung der Korrelation zwischen der sichtbaren Bewegung der Flüssigkeit im Innern des Glaskörpers und den Trinkaktivitäten nicht hinaus. Man müsste sie als gegeben hinnehmen.

Erst unter physikalischer Perspektive erkennt man die Verdunstung der Flüssigkeit auf dem Kopf als Voraussetzung der inneren Bewegungsvorgänge. Auf dieser Grundlage entpuppt sich schließlich der Storch als „alter Bekannter" (Martin Wagenschein), nämlich als eine Kombination aus Wärmepumpe und Wärmekraftmaschine. Spielerisches Explorieren liefert zunächst den Überblick über die Verhaltensmöglichkeiten. Darauf aufbauend hilft das physikalische Vorverständnis, das Verhalten des Vogels auf wenige physikalische Zusammenhänge zurückzuführen. Die damit angesprochenen physikalischen Voraussetzungen beschränken sich aber weitgehend auf Schulkenntnisse.

Spielerische Physik

Wer Physik nur an künstlichen, fiktiven Objekten und gereinigten Phänomenen erfährt, deren einziger Zweck darin besteht, isolierte physikalische Zusammenhänge und Gesetzmäßigkeiten zu offenbaren, wird Schwierigkeiten haben, Physikalisches im Alltag zu entdecken. Die in der vorliegenden Sammlung diskutierten Gegenstände und Phänomene sind von physikalischen Idealgestalten meist weit entfernt. Das Physikalische muss ihnen erst einmal abgerungen werden. Wer sich in diesem Sinne mit ihnen auseinandersetzt, kann ein Gefühl dafür erlangen, was es heißt, Alltägliches unter physikalischer Perspektive zu betrachten und zu beschreiben [9]. Um diesen Prozess zu vereinfachen, sind die Beispiele durchweg so ausgewählt, dass sie bereits eine gewisse Affinität zu physikalischen Fragestellungen besitzen. Einige Beispiele:

- Das Kugelspiel *Atomix* kann zwar unter rein spielerisch-ästhetischem Aspekt betrachtet werden, die Analogie zu Kristallmustern bietet sich jedoch geradezu an.
- Die *Lavalampe* ist zwar ein Designobjekt, das kaum für physikalische Untersuchungen konzipiert wurde, die Dynamik der Flüssigkeiten in der Lampe fordert jedoch die physikalische Intuition unmittelbar heraus.
- Der *einfachste Elektromotor der Welt* ist zwar mit wenigen Handgriffen ohne technische und physikalische

---

[2] "Ich wünschte mir, dass ein fähiger Mann jede Art von Spiel mathematisch und physikalisch behandelte. Der menschliche Geist glänzt in den Spielen beinahe mehr als in allen anderen Dingen." (Übers. HJS)

Kenntnisse konstruierbar und beherrschbar, seine Funktionsweise erschließt sich aus diesem Vermögen noch lange nicht. Aber die Motivation, das rein manuell-spielerisch Beherrschbare auch physikalisch zu durchschauen und zu verstehen kann übermächtig werden und Aktivitäten in Gang setzen, die ohne Spiel nicht denkbar gewesen wären.

• Ein Blick in ein Trinkglas ist normalerweise weit davon entfernt, etwas mit Physik zu tun zu haben. Es sei denn, man fragt sich unversehens, warum eines der eigenen Spiegelbilder auf dem Glas kopfüber zu sehen ist.

Die Auswahl der Objekte erfolgte nicht nur nach dem Gesichtspunkt der physikalischen Einfachheit, sondern auch nach der Interessantheit ihrer Verhaltensmöglichkeiten, der manuellen Beherrschbarkeit und spielerischen Zugänglichkeit. Aber auch ästhetische Aspekte und intellektuelle Herausforderungen spielten eine Rolle. Einige der von uns beschriebenen Objekte sind quantitativ nur sehr schwer zugänglich. Dennoch lässt sich auf qualitativer Ebene meist ein generelles Verständnis anbahnen, das uns vor dem Hintergrund eines vor allem spielerischen Interesses angemessen erscheint. Anderen Objekten liegen zwar physikalisch einfache Prinzipien zugrunde. Sie liegen jedoch in der komplexen „Verkleidung" des Objekts nicht auf der Hand und müssen „erarbeitet" werden.

Zur Auswahl der Themen

Die im Folgenden dargestellten Themen sind zu einem großen Teil überarbeitete und aktualisierte Beiträge der Rubrik *Spielwiese* in *Physik in unserer Zeit*, die von den Autoren begründet wurde und weiterhin betreut wird. Weitere Themen sind überarbeitete und aktualisierte Beiträge, die von den Autoren in diversen fachdidaktischen Zeitschriften publiziert wurden. Einige Beiträge wurden speziell für dieses Buch verfasst.

Um die spielerischen Aspekte und Handlungsmöglichkeiten zu erweitern haben wir uns bemüht, wenn möglich konkrete Hinweise zur eigenen Herstellung der Objekte zu geben. Außerdem sind charakteristische Schlagwörter angegeben, mit denen im Internet (zum Beispiel bei YouTube) oft weitere Anwendungen, Varianten, Vertiefungen und manchmal originelle Visualisierungen gefunden werden können. Darüber hinaus sind die bei den einzelnen Beiträgen angegebenen Internetlinks zusammengefasst unter www.ucke.de/buchlinks.pdf herunterladbar, da das Abschreiben von Links mühsam und fehleranfällig ist.

Alles in Allem hoffen wir, dass es den Leserinnen und Lesern Spaß macht, sich mit den im vorliegenden Buch dargestellten Objekten und Phänomenen zu befassen und vielleicht zu eigenem Tun anregen lassen, sei es nun rein spielerisch-praktischer oder theoretischer Art. Und schließlich sei noch an ein Wort George Bernard Shaws erinnert:

Wer älter wird, der wird
nicht aufhören zu spielen.
Aber wer aufhört zu spielen,
der wird älter.

Literatur

[1] J. Huizinga, Homo Ludens. Vom Ursprung der Kultur im Spiel, Hamburg **1956**.
[2] B. Schwalbe, zit. nach [3].
[3] G. Dussler, Spiel und Spielzeug im Physikunterricht, Otto Salle, Frankfurt **1933**.
[4] H. Meschkowski, Was wir wirklich wissen, Piper, München **1984**.
[5] M. Eigen, R. Winkler, Das Spiel, Piper, München **1975**.
[6] N. M. Hugenholz, Physica **1952**, *XVIII* (8–9), 515.
[7] H. K. Moffatt, T. Tokieda, Celt reversals: a prototype of chiral dynamics, Proc. of the Royal Society of Edinburgh A **2008**, *138*, 361.
[8] G. W. Leibniz, zit. nach: M. Parmentier (Hrsg.), La naissance du calcul différentiel. Paris **1989**, 168.
[9] H. J. Schlichting, Physik Journal **2008**, 7 (8/9), 69.

Mechanik

Physik mit Büroklammern

Büroklammern sind allgegenwärtig. Sie schaffen aber nicht nur Ordnung im Papierstapel sondern lassen sich auch für verblüffende physikalische Experimente einsetzen. So geben sie einfache Kreisel ab und veranschaulichen die Formen von Ketten und Hängebrücken.

Dem Norweger Johan Vaaler wird die Erfindung der Büroklammer zugeschrieben. Er ließ sie 1899 in Deutschland patentieren, da Norwegen kein Patentamt hatte. Im Jahr 1999 erschien eine Briefmarke zum Gedächtnis dieser epochalen Erfindung (Abbildung 1). Vaaler vermarktete seine Erfindung nicht. Das geschah kurze Zeit später in den Vereinigten Staaten. Dort beruft man sich auf ein noch früheres US-Patent. Mittlerweile gibt es eine Vielzahl unterschiedlicher Formen von Büroklammern; Milliarden werden jährlich verbraucht.

Abb. 1 *Die Büroklammer wurde 1899 in Norwegen erfunden.*

Kreisel aus Büroklammern

Wie kann man aus einer Büroklammer in möglichst einfacher Weise einen Kreisel herstellen? Der Japaner Takao Sakai hat einige interessante Möglichkeiten beschrieben [1]. Man biege den Draht der Büroklammer auf einem Kreis so um eine Achse, dass der Schwerpunkt des Kreisels in der Kreiselachse liegt, die wiederum aus zwei Halbachsen besteht (Abbildung 2). Dazu muss der Winkel β zwischen den Speichen gerade eine Größe von 53,13 Grad haben. Diesen Winkel zu berechnen ist eine Aufgabe für Physikstudenten im ersten Jahr ihres Studiums. (siehe Infokasten „Der Büroklammerkreisel"). Bei der Konstruktion nehme man Büroklammern mit möglichst weichem Draht. Die lassen sich

sogar ohne Zange verformen. Auf die genaue Einhaltung des Winkels und der Kreisform kommt es nicht an. Am Wichtigsten ist, dass der Schwerpunkt in der Achse liegt.

Dieser Kreisel ist ersichtlich unsymmetrisch. Es gibt jedoch auch einen symmetrischen Büroklammerkreisel (Abbildung 3). Der Winkel β zwischen den Speichen beträgt hier 33,69 Grad. Die Berechnung dieses Winkels ist aufwändiger [2]. Auch die Konstruktion ist schwieriger, da mehr Speichen und Rundungen gebogen werden müssen. Weitere Kreisel aus Büroklammern inklusive eines instabilen Kreisels sind in [2] besprochen.

Ungewöhnlich einfach ist die Konstruktion eines – zweidimensionalen – Stehaufkreisels aus einer Büroklammer (Abbildung 4), die wir nur bei Kamishina gesehen haben [3]. Wie aus der Abbildung ersichtlich, fällt der Schwerpunkt des Kreisels nicht mit dem Mittelpunkt des äußeren Kreises zusammen. Das ist ein charakteristisches Konstruktionsmerkmal des klassischen Stehauf- oder Wendekreisels, der normalerweise aus einem Kugelteil mit Stift besteht. Das Andrehen dieses Stehaufkreisels ist etwas mühsam, da man ihn außen am Kreisrand anfassen muss und deswegen keine sehr hohe Drehzahl erreicht. Der Effekt ist jedoch deutlich sichtbar. Etwas besser geht es, wenn man mit den Zeigefingern (jeweils in entgegengesetzte Richtung) gegen die gegenüberliegenden Seiten des Kreisels stößt. Aber das muss man etwas üben. In jedem Fall ist dieser Stehaufeffekt nicht so spektakulär wie bei dem massiven Stehaufkreisel.

Der Stehaufkreisel aus einer Büroklammer ist eine Variation des Kreisels aus einer Münze oder Scheibe mit einem exzentrischen Loch. Auch hier fällt der Schwerpunkt nicht mit dem Mittelpunkt der Münze zusammen [4].

Für das Verhalten des Stehaufkreisels gibt es leider keine einfache Erklärung, die sich mit wenigen Sätzen formulieren lässt (siehe auch den Beitrag zum Stehaufkreisel).

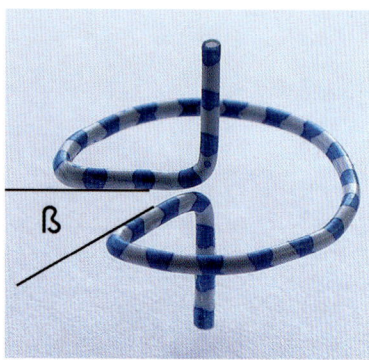

Abb. 2 *Ein Kreisel, der sich aus einer Büroklammer biegen lässt.*

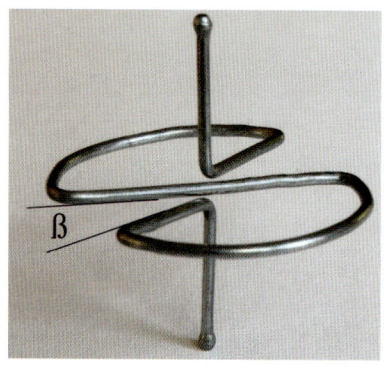

Abb. 3 *Ein symmetrischer Büroklammer-Kreisel.*

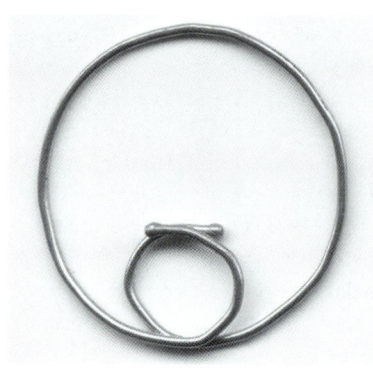

Abb. 4 *Ein Stehaufkreisel aus einer größeren Büroklammer.*

Abb. 5 *Kettenlinie mit 16 Büroklammern. Die Büroklammern sind hinter der idealen Kettenlinie (rot) und Parabel (blau) noch zu erkennen.*

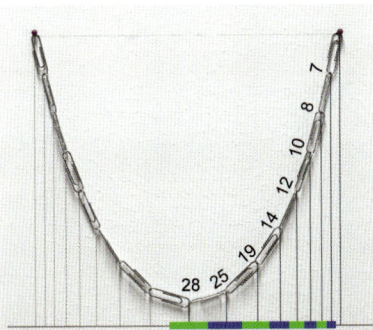

Abb. 6 *Konstruktion einer Hänge-brücke. Die Zahlen stellen den in Millimeter gemessenen Abstand der Tragekabel dar.*

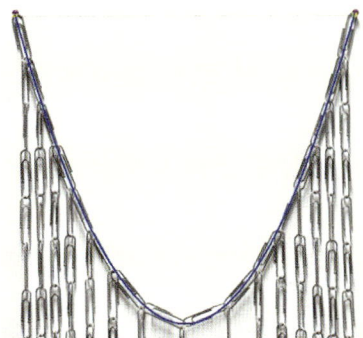

Abb. 7 *Parabel mit 16 Büroklammern und Gewichten. Aus Übersichtsgründen sind die langen Ketten der hängenden Büroklammern nicht ganz abgebildet. Eine ideale Parabel (blau) wurde grafisch darüber gelegt.*

Ketten aus Büroklammern

Welche Kurvenform nimmt eine Kette an, die an ihren beiden Enden aufgehängt wird? Diese Frage stellte sich schon Galileo Galilei – und beantwortete sie falsch, indem er auf eine Parabel tippte. Erst gegen Ende des 17. Jahrhunderts leiteten die Brüder Jacob und Johann Bernoulli sowie Gottfried Wilhelm Leibniz und Christiaan Huyghens die richtige Form ab. Es handelt sich um die Funktion cosinus hyperbolicus (cosh), die auch als Summe zweier Exponentialfunktionen ausgedrückt werden kann. Die Ableitung der Kettenlinie findet sich in vielen Lehrbüchern der Mathematik und Mechanik sowie im Internet, weswegen wir sie hier nicht wiedergegeben.

Mit hinreichend vielen Büroklammern lässt sich die Kettenlinie gut realisieren. Bei wenigen Büroklammern spielen Länge und Verbindung zwischen den Klammern noch eine Rolle. In Abbildung 5 sind die ideale Kettenlinie und eine Parabel gleicher Länge über eine Kette mit 16 Büroklammern gelegt. Deutlich erkennbar stimmt die rote Kettenlinie mit der Büroklammerkette überein, die blaue Parabel hingegen nicht. Der Unterschied zwischen Kettenlinie und Parabel ist besonders markant bei einem relativ starken Durchhang wie in Abbildung 5.

Hängt an jedem Glied einer Kette ein im Verhältnis zum Gewicht eines Kettenglieds großes Gewicht, wie es zum Beispiel bei Hängebrücken der Fall ist, verändert sich die Kettenlinie tatsächlich in eine Parabel (siehe Infokasten „Die Hängebrückenparabel"). Auch das lässt sich mit Büroklammern realisieren. Die im Folgenden beschriebene Möglichkeit ist zwar mathematisch nicht ganz exakt, führt jedoch in der Realität schon beim ersten Versuch zu einem sehr guten Resultat. Man hänge die Kette mit den Büroklammern vor ein Blatt Papier, markiere die Verbindungspunkte der Büroklammern auf dem Papier und zeichne dann senkrecht nach unten gerade Linien. In Abbildung 6 ist das mit der Büroklammerkette aus Abbildung 5 zu sehen. Eine waagerechte Linie stelle die am Hauptkabel der Hängebrücke hängende Last (die Straße) dar. Der am tiefsten Punkt hängende Teil der Straße (grün) ist zugleich der größte und damit auch schwerste Teil. Er geht von der Mitte der linken bis

zur Mitte der rechten Büroklammer. Man hänge an diesen untersten Punkt so viele Büroklammern, wie die Länge des Straßenteils in Millimetern auf dem Blatt Papier beträgt. Der nächste Straßenteil (blau) ist kürzer. An diese Verbindungsstelle hängt man ebenfalls eine der Länge in Millimetern entsprechende Anzahl von Büroklammern usw. Auf diese Weise hängt an jeder Verbindungsstelle das ihm zukommende Gewicht. In Abbildung 6 bedeuten die an der Kette ersichtlichen Zahlen die so ermittelten Millimeter.

Nahe den Endpunkten der Kette hängen nur wenige Büroklammern. Das Verhältnis des Gewichts der hängenden Büroklammern im Verhältnis zum Gewicht des Hauptkabels beträgt hier nur etwa 3 zu 1. Am tiefsten Punkt beträgt das Gewichtsverhältnis etwa 20 zu 1. Diese Veränderung der Gewichtsverhältnisse liegt an unserer Konstruktion, bei der die Abstände der Tragekabel entlang dem Hauptkabel

DER BÜROKLAMMERKREISEL

In Abbildung 9 ist der Kreisel in Aufsicht dargestellt. Wird der Winkel zwischen den Speichen zu groß oder zu klein, liegt der Gesamtschwerpunkt offenbar neben dem Kreismittelpunkt. Zur Berechnung des korrekten Winkels kann man sich auf die Berechnung des Schwerpunkts der beiden Speichen und des gegenüberliegenden, kleinen Kreisbogens der Länge s beschränken. Die anderen Teile des Kreisbogens (rot markiert) liegen symmetrisch zum Kreismittelpunkt und brauchen deshalb nicht berücksichtigt zu werden. Es ist für die Berechnung günstig, den halben Speichenwinkel α einzuführen.

In Abbildung 10 sind Speichen und Kreisbogen herausgehoben. Der Kreismittelpunkt sei der Nullpunkt des Koordinatensystems. Der Abstand des Schwerpunkts des Kreisbogens vom Nullpunkt betrage x_1. Ist s die Länge

des Kreisbogens, berechnet sich wegen der Symmetrie zur x-Achse der Schwerpunkt mit dem Linienintegral

$$x_1 = \frac{\int x\,ds}{s} = \frac{1}{s}\int_{-\alpha}^{\alpha} r\cdot\cos\varphi\cdot r\cdot d\varphi = \frac{2\cdot r^2}{s}\sin\alpha$$

Sind ρ die Dichte des Drahtmaterials und A der Querschnitt des Drahtes, dann ist die Masse des Kreisbogens $m_1 = s\cdot\rho\cdot A$. Bezüglich des Nullpunktes erzeugt der Kreisbogen ein Moment $M_1 = m_1\cdot x_1 = 2\cdot r^2\cdot\sin\alpha\cdot\rho\cdot A$.

Der Schwerpunkt der Speichen liegt bei $x_2 = r/2\cdot\cos\alpha$, die Masse beträgt $m_2 = 2\cdot r\cdot\rho\cdot A$. Das von den Speichen erzeugte Moment bezüglich des Nullpunktes ist $M_2 = m_2\cdot x_2 = r^2\cdot\cos\alpha\cdot\rho\cdot A$.

Aus dem Gleichsetzen beider Momente ergibt sich $\tan\alpha = 0,5$, das heißt $\alpha = 26.565$ °. Der Winkel zwischen den Speichen ist dann $\beta = 2\alpha = 53.13$ °.

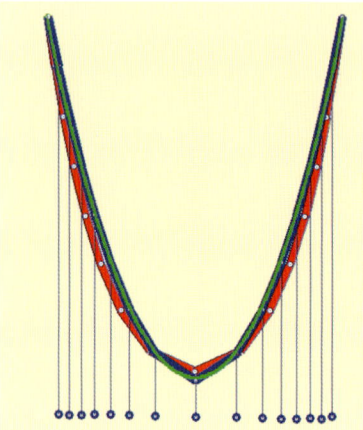

Abb. 8 *Simulation von Kettenlinie und Parabel mit Interactive Physics.*

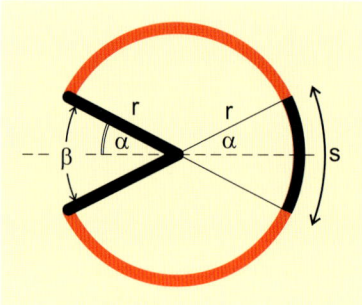

Abb. 9 *Der Büroklammerkreisel in der Aufsicht.*

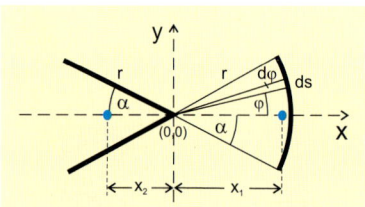

Abb. 10 *Zur Berechnung des Schwerpunktes werden nur noch die Speichen und der gegenüberliegende Kreisbogen betrachtet.*

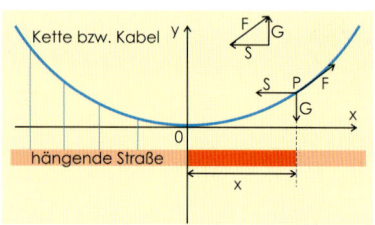

Abb. 11 *Bei einer Hängebrücke ergibt sich als Kurvenform für das Tragekabel eine Parabel.*

DIE HÄNGEBRÜCKENPARABEL

Stark vereinfacht und idealisiert lässt sich die Form der Kurve von Tragekabeln bei Hängebrücken wie folgt ableiten.

In einen Punkt P des Tragekabels einer Hängebrücke wirken drei Kräfte, deren vektorielle Addition sich gerade aufheben muss (Abbildung 11). Als Erstes wirkt die Gewichtskraft G des Straßenteils der Länge x senkrecht nach unten. Als Zweites wird durch die Spannung des Kabels eine horizontale Kraft S ausgeübt. Diese ist über das ganze Kabel hinweg konstant. Als Drittes wirkt eine Kraft F in Richtung der Tangente des Kabels. Diese Tangentialkraft entspricht gerade der Steigung im Punkt P.

Sei nun µ das Gewicht pro Längeneinheit der am Kabel hängenden Straße. Der Koordinatenursprung 0 liege im Fußpunkt der Kurve. Dann ist

das am Punkt P angreifende Gewicht G gerade gleich µx. Bezeichnen wir mit y die Höhe des Kabels im Punkt x, dann ist die Steigung in diesem Punkt

$$y' = \frac{G}{S} = \frac{\mu \cdot x}{S}$$

Daraus erhalten wir durch Integration

$$y = \int \frac{\mu \cdot x}{S} dx = \frac{\mu}{2S} x^2 + C$$

Da der Koordinatenursprung 0 im Fußpunkt der Kurve liegt, muss die Integrationskonstante C = 0 sein.

Für die Form der Kurve ergibt sich somit eine Parabel.

gleich groß sind. Bei realen Hängebrücken ist der horizontale Abstand der Tragekabel gleich groß. Bei ihnen beträgt dieses – konstante – Gewichtsverhältnis etwa 10 zu 1 bis 15 zu 1. Da es kein ideales, masseloses Hauptkabel gibt, stellt die Kurvenform des realen Hauptkabels einer Hängebrücke immer eine Mischung aus einer Kettenlinie und einer Parabel dar. Dies ist in Wirklichkeit auch schon deswegen kein Problem für die Konstrukteure, da bei einem geringen Durchhang der Unterschied zwischen Parabel und Kettenlinie praktisch vernachlässigbar ist. In Abbildung 7 ist schon eine sehr gute Übereinstimmung mit einer idealen Parabel (blau) zu erkennen.

Mit Physik-Simulationsprogrammen wie Interactive Physics [5] oder XYZet [6] lassen sich die beschriebenen Sachverhalte ebenfalls sehr schön veranschaulichen. In Abbildung 8 sind

eine mit 16 Gliedern simulierte Kette ohne Gewichte (dicke, rote Linie), die mit entsprechenden Gewichten versehene Hängebrücke (dicke, blaue Linie unter der grünen Linie) und eine ideale Parabel (dünne, grüne Linie) übereinander gelegt.

Im Internet finden sich unter den Begriffen Kettenlinie, Katenoide, catenary viele Hinweise, sowohl geschichtlicher Art als auch Ableitungen. Außerdem gibt es sehr anschauliche Applets, die den Unterschied zwischen der Kettenlinie und der Parabel verdeutlichen [7, 8].

Literatur und Internet

[1] T. Sakai, Takao, Mathematical Sciences (in japanisch) **1986**, *271* (1), 18.
[2] C. Ucke, Physikalische Blätter **1998**, *54*, 440.
[3] Y. Kamishina, Proceedings of International Workshop on Hands-On Activities for In-School and Out-of-School Learners Focusing on the Marginalized Youth, Pattaya, Thailand **1999**
[4] www.mpi-inf.mpg.de/~schoemer/silvia/kreisel.html
[5] www.interactivephysics.com/
[6] www.ipn.uni-kiel.de/persons/michael/xyzet/
[7] www.arndt-bruenner.de/mathe/java/kettenlinie.htm
[8] demonstrations.wolfram.com/CatenaryTheHangingChain/

Mit folgenden Stichwörtern findet man bei YouTube videos:
paper clip top, paper clip spinner.

Der Schwirrring – Rotierende Scheiben am rotierenden Ring

Unterlegscheiben, Ringe und Reifen können auf überraschende Weise zum Leben erweckt werden, wenn man sie über einen passenden Stab schiebt und in Drehung versetzt. Unter dem Einfluss der eigenen Schwere rotieren sie dann in der einen oder anderen Form am Stab hinab. Wie kommt es zur Drehung und Selbstorganisation solcher Bewegungsfiguren?

Die Spirale ist ein vergeistigter Kreis.
In der Form der Spirale hat der Kreis
– unrund und aufgebogen – aufgehört, schlecht zu sein;
– er ist befreit.

Vladimir Nabokov

Manche Spielzeuge sind Alltagsgegenstände, die einer Spielidee entsprechend benutzt werden. Man denke etwa an Dosendeckel oder andere Wurfscheiben, mit denen schon wie mit einem Frisbee gespielt wurde, als es Frisbees noch gar nicht gab. Der Frisbee ist ein gutes Beispiel dafür, dass kommerzielle Spielzeuge häufig nur eine verbesserte Version längst bekannter Alltagsspielzeuge darstellen.

In diese Kategorie gehört der sogenannte Fiddlestick [1]. Es handelt sich dabei um einen Rundstab, an dem Scheiben zur Drehung und Umrundung des Stabs gebracht werden (Abbildung 1). Hierfür schiebt man eine oder mehrere Scheiben über den Stab und versetzt sie gegen den Stab drückend in horizontale Drehung. In den meisten Fällen rollt die Scheibe dann mit der Innenseite am Stab ab und rotiert leicht gegen die Horizontale geneigt abwärts.

Reizvoll und interessant ist dabei, dass die Scheiben unerwartet gemächlich und mit gleichbleibender Drehfrequenz auf einer spiralförmigen Bahn am Stab hinab rotieren. Auch wenn der Start oft in unterschiedlicher Weise erfolgt, finden sich die Scheiben über kurz oder lang fast immer in ihren Bewegungszustand ein. Und die Bewegungsfigur überlebt ohne Weiteres kleine Störungen in Form von Schwenks mit dem Stab.

Ich fühlte mich an meine Kindheit erinnert (HJS), in der ich einen solchen Stab zum festen Repertoire meiner selbst hergestellten Spielzeuge zählte. Ich benutzte damals Eisendraht (oft Schweißdraht) und Rundhölzer, an denen ich Unterlegscheiben, Schrauben, Ringe und Reifen verschiedener Größe hinabschwirren ließ. Heute ist das Angebot reichhaltiger. Man muss nur einmal mit offenen Augen durch einen Baumarkt oder ein Bastelgeschäft gehen, um zu entdecken, dass sowohl Ringe als auch Stäbe in den verschiedensten Materialien und Ausführungen zur Verfügung stehen. Auch bei der Kombination von Ring und Stab sind der Fantasie kaum Grenzen gesetzt: Man denke etwa an Besenstiele mit Holz- oder Plastikgardinenringen, Gewindestangen mit Schrauben oder Unterlegscheiben unterschiedlicher Größen, Metall- oder Kunststoffrohre mit Metall- oder Kunststoffscheiben und vieles mehr.

Ein aus Gewindestangen und metallenen Unterlegscheiben hergestelltes Phänobjekt war unter dem Namen Spira eine Zeit lang bei der Schweizer Firma Naef erhältlich (Abbildung 2)

Auch das Phänomen der Rotation der Scheiben lässt sich auf vielfältige Weise variieren. Je nach der Art der Scheibe (Durchmesser, Masse, Form (flache oder runde Innenseite, Rauigkeit der Oberfläche) und des Stabs (Durchmesser, Steifheit, Rauigkeit der Oberfläche) kommt es zu unterschiedlichen Bewegungsfiguren. Hier nur einige Beispiele:

- Die Scheibe windet sich in relativ großem Winkel in kurzer Zeit am Stab hinab.
- Die Scheibe rotiert so lange auf derselben Höhe, bis ihre Rotationsenergie nahezu verbraucht ist, und rutscht dann im freien Fall am Stab hinab. Dem Nabokovschen Zitat entsprechend ist dies ein „schlechter Kreis". Es gilt, ihn zu einer Spirale aufzubiegen, um der Scheibe die Freiheit des energetischen Austausches mit der Umgebung und damit ein langes Leben zu ermöglichen.

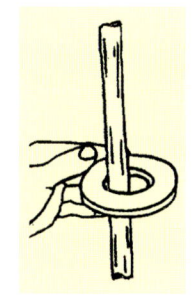

Abb. 1 *Die Scheibe wird mit der Hand in Gang gesetzt und läuft auf einer Spiralbahn am Stab hinab.*

Abb. 2 *Das aus Gewindestangen und Unterlegscheiben hergestellte Phänobjekt der Firma Naef.*

- Die im Kreis gefangene einmalig rotierende und dann abstürzende Scheibe schafft es unter bestimmten Umständen – insbesondere dann, wenn noch ein Rest an Drehimpuls vorhanden ist – an einer tieferen Stelle hängen zu bleiben und die Fallenergie nutzend, ein erneutes Rotationsintermezzo einzulegen.

- Benutzt man gleichzeitig mehrere Scheiben, so laufen sie entweder gleichzeitig in schöner Gleichförmigkeit am Stab hinab, oder eine der oberen Scheiben ist schneller oder steiler als die darunter liegenden und läuft in diese hinein. Dabei kann es zu einer Art elastischer Reflexion der kollidierenden Scheiben kommen. Dieser Vorgang kann sich mehrere Male wiederholen.

- Schließlich kann man es mit einiger Übung und einer relativ stabil rotierenden Scheibe erreichen, die Rotation beliebig zu verlängern.

Man dreht den Stab sehr schnell um kurz bevor die Scheibe das Stabende erreicht hat. Noch schwieriger ist dies mit mehreren Scheiben.

Vom Stab zum Ring: die Zeit wird zyklisch

Die Idee, die „Lebensdauer" der rotierenden Scheiben zu verlängern, kann noch vervollkommnet werden. Biegt man den Stab zu einem Ring, indem man Anfang und Ende miteinander verbindet, so kann die Rotation der Scheiben im Prinzip beliebig lange aufrechterhalten werden. Die Drehung des Rings muss so auf die Rotation der Scheiben abgestimmt werden, dass diese auf derselben Höhe des Rings gleichförmig rotieren. In diesem stationären Zustand bleibt die mittlere Energie der Scheiben konstant, weil durch Reibung genauso viel Energie dissipiert wie durch die Drehung mit den Händen zugeführt wird. Und das kann man deutlich spüren. Lässt man den Ring nämlich einfach mit derselben Geschwindigkeit durch die (nahezu) im tiefsten Punkt befindlichen Scheiben hindurch gleiten, so ist dafür viel weniger Energie nötig, als wenn die Ringe in Rotation gehalten werden.

Eine gelungene Realisation dieser Idee ist das seit vielen Jahren auch als Schwirrring bezeichnete Spielzeug [2]. Eine sehr verbreitete Version dieses

Abb. 3 *Man versetzt die Scheiben mit der Hand in Rotation und dreht dann den Ring in dem Maße, dass die Scheiben in etwa auf gleicher Höhe bleiben.*

Rings hat einen Durchmesser von 28 cm und besteht aus 6,4 mm starkem Metall. Er ist mit fünf Hartplastikscheiben ausgestattet, deren Löcher etwa doppelt so groß sind wie die Stärke des Rings.

Einzelne Scheiben lassen sich leicht starten, während der gleichzeitige Start aller Scheiben eine gewisse Geschicklichkeit voraussetzt. Eine Methode besteht darin, die an der tiefsten Stelle des Rings parallel aufgereihten Scheiben mit der von oben nach unten bewegten flachen Hand streifend in Gang zu setzen (Abbildung 3). Die Bezeichnung Schwirrring soll vielleicht an das Schwirren eines Vogels erinnern, der mit schnellen Flügelschlägen auf der Stelle verharrt und dabei ein gleichmäßiges Geräusch erzeugt.

Der spiralförmige Abstieg

Im Folgenden wollen wir das Schwirren aus physikalischer Sicht erklären. Hierfür nehmen wir an, dass der Ring als gebogener Stab angesehen werden kann. Dann ist die Erklärung des Schwirrens für die Scheibe am Stab auch eine Erklärung für die Scheibe am Ring. Wir beschränken uns also der Einfachheit halber auf eine Betrachtung der Scheibe am Stab.

Hat man die Scheibe gestartet, so findet sie sich relativ schnell in einen stationären Rotationszustand ein. Der Stab hindert sie daran, sich in der Richtung weiter zu bewegen, in der sie angeschoben wurde. Ihr (kontinuierlich oft) wiederholter Versuch, aus Trägheit eine geradlinig gleichförmige Bahn zu verfolgen, wird gewissermaßen durch eine kontinuierliche Kollision des inneren Rings der Scheibe mit dem Stab verhindert. Die auf diese Weise entstehende Kreisbewegung wird durch die (elastische) Kraft hervorgebracht, die im umlaufenden Berührpunkt zwischen Scheibe und Stab wirkt. Sie ist umso größer, je schneller die Scheibe rotiert.

Bei genügend schneller Rotation verhindert diese Kraft einen Absturz der Scheibe unter dem Einfluss der Gewichtskraft: Im Berührpunkt von Scheibe und Stab (Punkt A' in Abbildung 4) bringt sie nämlich eine Haftreibung hervor, die groß genug ist, um die Gewichtskraft zu kompensieren. (Deshalb funktioniert der Start auch nur oberhalb einer Mindestgeschwindigkeit).

Da die Haftreibungskraft anders als die Gewichtskraft nicht im Schwerpunkt der Scheibe angreift, wirkt auf die Scheibe ein kippendes Drehmoment (Kräftepaar in A und A' in Abbildung 4). Infolgedessen tendiert die Scheibe dazu, sich zu der dem Berührpunkt gegenüber liegenden Seite zu neigen. Da aber durch die Neigung der Bewegungszustand der Scheibe geändert würde, kommt es zu einem trägheitsbedingten „Sträuben" gegen diese Änderung. Anders als bei geradlinig bewegten Körpern erfolgt diese aber nicht in Richtung der Einwirkung, sondern wie bei einem Kreisel senkrecht dazu. Dabei wird die durch die Neigung hervorgerufene Schräganstellung der Scheibe im Berührpunkt durch ein entsprechendes um 90 Grad phasenverschobenes Anheben (Kräftepaar in B und B' in Abbildung 4) ständig gerade wieder aufgehoben. Man hat es also mit einer Präzessionsbewegung zu tun, bei der die (gedachte), um den Stab herum rotierende Kreiselachse auf einem Kegelmantel um den Stab herum läuft.

Genau genommen würde nur im reibungsfreien Falle die Schräganstellung der Scheibe durch das trägheitsbedingte Anheben der Scheibe vollständig aufgehoben werden und es zu einer kreisförmigen Bahn kommen. Wegen der reibungsbedingten Energiedissipation wird die Schräganstellung jedoch nicht vollständig aufgehoben. Die Scheibe bleibt etwas schräg nach unten geneigt, und der Kreis um den Stab wird zu einer Spirale zum Fußpunkt des Stabs aufgebrochen.

Dieser Symmetriebruch ist das entscheidende Ereignis. Erst dadurch erwirbt die rotierende Scheibe ganz im Sinne des Ausspruchs von Nabokov die Fähigkeit zur Selbstorganisation, durch die jenes so faszinierende Phänomen hervorgerufen und gegen stets vorhandene äußere Störungen stabilisiert wird.

Interessant ist in diesem Zusammenhang, dass die Energiedissipation nicht etwa zu einer Verlangsamung der Drehung und damit zu einer Verringerung der Haftreibung führt, womit der baldige Absturz unvermeidlich wäre. Die durch die Dissipation bedingte Abwärtsbewegung ermöglicht es der Scheibe nämlich - ähnlich wie ein eine schiefe Ebene hinab rollender Zylinder -, die dadurch verfügbar werdende potentielle Energie zur Erhöhung der Umlaufgeschwindigkeit zu nutzen.

Der Regelmechanismus: Je schneller, desto langsamer

Anstatt aber immer schneller zu werden, geht die Scheibe bereits unmittelbar nach dem geglückten Start in einen stationären Bewegungszustand über. Das ist nur möglich, wenn die die Scheibe beschleunigende Antriebskraft aufgehoben wird durch eine ebenfalls mit der Geschwindigkeit wachsende Bremskraft. Die bremsende Kraft muss sogar schneller mit der Geschwindigkeit zunehmen als die antreibende Kraft, damit erstere letztere „überholen" und infolgedessen begrenzen kann. Im stationären Bewegungszustand müssen beide Kräfte gleich groß sein. Energetisch gesehen kann dieser Zustand konstanter kinetischer Energie nur dadurch aufrechterhalten werden, dass die von außen zufließende Antriebsenergie vollständig dissipiert, sprich als Wärme an

die Umgebung abgegeben wird. Oder anders ausgedrückt: Die rotierende Scheibe muss im zeitlichen Mittel genau so viel Energie aufnehmen wie sie durch Dissipation einbüßt.

Doch woher „weiß" die Scheibe, wie viel Energie sie aus dem Reservoir der zur Verfügung stehenden potentiellen Energie aufnehmen muss, um die stationäre Bewegungsstruktur aufrecht zu erhalten und gegen stets vorhandene äußere Störungen, die sich in Geschwindigkeitsänderungen äußern können, abzubauen?

Zur Beantwortung dieser Frage untersuchen wir zunächst, was passiert, wenn sich die Rotationsgeschwindigkeit erhöht. In diesem Fall überwiegt die Antriebskraft und die Bahnneigung der Scheibe nach unten wird geringer (siehe oben). Folglich verringert sich der Energiezufluss und reicht nicht mehr aus, die Reibungsverluste zu kompensieren: Die Scheibe wird langsamer. Eine Abnahme der Rotationsgeschwindigkeit hat aber wieder eine Vergrößerung der Bahnneigung zur Folge. Dadurch kommt es erneut zu einer Beschleunigung und einer damit verbundenen erhöhten Energieaufnahme und so immer weiter.

In diesem zyklischen Wechselspiel von Beschleunigung und Verlangsamung beziehungsweise Vergrößerung und Verkleinerung der Bahnneigung erkennt man unschwer einen wesentlichen Regelmechanismus für die Stationarität und Stabilität der am Stab hinab spiralenden Scheibe. Deshalb pendelt die Geschwindigkeit - im Normalfall kaum merklich - um den Wert der stationären Geschwindigkeit, die das stationäre Gleichgewicht zwischen Antrieb und Dissipation charakterisiert. Der Regelvorgang lässt sich letztlich reduzieren auf die Aussage: Eine Vergrößerung der Geschwindigkeit hat eine Verkleinerung der Geschwindigkeit zur Folge, die eine Vergrößerung der Geschwindigkeit bewirkt und so weiter. Wir haben es hier also mit einem Rückkopplungszirkel zu tun, den wir in ähnlicher Form auch bei anderen Systemen vorfinden [3].

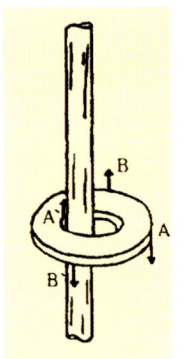

Abb. 4 *An der Scheibe angreifende Kräfte.*

Literatur und Internet

[1] J. Walker, Der fliegende Zirkus der Physik, Oldenbourg, München **2008**, 77.

[2] www.perpetuum-mobile.ch/de/produkte/schwirrring-1222.html

[3] H.J. Schlichting, Physik und Didaktik **1989**, *17* (3), 231.

Mit folgenden Stichwörtern findet man Videos bei YouTube: gyro ring, chatter ring, jitter ring.

Zylinder- und Kugelkreisel

Mit einfachsten Mitteln lassen sich ungewöhnliche Kreisel aus Plastikzylindern, Holzkugeln und magnetischen Kugeln herstellen, die in unerwartete Bewegungen versetzt werden können. Etwas aufwendigere Versionen zeigen überdies interessante optische Erscheinungen.

Nicht jeder Kreisel sieht aus wie Kreisel und nicht jeder Kreisel wird angedreht wie ein Kreisel. Drückt man mit dem Zeigefinger auf das markierte Ende eines flach auf einer möglichst glatten Unterlage liegenden und mit einer Farbmarke versehenen Hohlzylinders und lässt ihn dabei wegschnippen, dann entsteht eine erstaunliche Bewegungsfigur: Der Zylinder rotiert gleichzeitig um seine eigene Längsachse und um eine zur Unterlage senkrechte Achse durch die Mitte des Zylinders. Er rollt dabei auf dem Umfang der gegenüberliegenden Seite des angestoßenen Endes ab.

Der Zylinder beschreibt zunächst einen deutlich sichtbaren Präzessionskegel der reibungsbedingt zunehmend flacher wird. Gegen Ende des noch immer schnell rotierenden Kreisels sieht man deutlich eine stationäre Kreisfläche mit drei Farbpunkten (Abbildung 2). Das kann kein Zufall sein! Vielmehr verweist die Struktur auf ein dreizähliges Verhältnis der beiden Rotationen zueinander: Tatsächlich ist die Länge L des Zylinders gleich dem Dreifachen seines Durchmessers d. Bei jeder Umdrehung um die senkrechte Achse durch die Mitte des Zylinders rollt er gerade dreimal ab und lässt dementsprechend den roten Punkt mit erstaunlicher Regelmäßigkeit dreimal erscheinen. Abbildung 2 stellt eine Übereinanderlagerung von drei Bildern aus einem Video des kreiselnden Zylinders dar und gibt etwa den visuellen Eindruck wieder, kurz bevor der Zylinder stoppt. Zu Beginn des Andrehens des Zylinders sieht man weniger, eventuell auch nur schnell wechselnde Punkte.

Massive Zylinder rotieren wegen ihres größeren Trägheitsmomentes länger. Man muss aber auch mehr Energie aufwenden, um sie anzudrehen.

Physik des Zylinderkreisels

Unmittelbar nach dem Andrehen ist der Winkel φ zwischen der Zylinderachse und der Ebene noch relativ groß. Dann ist auch die visuelle Erscheinung noch nicht eindeutig und schwieriger zu beschreiben. Bei kleinen Winkeln ($\varphi < 10\,°$, Abbildung 3) tritt der geschilderte Effekt deutlich in Erscheinung. Das rechtfertigt die folgende Beschränkung der Betrachtung auf kleine Winkel [1].

Der Zylinder rotiert einerseits mit der Winkelgeschwindigkeit ω um seine Längsachse, zum anderen präzediert er mit der Winkelgeschwindigkeit Ω um eine Achse senkrecht zur Unterlage. Die Geschwindigkeit eines Punktes auf der Zylinderoberfläche setzt sich zusammen aus der Geschwindigkeit v_S aufgrund der Rotation um die Zylinderachse und v_R aufgrund der Rotation um die vertikale Achse (Abbildung 4):

$$v = v_S + v_R = \omega \times r + \Omega \times R.$$

Mit der Voraussetzung eines kleinen Neigungswinkels φ kann man näherungsweise $R \approx L/2$ setzen. Außerdem ist $r = d/2$.

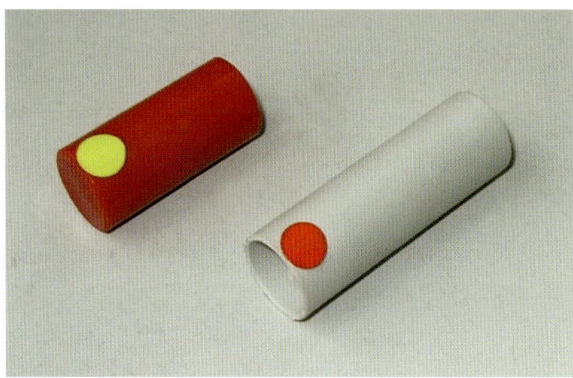

Abb. 1 *Zylinder als Kreisel.*

Abb. 2 *Visueller Eindruck des rotierenden Zylinders.*

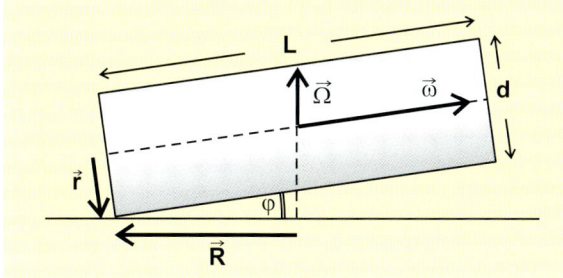

Abb. 3 *Benennungen beim kreiselnden Zylinder* (nach [1]).

Beim Andrehen des Zylinders wird die Geschwindigkeit v_S wegen des reibenden Wegdrückens größer als die Abrollgeschwindigkeit v_R sein. Die Gleitreibungskraft f aufgrund des Schlupfes wirkt jedoch entgegen der Richtung der Geschwindigkeit v_S und die Bewegung läuft automatisch auf schlupffreies Abrollen hinaus.

Der rot gekennzeichnete Punkt P_1 durchläuft eine Zykloide. Eine solche Bewegungsfigur ergibt sich auch bei einer von der Seite gesehenen und bei Dunkelheit leuchtenden Fahrradpedale. Sie schwingt sich in einem Bogen bis zu einem tiefsten Punkt ab, scheint dort einen Moment zu stehen und bewegt sich danach bogenförmig nach oben. In Abbildung 4b ist seine horizontale Relativgeschwindigkeit zur Unterlage beim Durchlaufen der Zykloidenspitze gerade gleich Null ($v = 0$). Gleiches gilt für den grünen Punkt P_2 am anderen oberen Ende des Zylinders. Aus $v = 0$ folgt $\omega = (L/d)\,\Omega$.

Ist das Verhältnis $L/d = 3$, so vollführt der Zylinder bei einer kompletten Drehung um die vertikale Achse gerade drei Umdrehungen um seine eigene Achse. Das bedeutet,

Abb. 5 *Zwei fest miteinander verbundene Holzkugeln bilden einen Kreisel (duo der Fa. Il Leccio; $\varnothing = 25$ mm). Zwei Magnetkugeln ($\varnothing = 10$ mm) bilden ebenfalls einen guten Kreisel.*

dass die am oberen Ende des Zylinders befindliche Farbmarke bei jeder vollständigen Drehung des Zylinders um die vertikale Achse dreimal an den gleichen, um 120° versetzten Stellen zum Stillstand kommt und daher kurzzeitig zu sehen ist. Weil diese Stillstände sehr schnell aufeinander folgen, nimmt das menschliche Auge wegen seines eingeschränkten zeitlichen Auflösungsvermögens ein Muster aus drei stationären Punkten wahr. Bei kleinen Zylindern mit Durchmessern von etwa 15 bis 20 mm werden etwa einige tausend Umdrehungen pro Minute erreicht. Das ist mit einem Stroboskop leicht zu ermitteln.

Komplizierter werden diese Überlegungen für größere Winkel φ. Es sei dafür auf die unter [1] genannte Literatur verwiesen.

Weitere Experimente

Ist das Verhältnis von Länge zu Durchmesser eines Zylinders gerade gleich eins, so ergibt sich aus dem Vorhergehenden, dass eine Farbmarke auf dem Zylinder bei jeder Umdrehung nur genau einmal zu sehen ist. Ein Zylinder mit derartigem Verhältnis ist gar nicht so leicht anzudrehen. Viel einfacher ist es, zwei Kugeln miteinander zu verbinden, die zu einem gleichartigen Effekt führen. Ein solches Objekt bietet die italienische Firma Il Leccio als Kinderspielzeug bereits mit entsprechenden Farbmarken ausgestattet an (Abbildung 5). Zwar beträgt der Abstand zwischen den Kugelenden gerade das Doppelte des Durchmessers. Dreht man diese Doppelkugel jedoch mit dem Finger an, dann rollt sie auf einem Umfang im Abstand von dem halben Kugeldurchmesser ab, so dass sie dem Zylinder mit gleichem Durchmesser und gleicher Länge äquivalent ist.

Mit wenig Aufwand lassen sich derartige Holzkugelkreisel selbst herstellen. Man kann dann auch drei oder

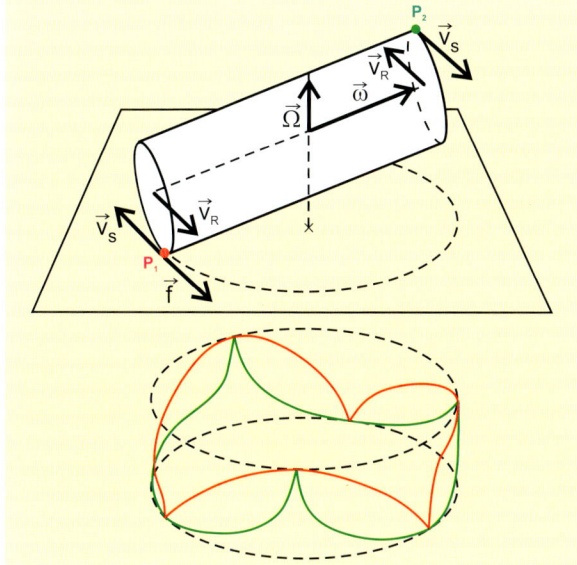

Abb. 4 *Die Vektoren der Geschwindigkeit und Winkelgeschwindigkeit beim rotierenden Zylinder (nach [1] verändert) und die Bahnen von Punkten auf der Zylinderoberfläche für $\varphi \approx 0$ und einem Verhältnis von drei von Länge zu Durchmesser des Zylinders .*

Abb. 6 *Magnetkugeln lassen sich mit einem Strohhalm bis fast 10000 Umdrehungen pro Minute hochdrehen.*

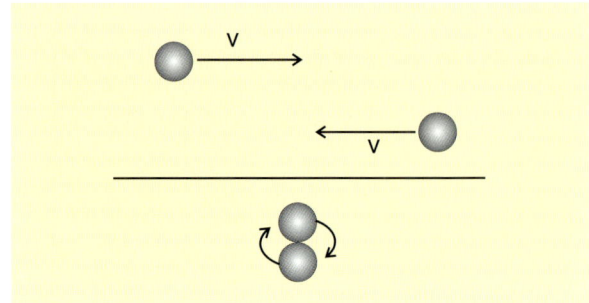

Abb. 7 *Aufeinander zurollende Magnetkugeln vereinigen sich zu hoher Umdrehungszahl.*

mehr Kugeln miteinander verbinden. Holzkugeln mit Vorbohrungen gibt es in Bastelgeschäften.

Wem diese Bastelei zu mühsam ist, der kann bei einschlägigen Versandhändlern [4] magnetische Kugeln kaufen, die von selbst zusammen halten. Man muss nur noch eine Markierung anbringen. Es empfehlen sich Durchmesser von mindestens 10 mm.

Beim Rotieren im Licht von Leuchtstofflampen ergeben sich auf den reflektierenden Oberflächen der Kugeln hübsche stroboskopische Effekte. Geradezu abgesehen auf einen derartigen optischen Effekt hat es der deutsche Künstler Cornelius Degen-Rentsch, der ein Set von zusammengeschweißten Kugellagerkugeln mit einem farbigen LED-Wechsellicht unter dem klangvollen Namen Doppelkugelhochgeschwindigkeitsturbolanglaufkreisel herstellt. Ein Video mit dem optischen Effekt ist unter [5] zu sehen.

Kleinere magnetische Doppelkugeln mit einem Durchmesser von 8 bis 10 mm lassen sich auf einer konkaven Unterlage (großes Uhrglas, Rasier- oder Kosmetikspiegel; Teller) mit Hilfe eines Strohhalmes durch Pusten auf fast 10000 Umdrehungen pro Minute beschleunigen (Abbildung 6).

Bei genügend großer Drehzahl wird die Magnetkraft nicht mehr ausreichen, die Kugeln zusammen zu halten. Dies könnte Befürchtungen aufkommen lassen, die Kugeln könnten dann gewehrkugelartig auseinander schießen. Die Geschwindigkeit v bei der die Kugeln tangential zu ihrer Bahn davonfliegen, lässt sich aus

$$F = mv^2 r$$

berechnen. Setzt man für zwei Magnetkugeln von 8 mm Durchmesser und einer Masse von je 2 g eine Kraft von 9 N ein, so ergibt sich für die kritische Geschwindigkeit

$$v = \sqrt{\frac{F \cdot r}{m}} \approx 4\,\mathrm{m/s}.$$

Es besteht also keine Gefahr, dass man von einer derartigen Kugel erschossen wird. Auch durch noch so kräftiges Pusten haben wir es nicht geschafft, die Magnetkugeln zu trennen.

Ein weiteres interessantes Experiment besteht darin, zwei Magnetkugeln auf einem glatten Untergrund leicht versetzt aufeinander zu rollen zu lassen [2]. Sobald die Magnetkraft der Kugeln ausreicht, die Reibung mit der Unterlage zu überwinden, richten sich entgegengesetzte Pole zueinander aus und ziehen einander an. Bei der Annäherung der Kugeln nimmt wegen der Drehimpulserhaltung ihre Winkelgeschwindigkeit sehr stark zu, so dass sie sich beim Aufeinandertreffen sehr schnell umeinander drehen. Bei diesem Vorgang handelt es sich um die Umkehrung der Trennung der Kugeln voneinander. Tatsächlich erreicht man bei geschickter Wahl von Abstand und Anfangsgeschwindigkeit hohe Drehzahlen des Doppelkugelkreisels.

Literatur und Internet

[1] K. C. Mamola, The Physics Teacher **1994**, *32*, 216.
[2] S. Dail, The Physics Teacher **2006**, *44*, 391.
[3] www.illeccio.com
[4] www.supermagnete.de
[5] www.grand-illusions.com/acatalog/Hurricane_Balls_with_Flower_Pattern.html

Mit folgenden Stichwörtern findet man Videos bei YouTube: spinning tube (rotierender Zylinder beeindruckend in Zeitlupe), Hurricane balls, Magnet Collision Spin Effects, colliding magnetic balls.

Steh auf Kreisel!

Kreisel üben auf viele Physiker eine magische Faszination aus. Der Stehaufkreisel ist dafür ein klassisches Beispiel. Er bietet immer wieder und immer noch überraschende Effekte und neue Einsichten für Praktiker und Theoretiker.

D er Stehaufkreisel oder auch Kippkreisel und Umkehrkreisel (englisch Tippe Top) wurde im Jahre 1891 von Helene Sperl aus München unter dem Namen Wendekreisel patentiert [1]. Allerdings erlosch das Patent schon ein Jahr darauf, weil sie die fälligen Gebühren nicht bezahlte. Vermutlich war der Stehaufkreisel aber schon vorher bekannt [2].

Die Patentschrift enthält genaue Konstruktionszeichnungen (Abbildung 1), doch keiner der maßstäblich nachgebauten Stehaufkreisel zeigt den patentierten Effekt. Die mit einer Halbkugel konstruierten Stehaufkreisel funktionieren nicht.

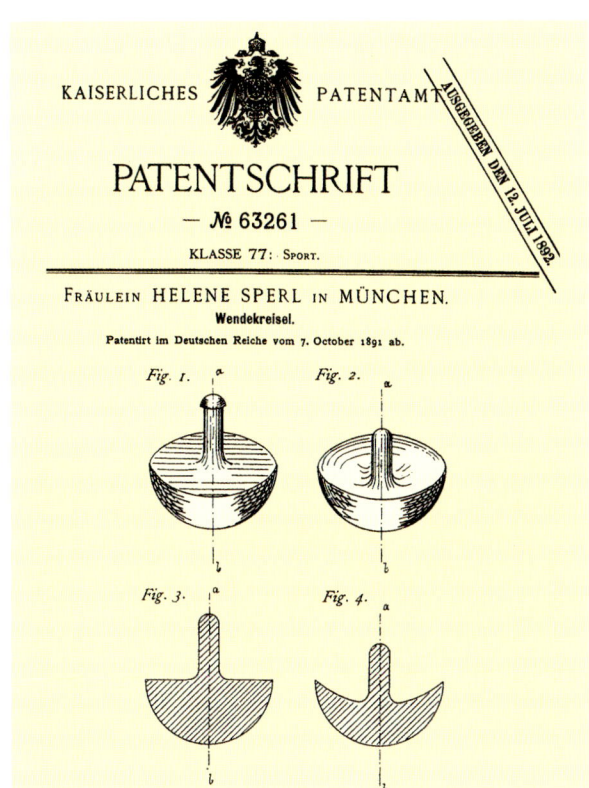

Abb.1 *Patentschrift von 1892.*

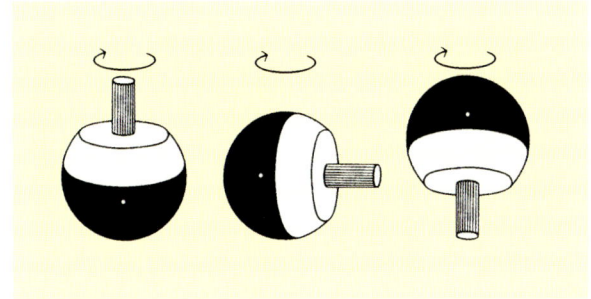

Abb. 2 *Drehsinn beim Aufrichten. Der Schwerpunkt ist mit einem weißen Punkt markiert.*

Reibung muss sein

Legt man einen richtig konstruierten Stehaufkreisel (Abbildung 2) geneigt auf eine ebene Unterlage, so wackelt er mit dem Stift nach oben wie ein Stehaufmännchen hin und her, weil der Schwerpunkt unterhalb des Kugelmittelpunktes liegt. Das Verhalten eines Stehaufkreisels ändert sich aber dramatisch, wenn man ihn zwischen Daumen und Zeigefinger genügend schnell andreht: Nach wenigen Sekunden stellt er sich auf den Kopf – geeigneter Boden mit genügend Reibung vorausgesetzt. Dabei geht der Schwerpunkt von der tiefsten in die denkbar höchste Lage über, und die Richtung des Drehimpulses dreht sich in Bezug auf den Kreisel um, bleibt also nahezu raumfest (siehe die durch die Pfeile markierten Drehsinne in Abbildung 2).

Man kann leicht zeigen, dass sich der Kreisel nur bei Reibung aufrichtet: Wegen der Zunahme der potentiellen Energie bei der Aufrichtung muss die kinetische Energie abnehmen. Da der Stift am Anfang und am Ende fast senkrecht steht, können wir schreiben

$$T_{\mathrm{Anf}} = \frac{I}{2}\omega_{\mathrm{Anf}}^2 > T_{\mathrm{End}} = \frac{I}{2}\omega_{\mathrm{End}}^2$$

wobei die Indizes Anf und End die Anfangs- und Endkonfiguration bezeichnen. T, ω und I sind die kinetische Energie, die Winkelgeschwindigkeit und das Trägheitsmoment.

Folglich muss sich auch der nahezu vertikale Drehimpuls verringern:

$$L_{\mathrm{Anf}} = I\,\omega_{\mathrm{Anf}} > L_{\mathrm{End}} = I\,\omega_{\mathrm{End}}.$$

Daher ist ein vertikales Drehmoment erforderlich, das nur durch eine horizontale Kraft aufgebracht werden kann. Die einzige horizontale Kraft ist aber die Reibungskraft. Auf einem völlig glatten Boden stellt sich der Kreisel deshalb nicht auf den Kopf.

Abb. 3 *Stehaufkreisel faszinieren große und kleine Kinder gleichermaßen Niels Bohr und Wolfgang Pauli betrachten einen Stehaufkreisel anlässlich der Einweihung des neuen Instituts für theoretische Physik in Lund am 31.5.1951 (Foto veröffentlicht mit freundlicher Genehmigung des Instituts für theoretische Physik in Lund).*

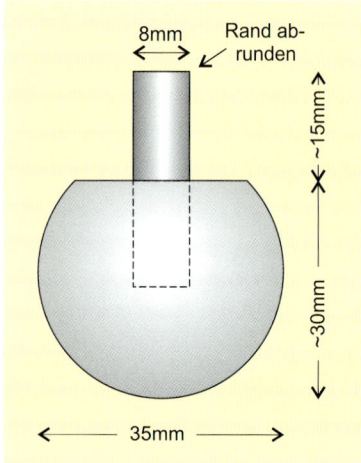

Abb. 4 *Konstruktion eines normalen Stehaufkreisels.*

Die Stabilität rotierender Kreisel hat Kurt Magnus untersucht (siehe Infokasten „Stabilität von rotierenden Kreiseln").

Leider ist eine weitergehende Veranschaulichung der Bewegung nicht möglich. Der Drehimpulssatz $\dot{L} = M$ mit dem Drehmomentvektor M wird zwar für die Aufstellung der Bewegungsgleichungen benötigt, ist aber beim Stehaufkreisel für eine verständliche und anschauliche Erklärung völlig unbrauchbar. Der Grund hierfür ist, dass der Drehimpuls L wie bereits geschildert die Aufrichtung nicht mitmacht, sondern seine nahezu vertikale Anfangsrichtung in etwa beibehält. Die Ursache für das Verhalten des Stehaufkreisels ist tief in den komplizierten und umfangreichen Bewegungsgleichungen verborgen. Sie können nicht analytisch exakt gelöst werden. Einzige Ausnahme bilden einfache Spezialfälle, die keine Aufrichtung zeigen und daher relativ uninteressant sind. Hierzu zählt die reibungsfreie Bewegung auf glattem Boden. Daher ist man auf grobe Näherungen oder numerische Berechnungen angewiesen.

Erst in den 1950er Jahren wurde der Stehaufkreisel genauer theoretisch untersucht und zwar meistens in der Vereinfachung als inhomogene Kugel (Schwerpunkt stimmt nicht mit dem Kugelmittelpunkt überein), das heißt ohne Stift. Sein Verhalten ist noch immer nicht vollständig geklärt, und bis in unsere Zeit erscheinen Publikationen zu diesem Spielzeug [3, 4]. In [4] wird der Stehaufkreisel mit Stift numerisch behandelt. Da der Stehaufkreisel gelegentlich vom Boden abhebt, ein

paar Millimeter durch die Luft fliegt und dann wieder auf den Boden aufschlägt, wird der Boden in [4] als weich mit einer linearen Rückstellkraft angesehen. Experimentelle Beobachtungen und numerische Berechnungen deuten darauf hin, dass der kurzzeitige Doppelkontakt des Kreisels mit dem Boden (Hauptkugel und Stift berühren den Boden zugleich) oftmals entscheidend ist für einen Erfolg der Aufrichtung. Die theoretische Aufstellung und die numerischen Berechnungen der Bewegungsgleichungen sind aufwändig. An der Hochschule kann der Stehaufkreisel in Vorlesungen oder Übungen zur Klassischen Mechanik behandelt werden [5].

Im Internet finden sich diverse Videos, bei denen der Stehaufvorgang sehr anschaulich, zum Teil in Zeitlupe zu sehen ist [8, 9]

Selbstbau von Stehaufkreiseln

In Spielwarengeschäften ist der Stehaufkreisel vielfach nicht mehr bekannt und nicht vorhanden. Im Versandhandel ist er zu beziehen [7].

Stehaufkreisel aus Holz lassen sich jedoch mit verhältnismäßig wenig Aufwand selbst bauen (Abbildungen 4 und 5). Am besten geeignet sind Holzkugeln mit Durchmessern von 30 bis 35 mm und einer Halbbohrung mit einem Durchmesser von 8 bis 10 mm. Kugeln mit einer durchgehenden Bohrung sind auch verwendbar. In Bastelläden und im Internet findet man diese Bauteile.

Bei einer Kugel mit einem Durchmesser von 35 mm sägt man 6 bis 7 mm (~ 1/6 bis 1/5 vom Durchmesser) senkrecht zur Bohrung ab, so dass sich ein Kugelsegment ergibt. Es ist etwas problematisch, ohne Drehbank die Sägefläche senkrecht zur Bohrung auszurichten. Mit feilen und polieren mit Sandpapier ist es aber zu schaffen. In die Bohrung bis zum Anschlag steckt man einen Holzdübel oder einen Rundstab ($\varnothing$ 8 bis 10 mm; Länge 30 bis 40 mm). Eventuell muss man ihn verleimen. Bei Kugeln mit durchgehender Bohrung steckt man dann den etwas längeren Rundstab ganz durch und rundet das eine Ende so ab, dass es mit der Kugelkrümmung rund abschließt. Das andere Ende des Rundstabs, das 15 bis 20 mm aus der Kugel herausstehen sollte, wird etwas abgerundet. Mit der Länge des herausstehenden Stabes kann man experimentieren.

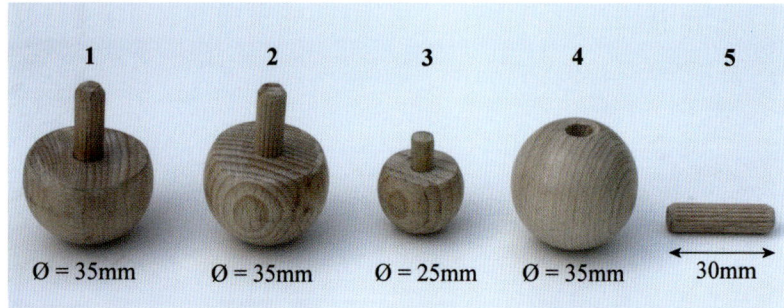

Abb. 5 *Variationen von Selbstbaustehaufkreiseln. Das linke Exemplar funktioniert nicht, es ist zuviel abgesägt. Nr. 2 und 3 funktionieren. Rechts Holzkugel mit Bohrung und Holzdübel.*

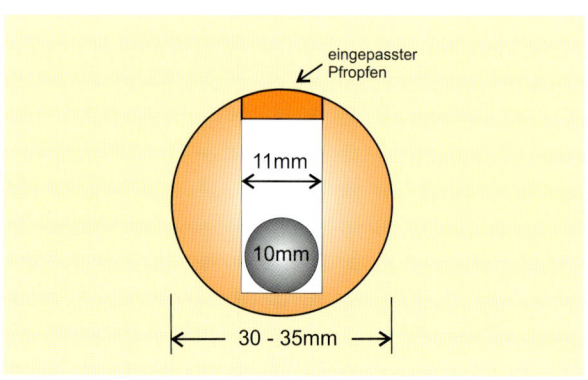

Abb. 6 *Konstruktion eines Multiwendekreisels.*

Der Schwerpunkt des Kreisels muss auf jeden Fall unterhalb des Kugelmittelpunkts liegen. Günstig ist es, wenn sich der Stehaufkreisel wie ein Stehaufmännchen aus jeder Position wieder aufrichtet. Da die Reibung eine ausschlaggebende Rolle spielt, muss die Kugel eventuell mit Sandpapier angeraut werden. Auch die Unterlage darf nicht zu glatt sein.

Sogar ein Multiwendekreisel, der sich mehrfach umdreht, lässt sich aus den genannten Materialien erstellen (Abbildung 6). Bei einer Kugel mit Halbbohrung verbreitert und vertieft man die Bohrung so weit wie möglich, ohne durchzustoßen. In die Röhre legt man eine Stahlkugel mit einem Durchmesser 9 bis 10 mm, die sich frei darin bewegen kann. Den offenen Teil der Bohrung verschließt man mit einer, der Krümmung der Kugel angepassten Kappe.

Ein hinreichend schnelles Andrehen dieses Kreisels mit der Hand ist wegen des relativ großen Durchmessers nur bedingt möglich. Eventuell muss man ein Hilfsgerät (Elektromotor) benutzen. Dann dreht sich der Kreisel mehrfach um. Die Holzkugel mit der Stahlkugel erfüllt die Bedingung, dass der Schwerpunkt nicht mit dem Kugelmittelpunkt zusammenfällt. Der Kreisel dreht sich ein erstes Mal um. Dann fällt die Stahlkugel im Inneren nach unten, und der Kreisel beginnt seinen Umkehrvorgang von Neuem. Beim Andrehen mit etwa 2500 U/min kommt es bis zu drei Wendevorgängen.

Mit einer Drehbank lassen sich die beschriebenen Konstruktionen erheblich günstiger verwirklichen.

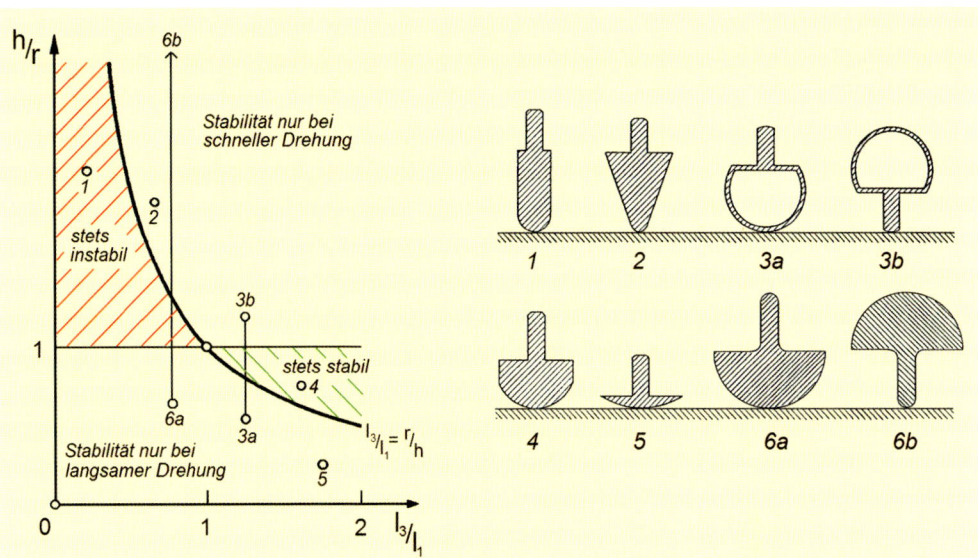

Abb. 7 *Stabilitätsdiagramm für Kreisel, die mit einer geschwindigkeitsproportionalen Reibungskraft über den Boden rutschen. Die zugehörigen Kreiseltypen sind daneben dargestellt* (nach [6], ergänzt).

STABILITÄT VON ROTIERENDEN KREISELN

Kurt Magnus hat mit der Methode der kleinen Schwingungen [5] die Stabilität von vertikal rotierenden Kreiseln untersucht (Abbildung 7). Das sind Kreisel, die um die senkrecht stehende Symmetrieachse rotieren [6]. Seine Aussagen sind daher auf den Anfang und das Ende einer möglichen Aufrichtung beschränkt. Die Ergebnisse lassen sich in einem Stabilitätsdiagramm darstellen. Auf der Abszisse ist das Verhältnis I_3/I_1 aufgetragen, wobei I_3 das Trägheitsmoment für Rotation um die Symmetrieachse und I_1 für Rotation um eine dazu senkrechte Achse durch den Schwerpunkt sind. Auf der Ordinate ist h/r aufgetragen (h Schwerpunkthöhe des vertikalen Kreisels und r Radius des Kugelsegmentes, das den Boden berührt). In das Stabilitätsdiagramm eingezeichnet sind die abgebildeten Kreisel.

Der übliche Stehaufkreisel Nr. 3 ist durch zwei Punkte in dem Diagramm charakterisiert. Für langsame Drehungen ist die Position 3a (Schwerpunkt unterhalb vom Kugelmittelpunkt) stabil, für schnelle Drehungen hingegen ist diese Position instabil und der Stehaufkreisel geht in die Position 3b (Schwerpunkt oberhalb vom Kugelmittelpunkt) über. Die dem Patent von Helene Sperl nachgebauten Kreisel sind bei schneller Drehung in der Position 6a instabil und in der Position 6b stabil – in Übereinstimmung mit dem Stabilitätsdiagramm. Das reicht aber offenbar nicht aus, um den Stehaufeffekt zu garantieren. Beim schnellen Andrehen in der Position 6a kommen sie maximal bis zu dem Punkt, an dem Stift und Halbkugel zugleich den Boden berühren. Ihre Aufrichtung scheitert

Literatur und Internet

[1] Patent Nr. 63261 „Wendekreisel" von Helene Sperl aus dem Jahre 1891/1892.
[2] R. Holler, Kreisel, Hugendubel Verlag, München **1989**.
[3] T. R. Kane, D. A. Levinson, Journal of Applied Mechanics **1978**, *45*, 903.
[4] F. Kuypers et al., Z. angew. Math. Mech. **1994**, *74*, 503
[5] F. Kuypers, Klassische Mechanik, Wiley-VCH, 9. Auflage, Berlin **2010**, dem Buch beigelegt ist eine DVD mit vielen Animationen, auch von Stehaufkreiseln.
[6] K. Magnus, Kreisel – Theorie und Anwendungen, Springer-Verlag **1971**, S. 266.
[7] www.wissenschaft-shop.de
[8] www.physik.uni-augsburg.de/~wobsta/tippetop/index.shtml.de bzw. YouTube
[9] http://www-hotz.cs.uni-sb.de/silvia/kreisel.html

Mit folgenden Stichwörtern findet man bei YouTube viele videos zum Thema Wendekreisel, Stehaufkreisel, Umkehrkreisel, Drehkreisel, tippe top, tippy top.

Dieser Beitrag wurde von Christian Ucke zusammen mit Friedhelm Kuypers verfasst.

Keltische Wackelsteine

*Seit mehr als hundert Jahren faszinieren **Keltische Wackelsteine** Physiker, Kinder und Ingenieure gleichermaßen. Bis heute gibt es keine einfache Erklärung für ihr scheinbar paradoxes Verhalten. Man kann sie leicht selbst bauen, mit etwas Glück an einem Kieselstrand finden oder auch kaufen.*

Keltische Wackelsteine sind in den meisten Fällen nicht aus Stein, wie der Name zunächst vermuten lässt, sondern aus Kunststoff, Holz oder Metall. Das Wesentliche ist ihr wahrhaft erstaunliches Verhalten. Dreht man sie in ihre Vorzugsrichtung um eine Achse senkrecht zur Unterlage an, kommen sie nach einigen Umdrehungen wegen der Reibung zur Ruhe. Dreht man sie in die andere Richtung an, hört nach kurzer Zeit die Rotation auf, und es schaukelt sich eine Wackelbewegung auf. Seeleute würden bei einem Schiff von Stampfen (Wackeln um die Querachse) sprechen. Die Wackelbewegung klingt dann wieder ab, und der Wackelstein fängt an, in die umgekehrte Richtung zu rotieren.

Bei manchen Wackelsteinen kann bei geringer Reibung die Drehrichtung sogar mehrfach wechseln. Dabei vollführt der Wackelstein Schlingerbewegungen (Wackeln um die Längsachse). Das ist nicht nur für Laien verblüffend. Dieses

WHY DOES A RATTLEBACK™ SPIN COUNTERCLOCKWISE?

Rattlebacks™ have a counterclockwise spin bias that results from the shape of the smooth ellipsoidal bottom and the distribution of the mass with respect to the axis of spin. The long axis of the ... axis of the flat top. This skewing and the resulting spin reversal is explained in detail in Jearl Walker's column, "The Amateur Scientist", Scientific American, October, 1979. Just prior to re... axis. This rattling action gives the Rattleback™ its name. We hope you enjoy exploring the curious properties of your Rattleback™.

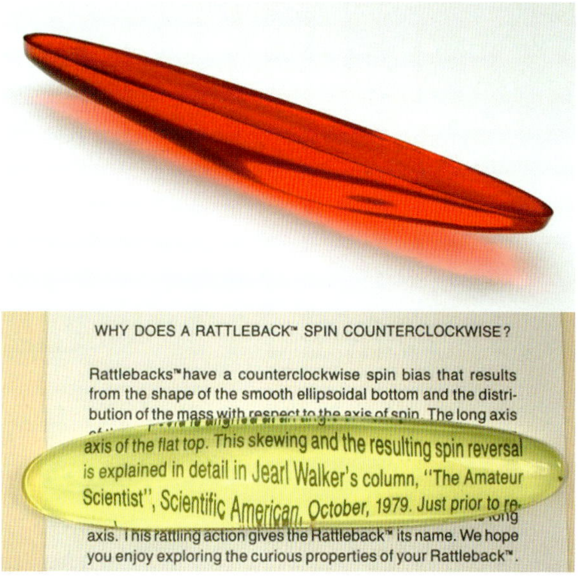

Abb. 1 *Bei diesem keltischen Wackelstein aus transparentem Kunststoff ist der ellpsoidförmige Unterteil mit der dazu unsymmetrischen Massenverteilung deutlich zu erkennen; Länge etwa 10 cm.*

Verhalten scheint dem Drehimpulserhaltungssatz zu widersprechen. Doch daran glauben Physiker nicht.

Natürlich reizt genau das Physiker und Ingenieure. 1896 hat der Engländer Walker [1] erstmals versucht, dieses Verhalten theoretisch zu erklären. Seine Arbeit wurde allerdings kurz darauf vom Referenten der Zeitschrift „Fortschritte der Physik", E. Lampe mit der Bemerkung charakterisiert, er habe daraus „weder den Mechanismus des Kreisels, noch die nachfolgende, mathematische Behandlung verstehen können" [2].

Weitere, mathematisch anspruchsvolle Publikationen zum keltischen Wackelstein erschienen von Magnus [3], Bondi [4], Garcia et al. [5] und Moffat [6]. Unter diesen ist die von Garcia et al. auch für Nichttheoretiker empfehlenswert, weil die Autoren in mehreren, einleitenden Seiten die unterschiedlichen Ansätze nebeneinander stellen und damit einen vergleichenden Überblick ermöglichen. Im Übrigen zeigen die Veröffentlichungen, dass neue Ansätze zur Reibung (Coulombsche Gleitreibung im Zusammenwirken mit der Bohrreibung nach Contensou) sowie heute zur Verfügung stehende Methoden und Rechner das scheinbar paradoxe Verhalten der keltischen Wackelsteine sehr gut erklären können.

Leider gibt es keine einfache Beschreibung. Immerhin existieren aber Ansätze, die mit passablem Aufwand nachzuvollziehen sind und befriedigende Ergebnisse liefern. Hier sei verwiesen auf eine Arbeit von Holzhey et al. [7], die 1985 bei dem Wettbewerb jugend forscht einen Preis gewinnen konnte. In dem Lehrbuch „Mechanik" von Kuypers [8] ist der keltische Wackelstein sogar als Übungsaufgabe (!) für fortgeschrittene Studenten enthalten. Im Internet existiert eine hübsche Simulation eines keltischen Wackelsteins, die aus einzelnen Rechenschritten erstellt wurde [9].

Um auf die obige Bemerkung der Verletzung des Drehimpulserhaltungssatzes zurückzukommen: Dieser ist natürlich nicht verletzt, denn er gilt ja nur, wenn keine äußeren Drehmomente wirken. Beim keltischen Wackelstein treten aber durch die Reibung auf der Unterlage solche – wenn auch ziemlich kompliziert einzusehende – Drehmomente auf.

Wesentlich bei einem keltischen Wackelstein ist seine ellipsoidförmige Unterseite zusammen mit einer dazu asymmetrischen Massenverteilung. Die zwei horizontalen Hauptträgheitsachsen dürfen nicht mit den horizontalen Halbachsen des Ellipsoids übereinstimmen, sondern müssen einen Winkel in der Größenordnung von 5 bis 20 Grad miteinander bilden. Das ist bei einigen Ausführungen sehr deutlich zu sehen.

Versetzt man einen Kreisel in eine Zwangsdrehung um eine Achse, die nicht mit einer der Hauptträgheitsachsen übereinstimmt, so wirkt auf das Achsenlager ein Drehmoment. Bei einem nicht ausgewuchteten Autoreifen schlägt der Reifen und beansprucht das Lager. Beim keltischen Wackelstein ist das Lager jedoch keine feste Achse, sondern durch den jeweiligen Auflagepunkt auf dem ellipsoiden Unterteil gegeben. Und der ändert sich durch die einwirkenden Kräfte dauernd, wodurch es in diesem Fall zum Wackeln kommt.

Eine weitergehende theoretische Betrachtung führt zu aufwändigen Differentialgleichungen, die hier nicht ausgeführt werden können.

Die englische Bezeichnung *Celt* (mit weichem c) steht schon in der Arbeit von Walker. Es kommt vom lateinischen Wort *Celtis,* das soviel wie Meißel bedeutet. Möglicherweise haben Archäologen gedankenversunken mit echten keltischen Meißeln und Äxten auf ihrem Schreibtisch gespielt und so den Effekt gefunden.

Crabtree [10] hat solche echt keltischen Objekte abgebildet, die tatsächlich das typische Verhalten aufweisen. Er beschreibt sehr akkurat Form und Eigenschaften. Der Name *keltischer Wackelstein* scheint auf den deutschen Mathematiker Herglotz zurückzugehen [11]. Die Amerikaner benutzen das anschauliche Wort *rattleback* (to rattle – klappern) [12]. Anschaulich ist im Angelsächsischen auch von *wobblestone* die Rede.

Am Strand oder in Flußbetten kann man Kiesel mit derartigen „keltischen" Eigenschaften finden. In Abbildung 2 ist ein derartiger Wackelstein abgebildet, den der Autor (CU) nach etwa einer halben Stunde suchen am Strand von Lionas auf der griechischen Insel Naxos gefunden hat. Geschichten, wonach derartige Wackelsteine von keltischen Priestern nach Art eines Orakels zur Entscheidungsfindung benutzt wurden, lassen sich nicht belegen.

Ein ästhetisch ansprechender Kelt ist von dem Russen Krasnoukhov erdacht worden (Abbildung 3) und wird unter dem Namen Turtle Boat vertrieben. Sein attraktiver Trick besteht darin, dass seine Unterfläche ganz symmetrisch ellipsoidisch ist und sich die Schildkröten an der oberen Seite verdrehen lassen. Auf diese Weise kann die Massenverteilung verändert werden und man erhält je nach Wunsch einen links- oder rechtsdrehenden Kelt.

Selbst für politische Zwecke lassen sich Kelte einsetzen. Der in Abbildung 4 dargestellte, tiefschwarz lackierte Kelt (Bayernkreisel) hat äußerlich ein ganz symmetrisches Aussehen. Das Unterteil besteht aus einem Halbellipsoid. Im Inneren sind jedoch unsichtbar und unsymmetrisch Gewichte eingelassen, die ihm die Vorzugsdrehrichtung rechts verleihen.

Literatur und Internet

[1] G. T. Walker, Quart. J. Pure & Appl. Math. **1986**, *28*, 175.

[2] E. Lampe, Fortschr. d. Phys. i. J. **1896**, *52*, 1.Abt.: Phys. d. Mat. **1897**, 295.

[3] K. Magnus, Zeitschrift für Angewandte Mathematik und Mechanik, Sonderheft zur GAMM-Tagung, München 1973, **1974**, *54*, T54.

[4] H. Bondi, Proc. Roy. Soc. Lond. A **1986**, *405*, 265.

[5] A. Garcia, M. Hubbard, Proc. Roy. Soc. Lond. A **1988**, *418*, 165.

[6] H. K. Moffatt, T. Tokieda, Proc. Roy. Soc. of Edinburgh A **2008**, *138*, 361.

[7] C. Holzhey, H. Puschmann, junge wissenschaft **1986**, *1* (2), 6.

[8] F. Kuypers, Mechanik, Verlag Wiley-VCH Weinheim.

[9] http://www-hotz.cs.uni-sb.de/silvia/simulation.html
Projekt SILVIA, Lehrstuhl für Angewandte Mathematik und Informatik, Prof. G. Hotz, Fachbereich Informatik, Universität des Saarlandes

[10] H. Crabtree, Spinning Tops and Gyroscopic Motion, 1. Ausg. London **1909**, reprint Chelsea Publishing Company, New York **1967**.

[11] W. Dammermann, Phys. Unserer Zeit **1981**, *12*, 178.

[12] J. Walker, Spektrum Wissenschaft **1981**, Mai, 151.

[13] www.youtube.com/watch?v=0_145zVizxM und www.youtube.com/watch?v=5Jg2SXTTgEg&NR=1

[14] D. Edge, R. Childers, The Physics Teacher **1999**, *37*, 80.

[15] A. B. Pippard, Eur. J. Phys. **1990**, *11*, 63.

[16] H. R. Crane, The Physics Teacher **1991**, *29*, 278.

Unter den angeführten Namen keltischer Wackelstein, celt, rattleback, wobblestone findet man im Internet viele Hinweise. Bei YouTube gibt es diverse Videos.

Abb. 2 *Keltische Wackelsteine finden sich tatsächlich am Strand oder im Flussbett; Länge etwa 12 cm.*

Abb. 3 *Ein selbst konfigurierbarer Kelt von dem Russen V. Krasnoukhov.*

Abb. 4 *Der Bayernkreisel ist ein Kelt mit der Vorzugsdrehrichtung rechts.*

Abb. 5 *Ein Kelt lässt sich leicht aus einem Teelöffel herstellen.*

BAUANLEITUNG

Man kann sich selbst leicht einen hervorragend funktionierenden Kelt aus einem metallischen Tee- oder Esslöffel bauen. Die meisten Löffel haben eine gut ausgeformte, ellipsoidförmige Unterfläche. Man biege den Stiel eventuell mit einer Zange so über die Hohlfläche zurück, dass er einen Winkel von etwa 10 Grad mit der großen Halbachse des Ellipsoids bildet (Abbildung 5). Auf einer glatten Unterlage wie Glas können solche Kelte ihre Drehrichtung mehrfach ändern, wie Videos zeigen [13].

In der Literatur sind eine ganze Reihe weiterer Konstruktionen zum Selbstbau beschrieben. Dammermann [11] nimmt dazu einen halben Tischtennisball und ein Plastikrohrknie her. Edge [14] verwendet Plastiklöffel aus Fast-food-Restaurants. Pippard [15] fertigt einen Edelkelt aus einer Flasche Rheinweins, und Crane [16] schließlich schlägt vor, eine keltische Kinderschaukel zu bauen. Man nehme einen genügend großen bootsförmigen Körper mit ellipsoidisch geformter Unterfläche. In dem Boot werden asymmetrisch zwei Sitze angebracht. Es sollte Kindern kein Problem bereiten, das Ding in schaukelnde Bewegung zu versetzen. Gebaut worden ist dieses Objekt unseres Wissens noch nicht. Damit ist auch nicht klar, wie schnell den Schaukelnden eventuell übel wird.

Vom Zauber der Hui-Maschine

Das unter verschiedenen Namen immer wieder neu entdeckte Spielzeug Hui-Maschine fasziniert durch sein an Zauber grenzendes Verhalten. Das lässt sich jedoch auf einfache physikalische Prinzipien zurückführen.

Abb. 1 *Die Hui- Maschine schräg von vorn.*

Abb. 2 *Der geriffelte Stab. Abhängig davon, ob der Daumen schräg von oben oder der angelegte Zeigefinger schräg von unten gegen den geriffelten Stab drückt, dreht sich der Propeller nach links oder nach rechts.*

Auf den ersten Blick ist die Hui-Maschine nicht sehr spektakulär. Reibt man mit einem kleinen Rundholz über einen geriffelten Holzstab, so beginnt ein an dessen Stirnseite locker angebrachtes schmales Brettchen zu rotieren (Abbildung 1). Nichts Aufregendes also. Dennoch kann sich kaum jemand der Faszination entziehen, die von diesem in der Schlichtheit seiner Konstruktion kaum zu unterbietenden Spielzeug ausgeht. Wie kann ein gemächliches Hin-und-Her zu einer rasenden Rotation führen?

An Zauberei scheint die Aktion zu grenzen, wenn der Vorführende, ohne die Hin- und Herbewegung zu unterbrechen, kraft eines gedehnt ausgesprochenen „Huuiiiii" die Drehrichtung gewissermaßen aus dem Stand zu ändern vermag. Durch diese Fähigkeit ist es dem Spielzeug möglich, Fragen mit Ja (Linksdrehung) und Nein (Rechtsdrehung) zu beantworten – es erlangt dadurch den Rang eines Orakels. Die Verwunderung wird vor allem dadurch ausgelöst, dass die Zuschauer keine direkte Verbindung zwischen Aktion und Reaktion zu sehen vermögen.

Trotz der primitiven, in allen Einzelheiten durchschaubaren Konstruktion ist ein kausaler Zusammenhang in Form eines physikalischen Mechanismus jedenfalls auf den ersten Blick nicht erkennbar. Die Sache wird nicht besser, wenn man den Zuschauer auffordert, selbst die Hui-Maschine in Gang zu setzen. Es wird ihm kaum gelingen, eine über längere Zeit andauernde Drehung in einer bestimmten Richtung aufrecht zu erhalten, von einem gezielten Bewegungswechsel ganz zu schweigen.

Der Trick ist: sanfter Druck

Alles hängt von einem einfachen Trick ab. Und wenn man diesen schließlich verrät, wird der Zuschauer in der Regel auf Anhieb in der Lage sein, die Hui- Maschine zu beherrschen. Der Trick besteht darin, dass man während des Hin- und Herstreichens den Daumen seitlich schräg von oben (Abbildung 2) oder den Zeigefinger schräg von unten mit mäßigem Druck am Stab entlang gleiten lässt. Der Druck lässt sich ohne sichtbaren Wechsel von Daumen und Zeigefinger variieren. Dadurch kann man eine Änderung des Drehsinns sehr unauffällig einleiten. Hinzu kommt, dass der Wechsel mit einer gewissen zeitlichen Verzögerung erfolgt, so dass der Zuschauer in diesem Moment nicht die geringste Bewegungsänderung wahrnehmen kann. Das „Huuiiiii" ist also nur ein vorgetäuschtes Manöver, so wie Abrakadabra. Die Beherrschung des Tricks verrät indes noch nicht den physikalischen Mechanismus. Was versetzt also den Propeller in Drehung?

Wichtig für das Funktionieren des Spielzeugs ist der lockere Sitz des Propellers auf einem Drahtstift. Um herauszufinden, wie über den Stift ein Drehmoment auf den Propeller übertragen werden kann, betrachten wir ein einfaches Modell. Wir schneiden aus kräftiger Pappe einen Propeller heraus, den wir mit einem Loch versehen, das etwa doppelt so groß ist wie der Durchmesser eines Bleistifts, der durch das Loch gesteckt wird (Abbildung 3).

Fast jedem gelingt es auf Anhieb, den Propeller zum Drehen zu bringen, indem er den Bleistift behutsam in eine kreisende Bewegung versetzt, so dass der Propeller schließlich „mitgenommen" wird. Der Bleistift gleitet an der Innenseite des Loches herum und überträgt aufgrund der dadurch ausgeübten Reibungskraft ein entsprechendes Drehmoment auf den Propeller. Auf analoge Weise bringt der Drahtstift in der Hui-Maschine den Propeller zum Rotieren.

Durch die Hin- und Herbewegung des fest auf die Kerben gedrückten Rundholzes erfährt der geriffelte Stab eine Kraft abwechselnd nach unten und nach oben, je nachdem, ob eine Erhebung oder eine Vertiefung getroffen wird. Die Folge ist eine vertikale Schwingung mit einer durch die Riffelung vorgegebenen Frequenz. Eine Abweichung von der zunächst rein linearen vertikalen hin zu einer elliptischen Schwingung wird dadurch bewirkt, dass man mit dem Finger oder Daumen der streichenden Hand schräg von der Seite auf den Stab drückt.

Dabei kommt es entscheidend darauf an, dass der Druck schräg (also beispielsweise in einem Winkel von 45 Grad zur Vertikalen) ausgeübt wird. Wenn er senkrecht von oben erfolgt, bleibt es bei einer rein vertikalen Schwingung. Ein horizontal von der Seite ausgeübter Druck würde ebenfalls zu keiner Wirkung führen, weil die Kraft dann senkrecht zur vertikalen Schwingung erfolgt und damit an deren Periodizität nicht teilhaben kann. Dies gelingt nur durch schräg ausgeführten Druck. Zusätzlich zur Vertikalschwingung wird dann nämlich eine dazu phasenverschobene Schwingung hervorgerufen. In der Überlagerung beider Schwingungen führt dies zu einer elliptischen Schwingung des Stabs, die zum Antrieb des Propellers erforderlich ist.

Ein Druck schräg von oben links oder schräg von unten rechts führt zu einer Drehung des Propellers im Uhrzeigersinn, ein Druck von schräg von oben rechts oder schräg von unten links zu einer Drehung entgegen dem Uhrzeigersinn. Dies lässt sich leicht beobachten, wenn man den angestrichenen Stab vor einem hellen Hintergrund beobachtet. Die Schwingung des Stabes macht sich durch ein „Verschmieren" der Ränder bemerkbar. Wenn das Rundholz beim Reiben von oben gegen den Stab gedrückt wird, bleiben die seitlichen Ränder scharf: Der Stab schwingt vertikal. Sobald aber der Daumen schräg am Stab entlang gleitet, verschwimmen die seitlichen Ränder ebenso wie der obere und untere Rand.

Obwohl die Hui-Maschine in ihrer Konstruktion leicht zu durchschauen ist, fasziniert sie durch ihr auf den ersten Blick an Zauberei erinnerndes Verhalten. Sie fordert zu einer physikalischen Erklärung geradezu heraus. Es zeigt sich, dass die Drehung des Propellers auf die Überlagerung zweier Schwingungen zurückzuführen ist.

Mathematisches Modell der elliptischen Bewegung

Um ein quantitatives Modell der elliptischen Bewegung entwickeln zu können, gehen wir der Einfachheit halber von der Annahme aus, dass der geriffelte Stab durch das Streichen in eine periodische vertikale Schwingung mit der Periode ω in z-Richtung gerät (nach [1]):

$$z_1 = z_{10} \cos \omega t.$$

Durch diese Schwingung wird die Kraft F, mit der der Daumen auf den Stab drückt, in Phase mit ihr so variiert, dass sie maximal (minimal) wird, wenn sich der Stab am oberen (unteren) Umkehrpunkt befindet:

$$F = F_0 \cos \omega t.$$

Für eine elliptische Bewegung ist eine zusätzliche Horizontalschwingung erforderlich, die nur durch die y-Komponente F_y von F hervorgerufen werden kann. F_y würde jedoch verschwinden, wenn der Fingerdruck senkrecht von oben käme. Wenn der Daumen nur horizontal gegen den Stab drückte, könnte F_y nicht an der Periodizität der Verti-

kalschwingung teilhaben. Damit erklärt sich die Notwendigkeit des schräg ausgeführten Fingerdrucks.

Die Folge dieser Kraft ist eine zusätzliche, gegen die Anregung etwas phasenverschobene, Schwingung in z- und in y-Richtung (Abbildung 4):

$$z_2 = z_{20} \cos(\omega t - \varphi),$$
$$y_2 = y_{20} \cos(\omega t - \varphi)$$

Die gesamte Bewegung des Stabes wird also beschrieben durch

$$z = z_{10} \cos \omega t - z_{20} \cos(\omega t - \varphi) = z_0 \cos(\omega t - \varphi_z) \tag{1a}$$

und

$$y = y_{20} \cos(\omega t - \varphi) \tag{1b}.$$

Die Teilschwingungen bleiben um φ_z und um φ hinter der periodischen Daumenkraft zurück. Sie sind also um $\Delta\varphi = \varphi_z - \varphi$ gegeneinander phasenverschoben. z_0 und φ_z ergeben sich mit Hilfe von

$$\cos(\alpha + \beta) = \cos \alpha \cos \beta - \sin \alpha \sin \beta$$

zu:

$$z_0 = \sqrt{z_{10}^2 - 2 z_{10} z_{20} \cos \varphi + z_{20}^2},$$

$$\cos \varphi_z = \frac{z_{10} - z_{20} \cos \varphi}{z_0}$$

$$\sin \varphi_z = -\frac{z_{20} \sin \varphi}{z_0}.$$

Einige einfache Sonderfälle der Funktion der Hui-Maschine lassen sich direkt aus den Schwingungsgleichungen (1) ablesen:

- $\varphi = 0 \rightarrow \varphi_z = 0 \rightarrow \Delta\varphi = 0$.
- Wenn keine Phasenverschiebung besteht, kann die durch den Daumendruck erzwungene Schwingung nicht hinter der Anregung zurückbleiben. Das Ergebnis wäre eine lineare Schwingung, die keinen Propeller zum Drehen bringen würde.
- Drückt man den Finger im Winkel von 45 Grad gegen die Horizontale (also $z_{20} = y_{20}$ bei einem runden oder quadratischen Stab), dann resultiert eine kreisförmige Schwingung aus $z_{20} = z_{10} \sqrt{2}/2$ und $\varphi = 45°$:

$$\cos \varphi = \frac{1}{\sqrt{2}} = \frac{z_{10}}{2 z_{20}}$$

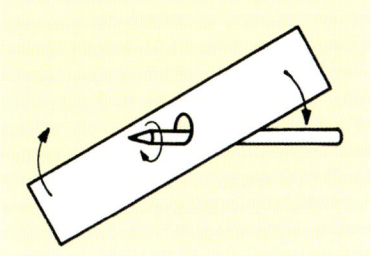

Abb. 3 *Mit einem rotierenden Bleistift kann man einen Pappstreifen in Drehung versetzen.*

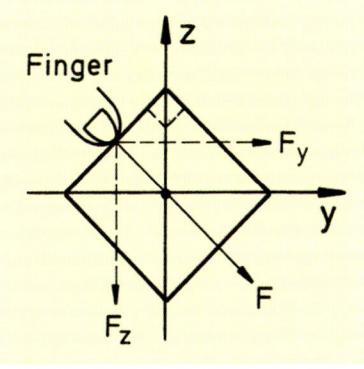

Abb. 4 *Kräfteverhältnisse am quadratischen Stab.*

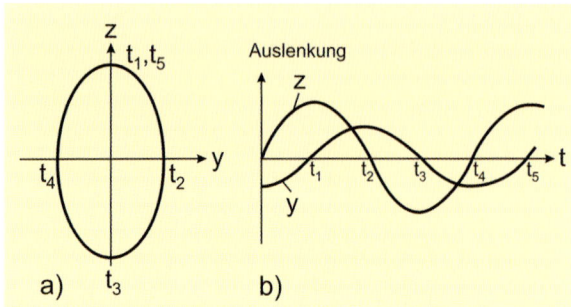

Abb. 5 *a) Überlagerung beider Schwingungen in der z-y-Ebene für verschiedene Zeiten t_i. b) Vertikale (z) und horizontale (y) Auslenkung als Funktion der Zeit.*

Daraus folgt:

$z_0 = z_{20} = y_{20}$ und

$\cos \varphi_z = \cos \varphi \rightarrow \varphi_z = -\varphi = -45° \rightarrow \Delta\varphi = 90°$

- Der durch den Augenschein nahegelegte Fall $z_0 = z_{10} = z_{20} (= y_{20})$ ergibt sich mit $\varphi = 60°$, woraus eine Phasendifferenz zwischen den beiden Teilschwingungen von 120 Grad resultiert.

Den Umlaufsinn der Ellipse kann man herausfinden, indem man die Auslenkungen für verschiedene Werte von ωt in ein Koordinatensystem einträgt (Abbildung 5). Dabei ergibt sich für Daumendruck von links oben ein Umlauf im Uhrzeigersinn, bei Daumendruck von links unten entgegen dem Uhrzeigersinn. Für den zweiten Fall ändert sich in den Gleichungen (1) nur ein Vorzeichen.

Eigenbau einer Hui- Maschine

Wie man Abbildung 1 entnimmt, ist die Konstruktion der Hui-Maschine einfach und kann in zahlreichen Varianten realisiert werden. Im vorliegenden Fall haben wir einen 30 cm langen Stab mit quadratischem Querschnitt von 12 mm benutzt. Ein Rundstab tut es aber ebenfalls. Als Propeller wurde eine 3 mm dicke, 8 cm lange und 2 cm breite Leiste verwendet. Außerdem benötigt man nur noch eine passende Holzschraube.

Mit einer Holzraspel oder einem Schnitzmesser werden in gleichem Abstand Vertiefungen in eine der Kanten gekerbt. Wir haben unseren Stab mit rund 1 cm breiten Einkerbungen versehen. Etwa 10 Einkerbungen genügen. Der Abstand zur jeweils nächsten Kerbe beträgt 5 mm. In der Mitte des Propellers wird ein Loch gebohrt, das etwas größer ist als die Schraube. Dadurch hat diese etwas Spiel, um im Betrieb auf der inneren Kreisbahn des Loches abrollen zu können. Der Propeller wird mit der Holzschraube locker auf der Stirnseite des Stabes fixiert. Der Spielraum sollte hier etwa der Dicke des Propellers entsprechen. Es empfiehlt sich, das Loch für die Schraube vorzubohren, um der Gefahr einer Spaltung des Stabes zu entgehen. Zum Reiben eignet sich ein Stab von der Größe eines runden Bleistifts. Aber auch seine Abmessungen sind relativ unkritisch.

Der individuellen Gestaltung der Hui- Maschine sind kaum Grenzen gesetzt, so lange es bei einem geriffelten Stab und einem locker angebrachten Propeller bleibt. Mit etwas Geschick gelingt es sogar, Hui- Maschinen mit mehreren Propellern zu bauen [2].

Literatur und Internet

[1] H. J. Schlichting, U. Backhaus, Physik und Didaktik **1988**, *16* (3), 236.
[2] R. W. Leonard, Am. Phys. Teacher, 1937, (heute Am. J. Phys.) **1937**, *5*, 175.

Mit folgenden Stichwörtern findet man Videos bei YouTube: Hui-Maschine, Gee-Haw Whimmy-Diddle.

Pustekreisel

Kreisel gehören zu den am frühesten erfunde- nen und am weitesten verbreiteten Spielzeu- gen. Pustekreisel sind eine weniger bekannte Unterart. Mit wenig Aufwand lassen sie sich einfach selbst bauen. Einfache Überlegungen ermöglichen es, die erreichbaren Drehzahlen abzuschätzen und mit Messungen zu ver- gleichen.

Abb. 1 *Spielzeugwindrad*

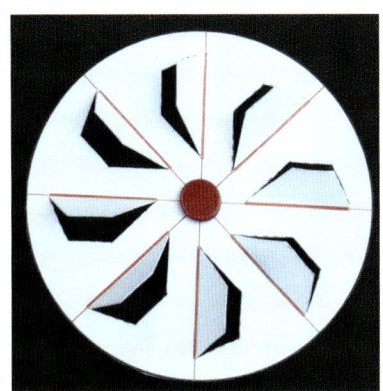

Abb. 2 *Pustekreisel Eigenbau*

Spielzeugwindräder sind weithin bekannt (Abbildung 1). Der Wind versetzt sie leicht in Drehung, während sie sich wegen ihrer üblichen Größen mit 30 bis 50 cm Durch- messer durch Pusten mit dem Mund nur schwer andrehen lassen. Mit kleineren Exemplaren ist das schon eher mög- lich. Bastelanleitungen für Windräder finden sich im Inter- net.

Einfacher Pustekreisel zum Selbstbau

Die am Ende dieses Artikels vorhandene Vorlage kopiere man auf weißen Karton mit einer Stärke von mindestens 180 g/m². Alternativ kopiere man die Vorlage auf normales Papier und klebe die ausgeschnittenen Kreise auf Karton auf. Zuerst schneidet man die Kreise aus, dann werden in jedem Kreis die gestrichelten Linien ebenfalls geschnitten und die verdickten Teile der Linien mit einem stumpfen Messer vorsichtig und nicht zu tief angeritzt. Anschließend knickt man die Flügel bis etwa 45 Grad nach oben und steckt durch die Mitte eine Reißzwecke (Abbildung 2).

Pustet man auf den Kreisel, fängt er gleich an zu rotie- ren. Alternativ lässt sich auch ein Haarfön oder ein kleiner Ventilator verwenden. Dabei ist ein gewisses Geschick vor- teilhaft, damit der Kreisel möglichst wenig oder gar nicht am Rand schleift. Zu starkes Pusten gleich zu Beginn ist meist kontraproduktiv.

Die Kreisel haben unterschiedliches Design. Mit vier oder acht Flügeln, mit logarithmischer oder Archimedischer Spirale, deren Drehsinn rechts oder links sein kann. Durch symmetrisches Anbringen von Büroklammern erhöht man das Trägheitsmoment und erreicht ein länger dauerndes und gleichmäßigeres Drehen.

Der ebenfalls unten als Konstruktionsvorlage gezeigte Kreisel mit den aufgedruckten Zahlenwerten erlaubt es, die Drehzahl mit Hilfe eines Stroboskops zu bestimmen. Das einfachste Stroboskop ist eine übliche Glühlampe am öf- fentlichen Netz. Die Helligkeit von Glühlampen schwankt aufgrund der Wechselspannung des Netzes und der Wär- meträgheit der Glühwendel. Sie verändert sich mit einer Fre- quenz von 100 Hz, da für die Helligkeit der Lampe das Qua- drat der 50 Hz Sinuswechselspannung verantwortlich ist. Die aufgedruckten Zahlen geben für diese Frequenz unmit- telbar die Umdrehungen pro Minute an. Mit Glühlampenlicht sind die stroboskopischen Erscheinungen nur undeutlich zu erkennen. Mit dem Licht von Leuchtstofflampen geht es bes- ser. Mit einem Stroboskop und einer auf 100 Hz eingestell- ten Frequenz lässt sich sehr gut beobachten, auf welchem Kreisring sich gerade ein stehendes Bild der Streifen ergibt. Die Interpretation der stehenden Bilder und Zuordnung zur Umdrehungszahl kann etwas problematisch sein und ist im Prinzip ein ganzes, interessantes Kapitel für sich.

Mit einer stark vereinfachten Überschlagsrechnung soll hier versucht werden, die maximal erreichbare Drehzahl abzuschätzen. Beim Ausatmen kann man ein Lungenvolu- men von etwa $V = 3\ \mathrm{l}\ (3{\cdot}10^{-3}\ \mathrm{m^3})$ Luft in einer Zeit von $t = 5\ \mathrm{s}$ durch die gespitzte Mundöffnung (Durchmesser $\varnothing = 0{,}5\ \mathrm{cm}$, Fläche $A \approx 2{\cdot}10^{-5}\ \mathrm{m^2}$) ausblasen. Daraus ergibt sich eine Pustegeschwindigkeit von $v_1 = V/(A{\cdot}t) \approx 30\ \mathrm{ms^{-1}}$. Das sind umgerechnet etwa 100 km/h und entspricht schon einer veritablen Sturmgeschwindigkeit. Bei dieser Rech- nung sind problemlos Unsicherheiten um den Faktor zwei und mehr möglich.

Auf den Pustekreisel wirkt eine erheblich verminderte Strömungsgeschwindigkeit, da sich der Luftstrahl von der Mundöffnung ($\varnothing = 0{,}5\ \mathrm{cm}$) in einer Pustedistanz von etwa 15 cm auf grob geschätzt eine kreisförmige Fläche mit ei- nem Durchmesser von etwa 3 cm ($A \approx 7{\cdot}10^{-4}\ \mathrm{m^2}$) vergrö- ßert. Daraus ergibt sich unter Vernachlässigung von Reibungsverlusten und anderen realen Faktoren eine Ge- schwindigkeit von $v_2 = 30\ \mathrm{ms^{-1}} \cdot 2{\cdot}10^{-5}/7{\cdot}10^{-4} \approx 1\ \mathrm{ms^{-1}}$. Auch bei dieser Rechnung ist die Unsicherheit groß.

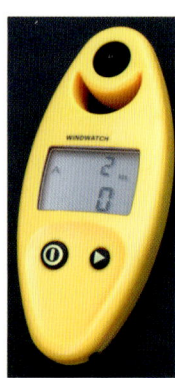

Abb. 3 *Der handliche Windmesser Windwatch eignet sich sehr gut zum Messen von Pustegeschwindigkeiten.*

Mit heutigen Messgeräten lässt sich die tatsächlich erreichbare Pustegeschwindigkeit in diesem Abstand von 15cm verifizieren (Abbildung 3). Beim Pusten misst man damit in einem Abstand von etwa 15 cm bis zu 5 ms^{-1} woraus wiederum hervorgeht, dass die vorstehenden Rechnungen nicht ganz unrealistisch sind. Es zeigt sich übrigens mit Kindern, dass so ein Gerät zu Höchstleistungen beim Pusten anregt. Wird der Windmesser direkt vor den Mund gehalten, kann die Messgrenze des Geräts (30 – 40 ms^{-1}) ohne weiteres überschritten werden. Ein normaler Haarfön erbringt bis zu 10 ms^{-1}.

Nimmt man nun weiter ganz grob an, dass die Bahngeschwindigkeit des Kreisels bei den Flügeln im besten Falle so groß ist, wie eine mittlere Pustegeschwindigkeit von 2 ms^{-1}, dann ergibt sich eine Winkelgeschwindigkeit des Kreisels von $\omega = v/r = 2\,\text{ms}^{-1}/0{,}025\,\text{m} = 80\,\text{s}^{-1}$. Daraus folgt eine Drehzahl von $f = 80\ \text{s}^{-1}/2\pi = 12{,}7\,\text{s}^{-1} = 764$ U/min. Drehzahlen in dieser Größenordnung werden tatsächlich erreicht, wie man entweder stroboskopisch oder mit einem Drehzahlmesser auch direkt messen kann.

Pustekreisel im Handel

Der in Abbildung 4 gezeigte Kreisel ist manchmal in Billigecken von Kaufhäusern oder auch im Versandhandel erhältlich. Er gleicht prinzipiell dem selbst gebauten Kreisel, sieht aber schon mehr wie eine Turbine aus. Der Vergleich zu realen Turbinen wie der Francis- oder Kaplan-Turbine ist hier ganz naheliegend. Gefertigt aus stabilem Plastik ist er mit einem Durchmesser von 4 cm ein echter Mitnahmeartikel. Nach dem Andrehen per Hand bringt man ihn durch Pusten bis auf etwa 2000 U/min. Hinzu kommt außerdem, dass man mit dem Mund ziemlich nahe am Kreisel pustet und dadurch eine hohe Strömungsgeschwindigkeit wirksam wird.

Der letzte hier vorzustellende „Turbokreisel" (Abbildung 5) unterscheidet sich etwas von den anderen. Durch einen Strohhalm pustet man ins Innere eines Hohlraumes,

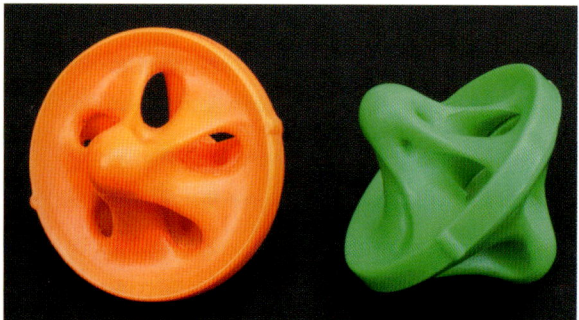

Abb. 4 *Eine Art Turbinen-Pustekreisel, der es bis auf mehrere tausend Umdrehungen pro Minute bringt (∅ ~ 4 cm).*

Abb. 5 *Dieser Kreisel wird durch Pusten durch den Strohhalm auf Touren gebracht (∅ ~ 5cm).*

aus dem vier kleine Öffnungen am Rand schräg nach außen führen. Die austretende Luft bringt den Kreisel auf Touren. Die im Bild sichtbaren „Turbinenschaufeln" und die Spirale sind nur flach auf die Kreisscheibe gedruckt und stellen nur einen optischen Reiz dar. Auch hier sei eine Abschätzung der erreichbaren Drehzahl versucht.

Durch den Strohhalm ($\varnothing_{\text{innen}} \approx 6$ mm; Querschnitt $A = 28$ mm^2) erreicht man eine Strömungsgeschwindigkeit bis zu 30 ms^{-1}. Die Luft gelangt in den Hohlraum und von dort durch die vier kleinen Austrittsöffnungen mit jeweils $A = 5$ mm^2 (zusammen also 20 mm^2) unter einem Winkel von etwa 45 Grad tangential zum Umfang heraus. Die Austrittsöffnungen haben einen Abstand von 25 mm vom Mittelpunkt. Zusätzlich entweicht aber Luft durch die Einblasöffnung des Hohlraums. Die ist nämlich größer ($\varnothing \approx 8{,}5$ mm, $A = 57$ mm^2) als der Außendurchmesser des Strohhalms ($\varnothing = 7$ mm, $A = 38$ mm^2), damit der Kreisel sich überhaupt mit etwas Spiel in der Einblasöffnung drehen kann. Die Geschwindigkeit der eingeblasenen Luft halbiert sich etwa, da sich die Summe der Querschnitte der Austrittsöffnungen etwa verdoppelt. Für die Winkelgeschwindigkeit ergibt sich so bei Vernachlässigung von Reibungsfaktoren, aber unter Berücksichtigung des Winkels der ausströmenden Luft $\omega = v \cdot \cos(45\,°)/r = 15\ \text{ms}^{-1} \cdot \cos(45\,°)/0{,}025\ \text{m} = 424\ \text{s}^{-1}$. Daraus folgt eine Drehzahl von $f = 424\ \text{s}^{-1}/2\pi = 68\ \text{s}^{-1} \approx 4000$ U/min. Mit einem Drehzahlmesser wurden bis 3000 U/min ermittelt.

Leider gehören die hier beschriebenen Spielzeugartikel zu der Kategorie, die in Massen auf den Markt geworfen werden und häufig nach kurzer Zeit schon wieder verschwunden sind.

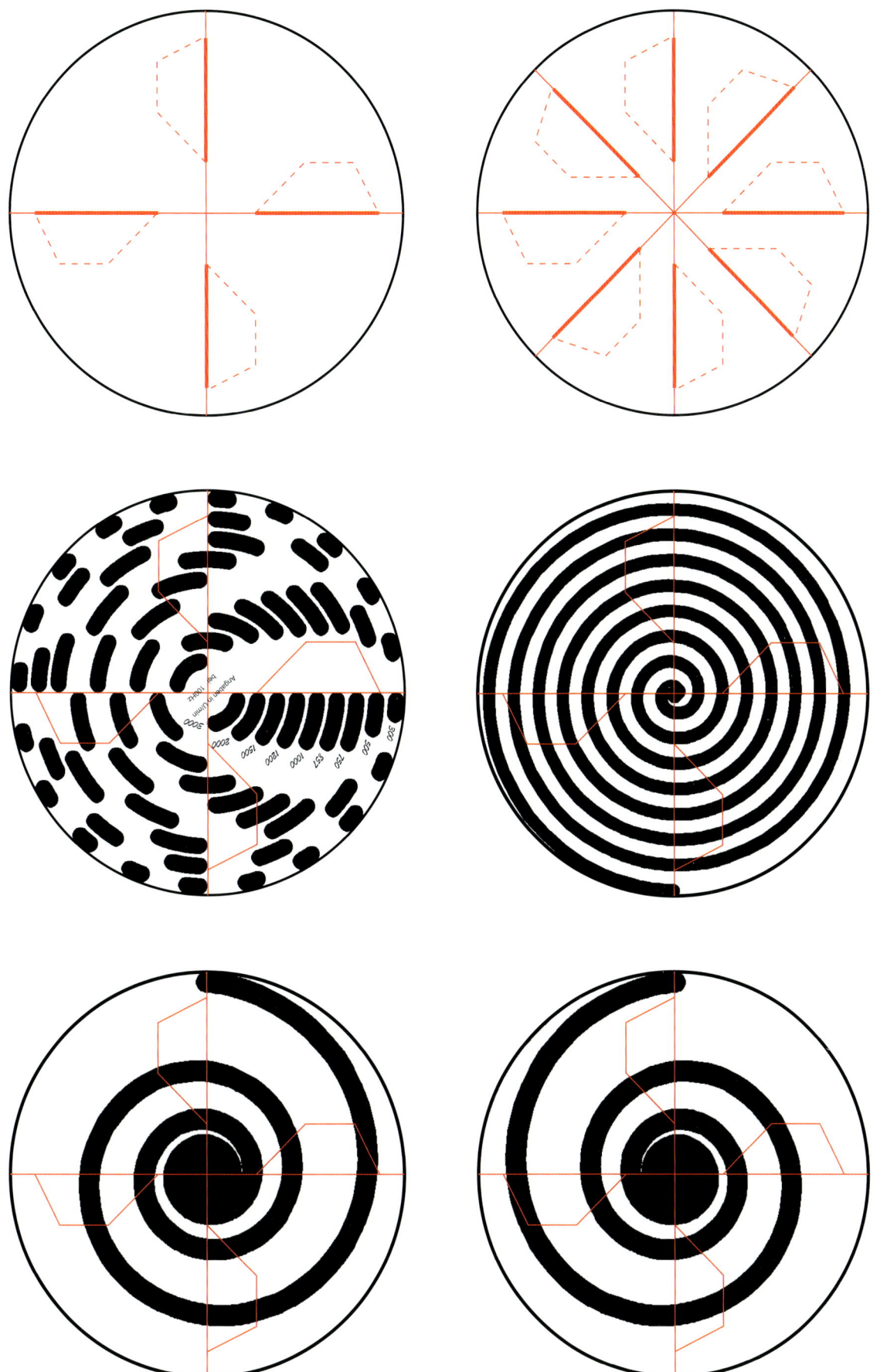

Der Flug des geflügelten Samens

Zahlreiche Pflanzensamen sind mit besonderen Einrichtungen zum passiven Fliegen ausgestattet, um eine möglichst großräumige Ausbreitung der Arten zu gewährleisten. Unter den verschiedenen Flugeinrichtungen fallen vor allem der Ahornsamen und ähnlich konstruierte Schraubenflieger durch ihren ästhetisch ansprechenden Sinkflug auf.

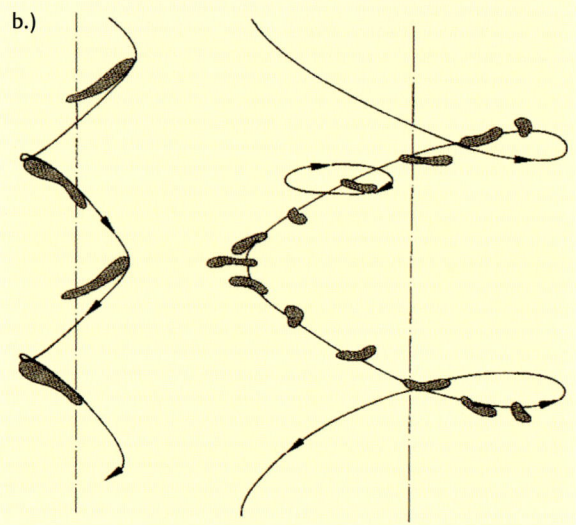

Abb. 1 *a) Momentaufnahme eines rotierend fallenden Samens. b) Jeder Samenflieger gestaltet den spiralförmigen Sinkflug individuell aus. Neben exakt senkrechten Bahnen beobachtet man Bahnen, die ihrerseits die Form einer Spirale haben (aus [3]).*

Aus welcher Lage auch immer ein Ahorn- oder anderer Samenflieger (Abbildung 1a) startet, stets findet er sich nach einem mehr oder weniger kurzen Sturzflug in eine spiral- oder schraubenförmige Rotationsbewegung ein und sinkt auf diese Weise gemächlich zu Boden. Dieser allgemeine Bewegungsablauf erfährt aufgrund kleiner Unterschiede im Design der einzelnen Schraubenflieger (auch derselben Art) zu einer individuellen Ausgestaltung der konkreten Flugbahn: Während sich manche Flieger auf einer ziemlich geraden Bahn zu Boden schrauben, winden sich andere auf verschlungenen Pfaden hinab, die ihrerseits mehr oder weniger einfache Spiralen darstellen können (Abbildung 1b).

Im Unterschied zu Blättern besteht der Schraubenflieger aus einem kompakten Kern, in dem der größte Teil der Masse konzentriert ist, und einem leichten propellerartigen Flügel, in den der Kern organisch übergeht. Den Kern vorweg, den Flügel als Schweif hinter sich herziehend, beginnt der Flieger seine Bewegung. Dieser Sturzflug findet sein jähes Ende dadurch, dass der Samen sich plötzlich flachlegt und in eine Drehung um eine durch den Kern gehende gedachte Achse übergeht. Auf diese Weise gelingt es dem Samen nicht nur, der Luftströmung seine größte Querschnittsfläche darzubieten, sondern diese darüber hinaus wegen der Rotation über eine noch größere Kreisfläche zu „verschmieren". Dadurch werden der Luftwiderstand maximal und die Sinkgeschwindigkeit minimal.

Ein Papierhubschrauber als Modell

Wir betrachten ein geometrisch einfaches Modell, einen mit wenigen Handgriffen herzustellenden Papierhubschrauber (Abbildung 2). Lässt man diesen Hubschrauber aus einigen Metern Höhe fallen, so geht er nach einem mehr oder weniger kurzen Sturzflug, bei dem die Flügel senkrecht ausgerichtet bleiben, ähnlich wie der Schraubenflieger plötzlich unter starker Abbremsung und Einsetzen einer Drehung um die eigene Achse in einen gleichmäßig rotierenden Gleitflug über. Naiv würde man erwarten, dass die vom

Hubschrauber erfahrene Luftströmung die beiden Flügel zusammendrückt. Tatsächlich beobachtet man das Gegenteil, nämlich eine Öffnung der Flügel und damit eine Vergrößerung der Querschnittsfläche des Fliegers.

Entscheidend für den abrupten Wechsel der Bewegungsfigur ist der Symmetriebruch, der mit der Spreizung einhergeht. Da die Flügel gegeneinander versetzt sind, wird der anfängliche Bewegungszustand des senkrechten Sturzfluges instabil. Bereits kleinste, durch zufällige Störungen hervorgerufene Auslenkungen lassen Luftkräfte wirksam werden, die ein Drehmoment M_z um die senkrechte Achse

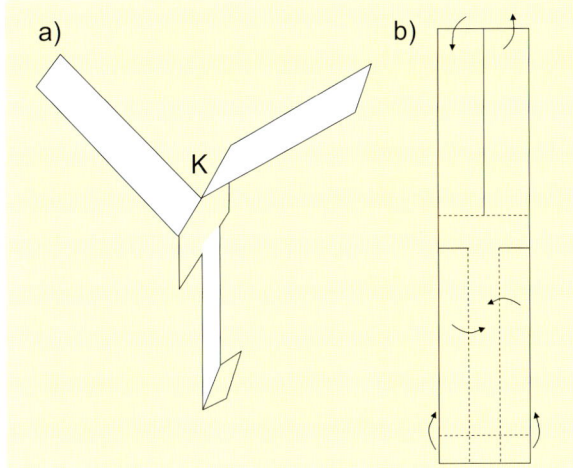

Abb. 2 *Der Papierhubschrauber rotiert mit ausgebreiteten Flügeln um die senkrechte Achse (a). Anleitung zur Konstruktion aus einem Papierstreifen (b).*

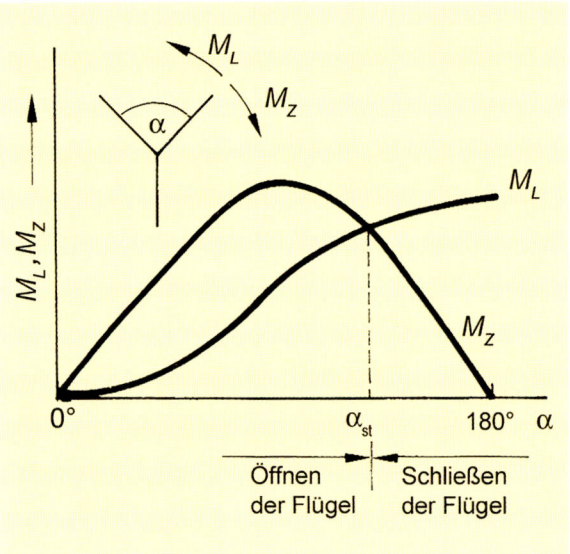

Abb. 3 *Die Drehmomente M_L und M_Z in Abhängigkeit vom Öffnungswinkel α Bei kleinen Winkeln überwiegt zunächst das die Flügel öffnende Drehmoment M_Z Später dominiert das die Flügel schließende Drehmoment M_L. Das Gegeneinanderwirken beider Drehmomente führt zur Einregelung eines stationären Öffnungswinkels α_{st}.*

y und damit eine – wenn auch zunächst sehr kleine – Drehung bewirken. Je nachdem, ob aufgrund einer solchen Störung zufällig der linke oder der rechte Flügel nach hinten gedrückt wird, kommt es zu einer Links- oder Rechtsdrehung. Der Zufall wird also gewissermaßen in Form der Drehrichtung konserviert. In der Praxis dürfte es weniger der Zufall sein als der konstruktive Eingriff einer vorgegebenen Faltung. Nur bei sehr weichem Papier gelingt eine Zufallsentscheidung.

Entscheidend ist, dass sich jede noch so kleine Anfangsdrehung zwangsläufig zu einer Rotation aufschaukelt: Denn die zunächst nur leicht ausgelenkten in Drehung versetzten Flügel tendieren aus Trägheit dazu, sich geradlinig zur jeweiligen Bewegungsrichtung und das heißt tangential zur Kreisbewegung fortzubewegen. Wegen der festen Verbindung der Teile kommt es zwar nicht dazu, aber ähnlich wie bei einem an einem Gummiband befestigten und kreisförmig herumgeschleuderten Ball, bei dem das Gummiband durch Trägheit in die Länge gezogen wird, vergrößert sich in diesem Fall der Öffnungswinkel α des Flügels. Infolgedessen nehmen die von der Luftströmung getroffene Querschnittsfläche und damit die Luftkraft auf die Flügel zu. Damit wachsen aber das antreibende Drehmoment und die Drehgeschwindigkeit, was die Spreizung der Flügel weiter vergrößert und so weiter (Quantitative Darstellung in [1]).

Dem Wachstum der Drehgeschwindigkeit sind aber Grenzen gesetzt. Zum einen nimmt das Drehmoment M_Z mit wachsendem Öffnungswinkel α immer langsamer zu, erreicht ein Maximum und nimmt dann wieder ab. Es würde bei vollständig geöffneten Flügeln (horizontale Ausrichtung) sogar ganz verschwinden. Der Grund für dieses Verhalten besteht darin, dass an dem Drehmoment M_Z, das die Flügel öffnet, nur die senkrecht zur Flügelfläche orientierte Komponente der horizontal nach innen wirkenden Zentripetalkraft beteiligt ist. Und diese Komponente wird natürlich umso kleiner, je mehr sich die Flügel der horizonta-

len Lage und damit der Öffnungswinkel α der 180°- Marke nähern (Abbildung 3).

Zum anderen baut sich mit zunehmendem Öffnungswinkel α und damit größer werdender Angriffsfläche für die Luftströmung eine Luftwiderstandskraft auf. Dadurch wird einerseits ein M_Z entgegen wirkendes Drehmoment M_L hervorgerufen, das die Flügel zusammenzudrücken sucht. Andererseits wird mit der dadurch bedingten Zunahme der Angriffsfläche die Luftwiderstandskraft vergrößert und der Flieger weiter abgebremst. Diese Abnahme der Sinkgeschwindigkeit begrenzt nun ihrerseits die Geschwindigkeit der Luftströmung relativ zum Hubschrauber und damit die Luftwiderstandskraft. Auf diese Weise wird außerdem dazu beigetragen, dass M_L zunächst keiner bleibt als M_Z (Abbildung 3). Weil M_Z aber schließlich mit zunehmendem Öffnungswinkel wieder abnimmt, wird es von M_L „überholt" und begrenzt, wodurch sich ein stationärer Öffnungswinkel α_{st} einregelt. Entscheidend für diesen Regelvorgang ist offenbar die nichtlineare Charakteristik der gegeneinander wirkenden Drehmomente.

Der Schraubenflieger als einflügeliger Hubschrauber

Interessant ist nun, dass der Hubschrauber seinen Dienst auch dann noch versieht, wenn man einen Flügel (an der Kante K in Abbildung 2) abschneidet. Da durch den Verlust eines Flügels die Asymmetrie als wesentliche Voraussetzung für die Rotation bestehen bleibt, rotiert der Einflügler – wenn auch insgesamt etwas labiler – um eine Achse, die nicht mehr mit der Symmetrieachse des Hubschraubers zusammenfällt.

Der Einflügler ist den Ahorn- und anderen Flugsamen sehr ähnlich: In beiden Fällen haben wir es mit *einem* Flügel zu tun, der asymmetrisch in einen kompakteren Teil ausläuft, hier in den dreilagigen umgefalzten Papierstamm, dort in den Samenkern. Deshalb lässt sich die Erklärung des Schraubenflugs beim Hubschrauber auf einfache Weise auf den Flugsamen übertragen: Der Samen fällt zunächst mit dem Kern vorweg. Die kleinste seitliche Auslenkung des Flügels führt zu einer resultierenden Horizontalkomponente der Luftkraft, was ein Drehmoment und damit eine Drehung hervorruft. Die Drehung führt dann aus Trägheit dazu, dass sich der Schraubenflieger flachlegt.

Mit Hilfe der Rotation gelingt es dem Schraubenflieger, die Flügelfläche optimal dem Luftstrom auszusetzen und die Sinkgeschwindigkeit unter den gegebenen Bedingungen zu minimieren. Auf diese Weise bleibt der Flieger verhältnismäßig lange in der Luft und erlangt die Chance, durch Winde weit vom Baum weggetragen zu werden. Im Sinne des Darwinismus ist darin eine wichtige Voraussetzung einer möglichst großen Verbreitung der Art zu sehen.

Übrigens gibt es einen „Ahorn-Propeller" auch als Spielzeug aus Plastik [2]. Er kann mit einem Gummiband in die Luft geschossen werden und sinkt dann in der beschriebenen Weise gemächlich rotierend zu Boden.

Die Sinkgeschwindigkeit des Rotors

Um einen Eindruck vom Einfluss der für den Luftwiderstand wirksamen Querschnittsfläche zu gewinnen, schätzen wir die Sinkgeschwindigkeiten ab, die ein Ahornsamen im Falle a) des Sturzfluges, b) einer waagerechten Ausrich-

tung des Samens und c) der Rotation annimmt beziehungsweise annehmen würde. Dabei ergibt sich die jeweils wirksame Fläche in den Fällen a) und b) aus einer Projektion des senkrecht (A_2) beziehungsweise waagerecht (A_1) ausgerichteten Samens und im Falle c) aus dem bei der Rotation überstrichenen Kreis vom Radius r ($A_3 = \pi r^2$).

Die Sinkgeschwindigkeit v stellt sich dann ein, wenn die Schwerkraft $G = mg$ durch die Luftwiderstandskraft $F = \frac{1}{2} c_w \rho A v^2$ kompensiert wird:

$$v = \sqrt{\frac{2\,mg}{c_w \rho A}}$$

Dabei sind A, c_w, ρ und g Querschnittsfläche, Luftwiderstandsbeiwert (den wir im Folgenden gleich 1 setzen), Dichte der Luft und Erdbeschleunigung.

Wir nehmen für einen Flügel folgende Werte an: Masse $m = 0{,}35$ g, Länge $I = 5$ cm, Fläche $A_1 = 7{,}9$ cm^2, Fläche $A_2 = 0{,}25$ cm^2, Kreisradius $r = 4$ cm, $\rho = 1{,}3$ g/cm^3. Dann ergibt sich im Falle a) $v_a = 14{,}7$ m/s, im Falle b) $v_b = 2{,}6$ cm/s und im Falle c) $v_c = 1{,}0$ m/s. Der von uns gemessene Wert beträgt $v = 0{,}9$ m/s.

Literatur und Internet

[1] H. J. Schlichting, B. Rodewald, Praxis der Naturwissenschaften – Physik **1986**, *35* (5), 30.
[2] Zu beziehen unter dem Namenunter dem Namen maple seed copter unter www.drachenwerkstatt.de.
[3] W. Arn, Phänomene zwischen Natur und Technik, Orell Füssli, Zürich **1990**.

Bei YouTube findet man Videos zu den Stichwörtern whirlybird model, maple seed.

Roll, Kegel roll!

Wenn Gegenstände ohne erkennbare Energiezufuhr scheinbar eine schiefe Ebene aufwärts rollen, widerspricht das unmittelbarer Erfahrung und physikalischem Grundwissen. Der aufwärts rollende Doppelkegel ist ein schönes Beispiel dafür, wie ein Experiment als Lehrmittel Verblüffung bei Laien hervorruft und als leicht abgewandeltes Spielzeug Spaß erzeugt.

Schon im 18. Jahrhundert beschreibt der holländische Physiker Willem s'Gravesande [1] ein Experiment, bei dem ein Doppelkegel eine schiefe Ebene scheinbar hinauf rollt (Abbildung 1). Die schiefe Ebene wird aus zwei Schienen oder Schneiden gebildet, die um einen Winkel α gegeneinander geneigt sind. .

Der Doppelkegel kann natürlich nur deshalb hochlaufen, weil sich sein Schwerpunkt beim Abrollen der Kegelflächen auf den Schienen abwärts bewegt. Möglich wird dies, weil dass der Auflagepunkt des Doppelkegels auf den Schienen zu den Kegelspitzen wandert. Bei genauer Betrachtung des rollenden Kegels von der Seite lässt sich die Bewegung des Schwerpunkts auch direkt beobachten.

Die Bedingung, unter der diese Bewegung stattfinden kann, hängt von dem Öffnungswinkel γ des Kegels, dem Öffnungswinkel α der Schienen und dem Anstiegswinkel β der Schienen ab (siehe Infokasten „Die Rollbedingungen").

Der auch in diversen Büchern für Schulexperimente beschriebene Versuch [2, 3] ist zudem in vielen Science-Centers zu finden, und er lässt sich leicht selbst bauen (siehe „Bauanleitung").

In der Eisenbahntechnik hat eine andere Eigenschaft des Doppelkegels eine gewisse Bedeutung. Die Ablauffläche von Eisenbahnrädern ist in dem auf den Schienen aufliegenden Teil wie ein Doppelkegel geformt. Setzt man einen Doppelkegel schiefwinklig auf etwas abwärts geneigte Modellbauschienen auf, so rollt er taumelnd los und und die Bahn des Schwerpunkts stabilisiert sich in Form einer exponentiell abnehmenden sinusähnlichen Kurve bis zum Geradeauslauf. Je größer der Kegelwinkel ist, umso schneller findet die Stabilisierung in sinusähnlichen Kurven statt. Störungen im Gleichlauf von Eisenbahnrädern gleichen sich auf diese Weise von selbst aus. Die Stabilisierung der Abrollbewegung lässt sich im Übrigen auch bei dem aufwärts rollenden Doppelkegel auf den Winkelschienen beobachten.

Reizvoll ist eine Konstruktion, bei der zwei aufwärts führende und auseinander laufende Schienen am höchsten Punkt miteinander verbunden werden (Abbildung 2). Der Doppelkegel führt dann eine oszillierende Bewegung zwischen den Endpunkten dieser Doppelschiene durch und kommt schließlich beim höchsten Punkt zur Ruhe. Diese Konstruktion funktioniert umso besser, je größer das Trägheitsmoment des Doppelkegels und je geringer die Reibung auf den Schienen sind.

Eine überraschende Abwandlung des Experiments findet sich in einem ebenfalls schon älteren Buch über die Verwendung von physikalischem Spielzeug im Unterricht [4]. Das unter dem Namen Diabolo bekannte Spielzeug rollt auch eine schiefe Ebene hinauf. Nur sind hier die Verhältnisse gegenüber dem vorher diskutierten Doppelkegel gerade umgedreht (Abbildung 3). Das Diabolo ist genauso ein Doppelkegel, nur eben an den Spitzen miteinander verbunden.

Das gleiche Prinzip einer auseinander laufenden und bergan steigenden Schiene wie beim Doppelkegel wird in einem Geschicklichkeitsspiel verwendet, das unter dem Namen Sisyphus, Rolling Ball oder ähnlichem vertrieben wird (Abbildung 4). Hier wird jedoch statt des Doppelkegels eine Kugel benutzt.

Der Spieler kann den Öffnungswinkel α der Schienen verändern. Es gilt, die Kugel so weit wie möglich hinauf rollen und dann in die mit Zahlen versehenen Vertiefungen fallen zu lassen. Und das bedarf einiger Übung. Mit zwei Billardqueues und einer Kugel lässt sich dieses Spiel leicht realisieren [4]. Speziell zu diesem Spielzeug haben zwei Wissenschaftler eine Veröffentlichung verfasst [5].

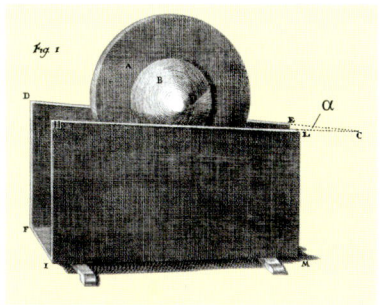

Abb. 1 *Ein Doppelkegel läuft eine schiefe Ebene scheinbar hinauf* (Stich aus s'Gravesande [1]).

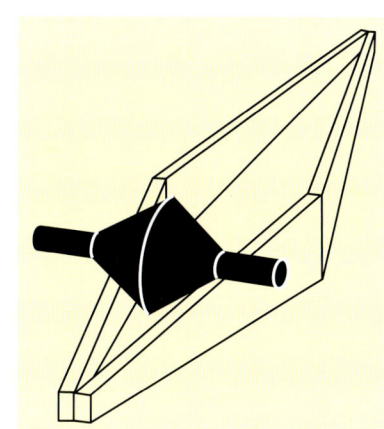

Abb. 2 *Ein Doppelkegel schwingt um die Mitte dieser Doppelschiene hin und her und kommt am höchsten Punkt zur Ruhe.*

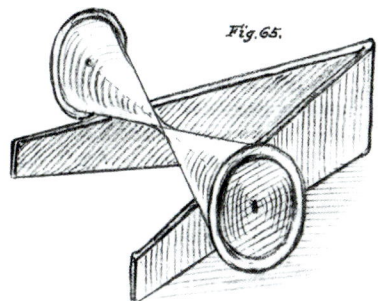

Abb. 3 *Ein Diabolo rollt ebenfalls eine schiefe Ebene hinauf* (aus [4]).

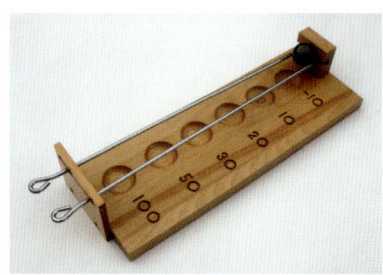

Abb. 4 *Eine Kugel soll durch Verändern des Öffnungswinkels der Metallstangen so weit wie möglich nach oben befördert werden.*

Der Doppelkegel zeigt von der Konstruktion her einen klaren Aufbau und ist insofern eher als – sogar schon ziemlich altes – Lehrmittel einzuordnen. Bei der Vorführung wird er zunächst Verblüffung hervorrufen. Ist das physikalische Prinzip erkannt, hat er seine Funktion erfüllt und ist dann nicht mehr sehr interessant – außer vielleicht für Physiker. Die Konstruktion mit der Kugel ist hingegen ein Spiel, das zu kleinen Wettkämpfen einlädt und von Kindern eher als Herausforderung empfunden wird. Die Physik tritt dann in den Hintergrund.

Zur Dynamik des aufwärtsrollenden Doppelkegels gibt es eine ausführliche und mathematisch aufwändige Veröffentlichung [6].

Literatur und Internet

[1] W. J. s' Gravesande, Physices Elementa Mathematica Experimentis Confirmata, Leiden **1748**.

[2] H. Hahn, Physikalische Freihandversuche I, Verlag von Otto Salle, Berlin **1905**.

[3] A. Friedrich, Handbuch der experimentellen Schulphysik (Bd. 2), Aulis Verlag, Köln **1962**.

[4] G. Dussler, Spiel und Spielzeug im Physikunterricht, Verlag Otto Salle, Frankfurt a.M. 1933; Reprint 1995 im Stark-Verlag, Freising (vergriffen).

[5] R. De Luca, S. Ganci, Eur. J. Phys. **2011**, *232*, 101.

[6] S. Gandhi, C. Efthimiou, The ascending double cone: a closer look at a familiar demonstration, Eur. J. Phys. **2005**, *26*, 681.

[7] H. Kern, Physik und Didaktik **1986**, *14*, 155.

Mit folgenden Stichwörtern findet man videos bei YouTube: double cone, anti-gravity double cone, uphill roller.

Dieser Beitrag wurde von Jürgen Becker zusammen mit Christian Ucke verfasst.

DIE ROLLBEDINGUNGEN

In einem geeigneten Koordinatensystem lässt sich die Position des Doppelkegels beschreiben. Der Schwerpunkt habe die Koordinaten $(x_S \mid y_S)$. Der Öffnungswinkel der Auflageschienen sei α; der des Kegels γ.

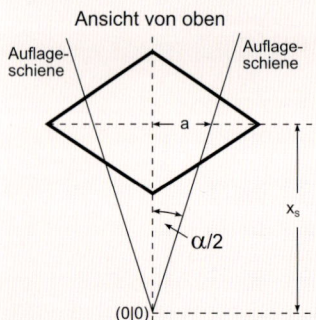

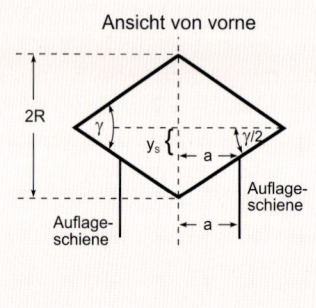

Mit $\tan(\alpha/2) = a/x_S$ und $\tan(\gamma/2) = (R-y_S)/a$ ergibt sich

$$y_S = R - a\cdot\tan(\gamma/2) = R - x_S\cdot \tan(\alpha/2)\cdot \tan(\gamma/2).$$

Bei Drehung eines Koordinatensystems (Drehwinkel β) gilt:

$$
\begin{aligned}
y'_S &= x_S\cdot\sin\beta + y_S\cdot\cos\beta \\
&= x_S\cdot\sin\beta + (R - x_S\cdot\tan(\alpha/2)\cdot\tan(\gamma/2))\cdot\cos\beta \\
&= x_S\cdot(\sin\beta - \tan(\alpha/2)\cdot\tan(\gamma/2)\cdot\cos\beta) + R\cdot\cos\beta
\end{aligned}
$$

Schwerpunkt = $(x'_s \mid y'_s) = (x_S \mid y_S)$

Wenn der Ausdruck in der Klammer negativ ist, wird y'_S mit zunehmendem x_S, das heißt auch zunehmendem x'_S, kleiner, das heißt der Schwerpunkt geht nach unten. Das ist die Bedingung für das Hinaufrollen. Die Bedingung für ein Aufwärtsrollen lautet also:

$$\tan\beta < \tan(\alpha/2)\cdot\tan(\gamma/2)$$

In der Literatur finden sich etwas andere Formeln [7], die sich bei kleinen Winkeln ß und α aber praktisch nicht unterscheiden. Man muss bei der Herleitung sehr genau auf die Definitionen der Winkel achten.

BAUANLEITUNG

Vergrößern Sie auf einem Kopierer die Abbildung so weit, bis der Basiskreis einen Durchmesser von etwa 5 cm aufweist. Kopieren Sie die Vorlage zweimal auf Zeichenpapier; Papier mit 150g/m² schlucken Kopierer meist noch.

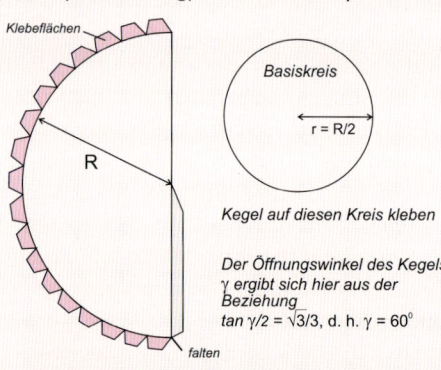

Schneiden Sie die Halbkreise aus, biegen Sie die markierten Flächen nach innen und kleben Sie die daraus formbaren Kegel beidseitig auf den Basiskreis. Steckt man durch die entsprechend mit einer kleinen Öffnung versehenen Kegelspitzen eine Stricknadel oder ähnlichem, so lässt sich der Doppelkegel bequemer handhaben. Zwei Schneiden (hier nicht abgebildet) lassen sich ebenfalls aus Karton hinreichend stabil herstellen. Den Anstiegswinkel β und den Öffnungswinkel α der Schneiden kann man dabei leicht variieren.

Eine massivere Konstruktion erhält man, indem man zwei kleinere, in Haushaltswarengeschäften erhältliche Plastiktrichter zu einem Doppelkegel zusammenklebt. Füllt man diese Anordnung zum Beispiel fest mit Sand, so lässt sich ein größeres Trägheitsmoment erzielen. In Bastelläden findet man auch Kegel aus Holz. Zwei Stück davon lassen sich zum Doppelkegel zusammenkleben Die zugehörigen Schienen müssen stabiler aus Holzleisten oder Metallstäben gefertigt werden.

Wobbler oder Zwei-Scheiben-Roller

Neben der Kugel und dem Zylinder gibt es weitere Objekte, die beim Rollen einen konstanten Abstand des Schwerpunktes von der Unterlage beibehalten. Sie haben zwar keine unmittelbare Nutzanwendung, regen aber zum Nachbau und zu allerlei mathematisch-physikalischen und auch ästhetischen Betrachtungen an.

Wenn eine homogene Kugel eine geneigte Ebene hinunterrollt, bleibt der Abstand des Schwerpunktes zur Ebene konstant. Gleiches gilt für Drehzylinder. Es gibt weitere Objekte mit diesem Verhalten, beispielsweise zwei ellipsenförmige Scheiben, die aus einem Zylinder ausgeschnitten sind. (Abbildung 1 links). Die Bahn des Schwerpunkts beschreibt bei allen diesen Beispielen eine gerade Linie.

Ein weiteres Beispiel besteht aus zwei – mathematisch idealisiert unendlich dünnen – Halbkreisscheiben, die am ursprünglichen Mittelpunkt senkrecht miteinander verbunden sind (Zwei-Scheiben-Roller Nr. 1, Abbildung 1 rechts). Rollt dieses Objekt eine leicht geneigte Ebene hinunter, bleibt der Abstand des Schwerpunkts von der Ebene konstant. Die Bahn des Schwerpunkts ist aber keine gerade Linie mehr, sondern ähnelt eher einer Schlangenlinie. Genau besehen, ist diese Linie aus Kreisbögen zusammengesetzt, wie später gezeigt wird. Wegen dieser Bewegung werden derartige Objekte im Englischen auch Wobbler (to wobble – wackeln, taumeln, torkeln) genannt. Wir nennen sie aufgrund ihrer Zusammensetzung Zwei-Scheiben-Roller.

Rollt ein derartiger Wobbler eine Ebene hinunter, so berührt er diese immer in zwei Punkten. Verbindet man beim Wobbler alle korrespondierenden Auflagepunkte, erhält man die konvexe Hülle, auch Verbindungstorse genannt (Abbildung 2). Einen derartigen Körper hat der Engländer Colin Roberts unter dem Namen Sphericon schon 1969 beschrieben [1]. Er lässt sich leicht aus Papier nachbauen [2]. Auch als Handschmeichler aus Holz ist er erhältlich.

Im nächsten Schritt verbinden wir zwei ganze, senkrecht zueinander stehende Kreisscheiben. Praktisch lässt sich das sehr leicht machen, indem man radiale Schlitze in die Kreisscheiben einschneidet (Zwei-Scheiben-Roller Nr. 2). Das Ergebnis ist in Abbildung 3 wiedergegeben.

Bei einer derartigen Konstruktion bleibt der Abstand des Schwerpunkts beim Abrollen auf einer Ebene genau dann konstant, wenn der Abstand der Mittelpunkte der Kreisscheiben die in Abbildung 3 vermerkte Bedingung erfüllt. Die etwas längliche, aber relativ elementar-mathematische Ableitung dieser Bedingung ist in [3] ausgeführt. Angeregt wurde diese Untersuchung von einem Artikel im American Journal of Physics [4].

Hervorragend geeignet zum selber Bauen von Wobblern sind Bieruntersetzer (Bierdeckel). Sie sind leicht erhältlich, häufig kreisförmig, manchmal auch ellipsenförmig und lassen sich bequem mit Messer und Klebstoff bearbeiten. Abbildung 4 zeigt ein Beispiel mit ellipsenförmigen Bierdeckeln.

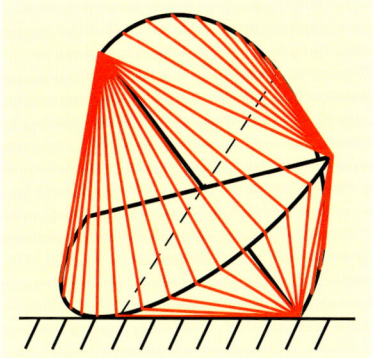

Abb.2 *Verbindet man alle korrespondierenden Auflagepunkte des Wobblers, so erhält man die sogenannte Verbindungstorse.*

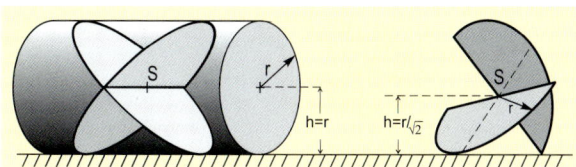

Abb. 1 *Der Schwerpunkt S zweier aus einem Drehzylinder ausgeschnittener, ellipsenförmiger Scheiben bleibt beim Abrollen auf einer Ebene in konstantem Abstand von dieser Ebene. Das Gleiche gilt für zwei Halbkreisscheiben, die senkrecht zueinander verbunden sind.*

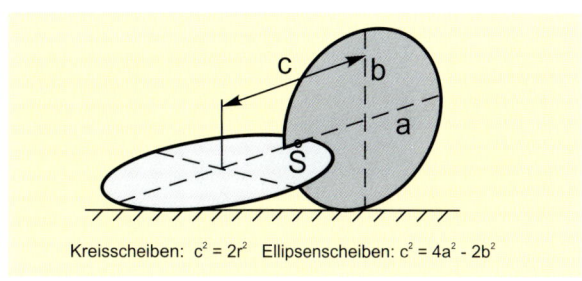

Kreisscheiben: $c^2 = 2r^2$ Ellipsenscheiben: $c^2 = 4a^2 - 2b^2$

Abb.3 *Zwei ganze Kreisscheiben, die senkrecht zueinander verbunden werden, ergeben eine weitere Art von Wobblern. Auch mit ellipsenförmigen Scheiben (Halbachsen a, b) lassen sich Wobbler bauen, bei denen der Schwerpunktsabstand von der Abrollebene konstant bleibt.*

Abb.4 *Aus ellipsenförmigen Bieruntersetzern lässt sich ein Wobbler bauen.*

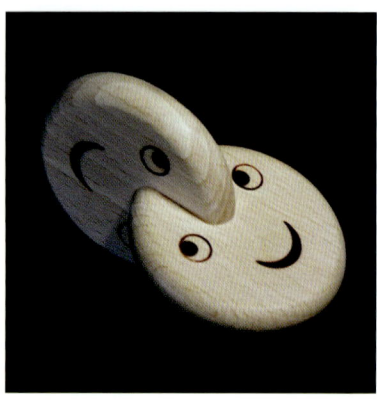

Abb. 5 *Das finnische Kinderspielzeug Ensihammas ist aus zwei – dicken – Kreisscheiben gefertigt.*

Das Prinzip von Rollern aus zwei ganzen Kreisscheiben ist in diversen Spielzeugen realisiert, zum Beispiel in dem finnischem Kinderspielzeug Ensihammas (Abbildung 5) [5]. Die bisherigen Überlegungen befassen sich nur mit mathematisch unendlich dünnen Scheiben. Am Beispiel des Ensihammas kann man die Frage diskutieren, wie sich der Schwerpunktes bei dicken Scheiben bewegt.

Mit zwei Teilen eines Konstruktionsspielzeugs namens RONDI (Abbildung 6) kann man unmittelbar einen Wobbler zusammenstecken. Dabei ist die Abstandsbedingung aus Abbildung 3 sehr gut erfüllt. Die Herstellerfirma [6] gibt an, dass das ein Zufall ist.

Auch diese Zwei-Scheiben-Roller berühren beim Abrollen eine Ebene immer gerade in zwei Punkten. Verbindet man die korrespondierenden Kontaktpunkte beim Roller, erhält man die Verbindungstorse (Abbildung 7), ein ästhetisch aussehender Körper.

Der englische Künstler Rick Flowerday hat eine Veröffentlichung zu dieser Art von Verbindungstorsen geschrieben [7], in der er unter anderem die Frage des Einflusses einer endlichen Scheibendicke bei Rollern aus zwei ganzen Kreisscheiben diskutiert.

Markiert man sich bei einem Zwei-Scheiben-Roller die aufeinander folgenden Berührpunkte auf Papier (Abbildung 9), kann man sich die Verbindungstorse ausschneiden und zusammenkleben.

Ein auf den ersten Blick ganz gleich aussehender Körper ist das Oloid (Abbildung 8). Ursprünglich wurde er in komplizierter Weise als Hüllkörper des sogenannten umstülpbaren Würfels von Paul Schatz [8] gefunden. Einfacher ist er aus der Bedingung zu konstruieren, dass der Mittel-

---

BAUANLEITUNG

Zwei-Scheiben-Roller Nr. 1
Folgende Konstruktion (Bierdeckel) hat sich bei hinreichend flachen Scheiben bewährt. Schneiden Sie mit einem scharfen Bastelmesser aneinander stoßende Sekanten zweier Viertelkreise weg. Vom Eckpunkt des rechten Winkels bis zum Mittelpunkt des Kreises wird ein Schlitz so breit eingeschnitten, wie die Scheibe dick ist. Zwei solche Gebilde kann man an den Schlitzen ineinander schieben. Mit Kleber lassen sich die beiden Scheiben senkrecht zueinander stabilisieren.

Zwei-Scheiben-Roller Nr. 2
Schneiden Sie mit einem Messer einen Schlitz bis zu einer Tiefe von

$$t = r - \frac{a}{2} = r \cdot (1 - \frac{1}{\sqrt{2}}) = 0{,}293 \cdot r$$

und einer Schlitzbreite, die gleich der Dicke der Scheiben entspricht, in beide Kreisscheiben und schieben Sie sie an den Schlitzen senkrecht zueinander zusammen. Es entsteht das wiedergegebene Zwei-Scheiben-Gebilde. Variiert man den Abstand a bei konstant bleibendem Radius, so bleibt der Schwerpunktabstand von der Ebene beim Rollen nicht mehr konstant. Die Variation von a ergibt allerdings nur eine ziemlich geringe Veränderung des Schwerpunktabstands, so dass der Zusammenbau der zwei Scheiben relativ unkritisch ist. Die Rondi-Kunststoff-Steckscheiben lassen sich von ihrer Konstruktion her ziemlich genau im richtigen Abstand zusammenfügen.
An zwei ausgezeichneten Positionen lässt sich die Beziehung $a = \sqrt{2} \cdot r$ plausibel machen. Einmal betrachte man die unter 45° stehenden Scheiben, zum anderen die Lage, wenn eine Scheibe senkrecht steht. Die Höhe h ergibt sich aus dem rechtwinkligen Dreieck unterhalb des Mittelpunktes der ersten Position zu $h = \sqrt{2} \cdot r$. Dies gilt übrigens in gleicher Weise für den Zwei-Scheiben-Roller Nr. 1.
Aus den geometrischen Beziehungen der anderen Position ergibt sich dann, dass nur mit dem angegebenen Abstand a die Höhe h gleich ist.

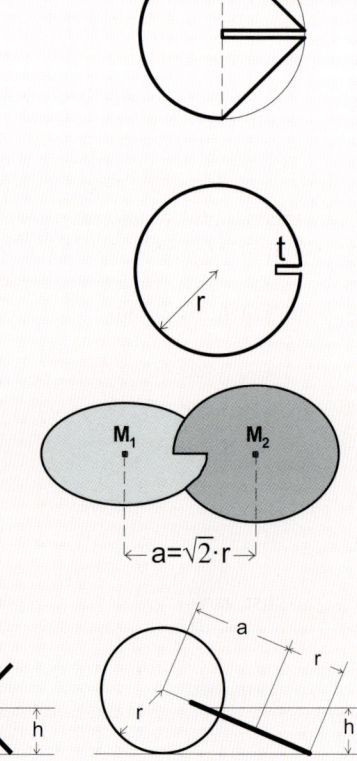

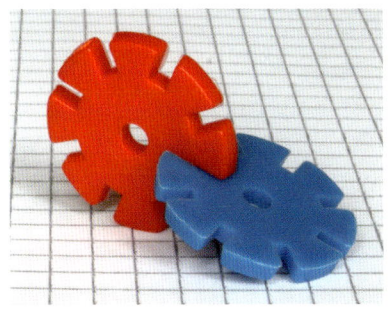

Abb.6 Mit dem Konstruktionsspielzeug RONDI lässt sich ein Zwei-Scheiben-Roller zusammenstecken.

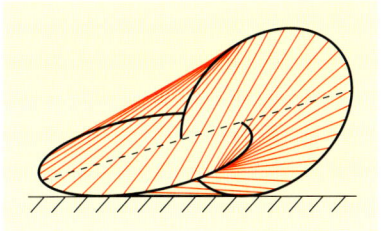

Abb. 7 Verbindet man die jeweiligen Auflagepunkte des Zwei-Scheiben-Rollers, so erhält man einen ästhetisch ansprechenden Körper, von Mathematikern auch Torse genannt.

Abb. 8 Der Oloid sieht der Torse des Zwei-Scheiben-Rollers zum Verwechseln ähnlich, hat jedoch einen ganz anderen Hintergrund.

punktsabstand der erzeugenden Kreisscheiben beim Oloid gerade so groß ist wie der Durchmesser eines Kreises [9]. Da dieser Abstand nicht der Bedingung für einen konstanten Schwerpunktsabstand entspricht, wackelt der Oloid deshalb auch bei leichtem Anstoßen hin und her. Bei stärkerem Anstoß rollt er allerdings auch ziemlich leicht über eine Ebene, was daran liegt, dass der Schwerpunkt in der Höhe nur sehr wenig variiert.

Den Oloid gibt es als ästhetisch ansprechenden Handschmeichler aus Holz (Abbildung 8) [10]. Auch Anwendungen in Form spezieller Mischmaschinen zur Rühr- und Belüftungstechnik werden mit ihm realisiert [1].

Bahn des Schwerpunkts von Zwei-Scheiben-Rollern

Zum Schluss seien die in die Abrollebene projizierten Bahnen der Zwei-Scheiben-Roller aus Halbkreisen und aus zwei ganzen Kreisen mit den zugehörigen Berührlinien der Roller auf der Ebene wiedergegeben (Abbildung 9). Vergrößert man diese Zeichnung auf einem Kopierer und schneidet die Form entlang den Berührlinien aus, lassen sich daraus mit einigem handwerklichen Geschick die Verbindungstorsen der Zwei-Scheiben-Roller zusammenfügen, wie in den Abbildungen 2 und 7 dargestellt.

Obwohl die Kurven ganz ähnlich aussehen, ist die linke Bahn leicht zu berechnen, die rechte Bahn hingegen sehr schwer. Eine Ableitung findet sich in einer japanischen Arbeit [12].

Physikalisch interessant und unseres Wissens ungelöst ist die Frage, wie die Beschleunigung des Schwerpunkts in Abhängigkeit von der Zeit aussieht. Eine Kugel rollt beschleunigt los bis sie sich schließlich mit konstanter Geschwindigkeit bewegt. Ein Zwei-Scheiben-Roller ist aber dauernd wechselnden Beschleunigungen ausgesetzt, und zwar in Rollrichtung und auch senkrecht dazu.

Aus zunächst ganz elementaren Fragestellungen ergeben sich auf diese Weise interessante und tiefgehende Verbindungen zwischen physikalischen, mathematischen und künstlerischen Überlegungen.

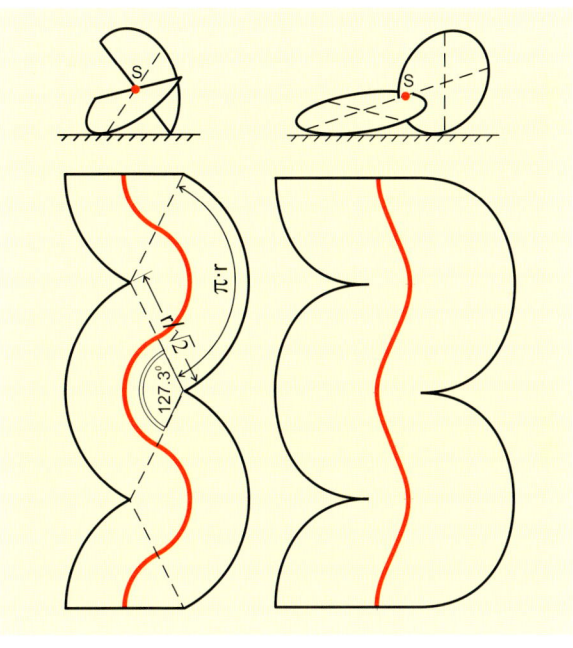

Abb. 9 Schwerpunktsbahnen samt in die Ebene abgewickelten Verbindungstorsen der Roller aus zwei Halbkreisen (links) und zwei ganzen Kreisen.

Literatur und Internet

[1] www.pjroberts.com/sphericon/
[2] www.wissenschaft-online.de/page/fe_seiten?article_id=575991
[3] C. Engelhardt, C. Ucke, Mathematisch-Naturwissenschaftlicher Unterricht **1995**, *48*, 259.
[4] A. T. Stewart, American Journal of Physics **1966**, *34*, 166.
[5] A. Oy, Nokiantie 2-4C, 00510 Helsinki, Finnland, Produktion ausgelaufen
[6] Fa. Simex, Gablonzer Straße 2–4, 76185 Karlsruhe.
[7] F. Flowerday, D. Singmaster, Eureka, **1990**, *50*, 74.
[8] P. Schatz: Rhythmusforschung und Technik, Niggli Verlag, Sulgen **2008**; www.paul-schatz.ch/de/
[9] http://de.wikipedia.org/wiki/Oloid
[10] www.kuboid.ch/shop
[11] Oloid AG, HortiMaX B.V., Hoek 76 Unit 54AB, 2850 BOOM, Belgien, www.oloid.ch/
[12] M. Saitoh, Parity **2005**, *20* (February), 60, (auf Japanisch)

Mit folgenden Stichwörtern findet man bei YouTube videos zum Thema: two circle roller, oloid wobbler, two ellipse roller, rolling discs.

Dieser Beitrag wurde von Christian Ucke zusammen mit Christoph Engelhardt verfasst.

Konstruktiver Gegenwind – am Widerstand wachsen

Der bekannte Lügenbaron von Münchhausen zog sich und sein Pferd bekanntlich am eigenen Haarschopf aus dem Sumpf. Das ist physikalisch unmöglich. Ebenso aussichtslos scheint es zu sein, dass sich ein Objekt ohne eigenen Antrieb gegen den Wind fortbewegt. Und doch ist das möglich.

Gegensätze soll man nicht auszugleichen trachten, sondern produktiv gestalten.

Richard Schaukal

Welcher Radfahrer kennt nicht das schöne Gefühl, von einem kräftigen Rückenwind zu ungeahnten Geschwindigkeiten beflügelt zu werden. Und wer hätte umgekehrt bei kräftigem Gegenwind nicht schon einmal den Wunsch gehabt, diesen einfach umzudrehen, um gewissermaßen mit Hilfe des Gegenwindes gegen den Wind zu fahren. Auf den ersten Blick erscheint dieser Wunsch abwegig, weil – so wird man vielleicht denken – der Wind sich auf keinen Fall gegen sich selbst richten lässt. Allenfalls Münchhausen hatte hier eine Chance (Abbildung 1).

In der Tat: Stellt man sich beispielsweise vor, ein Flugzeugpropeller werde wie bei einer Windmühle durch Gegenwind betrieben und diene gleichzeitig dazu, das Flugzeug gegen eben diesen antreibenden Wind zu bewegen, so erscheint ein solches Münchhausen-Kunststück als äußerst plumpes Perpetuum mobile. Man macht sich aber leicht klar, dass ein Gegenwindflugzeug ebenso wenig gegen den Energiesatz verstoßen würde wie Münchhausen. Was Münchhausens obige Behauptung zur Lüge macht, ist nicht die fehlende Energie, sondern vor allem der fehlende archimedische Punkt, mit dessen Hilfe bekanntlich die Welt aus den Angeln und damit erst recht Münchhausen aus dem Sumpf gehoben werden könnte. Für einen solchen Punkt wäre ein über den Sumpf ragender kräftiger Ast völlig ausreichend.

Was hier als eklatanter Widerspruch zur Erfahrung erscheint, ist physikalisch gesehen nicht die Verletzung des Energiesatzes, sondern des Impulssatzes. Weder Münchhausen noch die gegen die Flugvorrichtung anströmende Luft können aus sich heraus den für die Bewegungsänderung nötigen Impuls aufbringen. Das wäre nur durch „Export" eines gleich großen, entgegengesetzten Impulses, also durch Wechselwirkung mit einem anderen System, möglich.

Die Situation änderte sich jedoch entscheidend, wenn man die mit einem Windrad versehene Vorrichtung nicht

Abb. 1 *Münchhausen, den Impulssatz missachtend: „In dem Morast . . . hätte ich unfehlbar umkommen müssen, wenn nicht die Stärke meines eigenen Armes mich an meinem eigenen Haarzopfe, samt dem Pferde, das ich fest zwischen meine Kniee schloß, wieder herausgezogen hätte"* [1].

fliegen, sondern fahren ließe, wenn man also die Windmühle auf Räder stellte. Auf diese Weise könnte sich das Fahrzeug durch die Haftreibung der rollenden Räder vom Boden „abdrücken" und die aus dem Gegenwind gewonnene Energie zur Fahrt gegen den Wind ausnutzen. Der dazu nötige Impuls würde dann durch die Wechselwirkung aufgrund der Haftreibung mit der Erde aufgebracht. In der Tat sind solche Fahrzeuge zu Lande und zu Wasser diskutiert, patentiert und realisiert worden [2, 3, 4].

Um ein Gefühl dafür zu entwickeln, welche Geschwindigkeiten im Prinzip erreichbar sind und wie sie durch die Haftreibung begrenzt werden, müssen die Verhältnisse quantitativ abgeschätzt werden (siehe Infokasten „Mit doppelter Windgeschwindigkeit gegen den Wind"). Die dort er-

Abb. 2 *Das in den Luftstrahl hineinlaufende Gegenwindfahrzeug. Zur Stabilisierung gegen seitliche Ablenkungen müssen die Vorderräder möglichst weit auseinander angebracht sein.*

MIT DOPPELTER WINDGESCHWINDIGKEIT GEGEN DEN WIND

Zur Abschätzung der Geschwindigkeit des windbetriebenen Fahrzeugs beschränken wir uns der Einfachheit halber auf die spezielle Situation des direkt von vorne kommenden Windes. In diesem Fall genügt es, mit den Beträgen der Vektorgrößen zu rechnen.

Bei einem Wind mit der Geschwindigkeit v_w, und einer Geschwindigkeit v_F des Fahrzeugs gegenüber dem Boden sind die Propeller der Luftstrom der Geschwindigkeit $v = (v_w + v_F)$ ausgesetzt. Diesem Luftstrom kann im günstigsten Fall eine Leistung von

$$P = \frac{1}{2} c \rho A v^3 \qquad (1)$$

entzogen werden. Dabei bezeichnen ρ die Dichte der Luft, A die Querschnittsfläche des Propellers und c einen Beiwert, der maximal den Wert $c_{max} = 16/27$ annehmen kann.

Wenn das Fahrzeug mit der Geschwindigkeit v_F gegen den Wind fährt, muss eine Kraft F_A überwunden werden, die sich aus der Widerstandskraft der Flügel

$$F_{Fl} = \frac{1}{2} c_{Fl} \rho A v^2$$

der Luftwiderstandskraft des übrigen Fahrzeugs

$$F_F = \frac{1}{2} c_w \rho A' v^2$$

und der als unabhängig von der Geschwindigkeit angenommenen Rollreibungskraft F_r zusammensetzt ($F_r = fmg$, $f = $ const.):

$$F_A = F_{Fl} + F_F + F_r. \qquad (2)$$

Dabei ist c_{Fl} ein Beiwert, der maximal den Wert $c_{Flmax} = 8/9$ annehmen kann; c_w ist der von der Form des Fahrzeugs abhängige Widerstandsbeiwert und A' die Querschnittsfläche des Fahrzeugs exklusive der Flügel. Die mit der Überwindung von F_A verbundene Leistung $P_A = F_A v_F$ kann maximal gleich der Leistung P (Glg. 1) werden, die der Luftströmung entzogen wird. Im stationären Fall gilt also:

$$P_A = P.$$

Daraus lässt sich gemäß Glg. 2 die Geschwindigkeit v_{Fmax} abschätzen, die das Fahrzeug maximal erreichen kann:

$$\left[\frac{1}{2} c_{Flmax} \rho A \left(v_w + v_{Fmax}\right)^2 \right.$$
$$\left. + \frac{1}{2} c_w \rho A' \left(v_w + v_{Fmax}\right)^2 + F_r \right] v_{Fmax}$$
$$= \frac{1}{2} c_{max} \rho A \left(v_w + v_{Fmax}\right)^3$$

Diese Gleichung lässt sich nicht explizit nach v_{Fmax} auflösen. Wenn man jedoch die Rollreibung F_r und den Luftwiderstand des restlichen Fahrzeugs ($A' = 0$) vernachlässigt, so erhält man als grobe Abschätzung einen ebenso einfachen wie verblüffenden Zusammenhang:

$$v_{Fmax} = 2 v_W.$$

---

haltenen Ergebnissen scheinen erneut in eklatanter Weise der Intuition zu widersprechen: Demnach kann nämlich die erreichbare Geschwindigkeit größer werden, als die Geschwindigkeit des von vorn blasenden Windes. Vernachlässigt man den Rollwiderstand und beschränkt sich auf den Luftwiderstand des Propellers (was im Falle des abgebildeten filigranen Modells (Abbildung 2) nicht ganz abwegig erscheint), so erhält man das überraschende Ergebnis, dass das Fahrzeug im Extremfall sogar das Doppelte der Windgeschwindigkeit erreichen kann.

Wie lässt sich das anschaulich verstehen? Relativ zum gegen den Wind fahrenden Fahrzeug trifft die Luft in jedem Fall mit einer größeren Geschwindigkeit auf die Propeller als der Wind auf ein ruhendes Fahrzeug, was einen merkwürdig erscheinenden Verstärkungseffekt zur Folge hat: Je schneller sich das Fahrzeug bewegt, desto größer werden die Windgeschwindigkeit und die durch den Wind transportierte Bewegungsenergie. Wir haben es also mit einer Bezugssystemproblematik zu tun: Während die Windgeschwindigkeit normalerweise aus der Sicht des ruhenden Beobachters beurteilt wird, ist für den Antrieb die Luftströmungsgeschwindigkeit in Bezug auf das mitbewegte System ausschlaggebend. Diese Überlegungen gelten natürlich nur, sofern und solange die auf die rollenden Räder wirkende Haftreibungskraft $F_H = \mu m g$ die Luftwiderstandskraft F_A kompensiert. Hierin ist μ der Haftreibungskoeffizient, eine Größe, die je nach Beschaffenheit des Untergrunds und der Räder des Fahrzeugs einen Wert zwischen 0 und 1 annimmt. Die Masse des Fahrzeugs sei m und g die Erdbeschleunigung.

Bei gegebenem (maximalen) Haftreibungskoeffizienten μ_{max} darf F_A den durch $F_{Hmax} = F_A$ begrenzten Wert nicht überschreiten. Damit unterliegt aber auch die Windgeschwindigkeit einer oberen Grenze jenseits derer kein Antrieb mehr möglich ist. Die maximal verträgliche Windgeschwindigkeit ließe sich allenfalls durch eine Erhöhung der Masse m steigern. Damit würde aber auch die Rollreibungskraft proportional zur Masse zunehmen und der Roll-

reibungsverlust entsprechend zu Buche schlagen. Eine Alternative wäre, die Übertragung zwischen Boden und Fahrzeug mit einem Zahnradmechanismus zu vermitteln. Doch bevor die Überlegungen zu raffiniert werden, sollten wir uns daran erinnern, dass unser Fahrzeug in erster Linie als physikalische Spielerei konzipiert wurde und versuchen, die theoretischen Überlegungen durch ein funktionsfähiges Modell mit Leben zu erfüllen.

Das in Abbildung 2 gezeigte Modell bewegt sich in der Tat auf den Luftstrom eines Haartrockners zu. Laien, denen wir unser Fahrzeug vorführten, mutmaßten zunächst, dass unser Haartrockner nicht blasen, sondern saugen würde. Doch selbst, wenn das so wäre: Schon in geringer Entfernung erreicht man mit Saugen überhaupt nichts. Davon überzeugt man sich am besten durch den Versuch, eine Kerze auszusaugen statt auszublasen (siehe hierzu auch den Beitrag „Die Energie der Musik").

Durch weitere Optimierung gelang es uns sogar, ein Funktionsmodell herzustellen, das sich bei kräftigem Blasen mit dem Mund auf den Bläser zubewegte. Die einfachste Konstruktion besteht im Wesentlichen aus einem auf einer drehbaren Achse montierten Propeller, dessen Drehung mit einem Gummiband auf die Achse eines Antriebsrades übertragen wird.

Wie die theoretischen Überlegungen nahe legen, machen sich die Grenzen des Gegenwindfahrzeugs dann bemerkbar, wenn der antreibende Luftstrom zu kräftig wird. Dann reicht die Haftreibung der Räder mit dem Untergrund nicht mehr aus, um einen hinreichenden Impuls auf die Fahrbahn zu übertragen. Man bläst das Fahrzeug mit durchdrehenden Rädern vor sich her.

Eine einfache, sehr prinzipielle Konstruktion, bei der dieses Problem nicht auftaucht, besteht aus einem mit einer Schraubenmutter auf einer Gewindestange gedrehten Propeller. Setzt man den Propeller einem Luftstrom aus, so dreht er sich entlang der Gewindestange in den Luftstrom hinein.

Zusammenfassend kann man also sagen, dass sich der Münchhausen-Verdacht des Gegenwindfahrzeugs nicht auf den energetischen Aspekt des Vorgangs bezieht, sondern auf die Tatsache, dass man unbedingt die Wechselwirkung mit einem dritten Körper, in unserem Beispiel der Erde, benötigt, um sich von etwas abstoßen zu können. Fachlich gesehen muss dem Impulssatz Rechnung getragen werden, der hier nicht nur seine Existenzberechtigung beweist, sondern sich darüber hinaus als äußerst praktisches Prinzip herausstellt.

Schließlich sei darauf hingewiesen, dass unser Fahrzeug im Sinne des obigen Mottos nur ein weiteres Beispiel der sehr allgemeinen Einsicht darstellt, dass Gegensätze sich nicht immer aufheben, sondern oft produktiv genutzt werden können.

Literatur und Internet

[1] G. A. Bürger, Wunderbare Reisen zu Wasser und zu Lande – Feldzüge und lustige Abenteuer des Freiherrn von Münchhausen, wie er dieselben bei der Flasche im Zirkel seiner Freunde selbst zu erzählen pflegt. **1788**.
[2] B. L. Blackford, Am. J. Phys. **1981**, *49*, 282.
[3] B. L. Blackford, Am. J. Phys. **1978**, *46*, 1004.
[4] M. Schulenburg, Bild der Wissenschaft **1991**, *28* (7), 116.

Mit folgenden Stichwörtern findet man videos bei YouTube: Gegenwindfahrzeug, Gegenwindfahrrad, wind powered vehicle, wind powered car. Auch ein Selbstbau mit Lego wird gezeigt.

Tanzende Puppen und rasende Bürsten

Ein auf Borsten stehender Pappbecher oder eine einfache Kleiderbürste werden zu tanzenden und umher rasenden Spielzeugen, wenn man sie geschickt anregt. Ursache ist ein physikalischer Vorgang, der in der Natur und auch in technischen Anwendungen zum Tragen kommt.

Es ist nur eine ganz primitive Puppe, gezeichnet auf einer Papierrolle und bunt ausgemalt (Abbildung 1 links). Und dennoch tanzt sie zu den Klängen von Musik, dreht sich nach Rhythmus und Lautstärke. Dem Geheimnis auf die Spur kommt man, wenn man das Papierkleid lüftet. Tatsächlich kommt gar nicht viel zum Vorschein, lediglich ein ordinärer Pappbecher, dessen Rand mit Borsten gesäumt ist. Das sind die Tanzbeinchen (Abbildung 1 rechts).

Wir haben es hier mit dem seltenen Fall einer Tänzerin zu tun, die nicht nur die akustische Information, sondern auch die akustische Energie der Musik zu nutzen weiß. Denn die Unterlage, auf der sie tanzt, wird von einem Lautsprecher im Rhythmus der Musik zum Vibrieren gebracht (Abbildung 2). Dieses Auf und Ab macht dem Püppchen Beine, was bei der Anzahl schon was heißen will.

Stellt sich die Frage, wie aus einer vertikalen Schwingung des Lautsprechers eine horizontale Drehbewegung hervorgeht. Schauen wir uns die Konstruktion etwas näher an. Die als Beinchen fungierenden Borsten werden in einem etwas von der Vertikalen abweichenden Winkel rund um die Öffnung des Bechers angebracht. Zur Fixierung genügt ein einfaches Klebeband. Stellt man den so präparierten Becher auf eine glatte Unterlag und drückt ihn ein wenig herunter, so verbiegen sich die elastischen Borsten (roter Pfeil in Abbildung 3) und bauen eine Rückstellkraft auf, die sie in ihre ursprüngliche Lage zurückzubringen versucht. Mit dem Verbiegen der Borsten geht eine leichte Bewegung des Puppenrumpfes entgegengesetzt zur Neigung der Borsten einher (blauer Pfeil in Abbildung 3). Diese führt wegen ihrer kreisförmig geschlossenen Anordnung zu einer winzigen Drehung. Die Borstenspitzen bleiben dabei relativ zum Boden in Ruhe.

Mit dieser Rumpfdrehung wird gewissermaßen der erste Tanzschritt eingeleitet. Lässt man nun den etwas heruntergedrückten Becher plötzlich wieder los, so schnellen die

Abb. 1 *Ein selbst gebasteltes Tanzpüppchen (links) verbirgt unter ihrem Kleid einen Pappbecher auf Borsten (rechts).*

durchgebogenen Borsten blitzartig in die gestreckte Ausgangslage zurück und heben den Becher wieder an. Dadurch reduziert sich die Belastung und damit die Reibung zwischen Borsten und Unterlage kurzfristig. Andererseits reagiert der Becher aufgrund seiner im Vergleich zu den Borsten großen Masse träge. Deshalb dreht er sich dabei nicht wieder in die ursprüngliche Position zurück. Bevor er nämlich etwas von dem rücktreibenden Drehmoment der sich entspannenden Borsten „merkt", sind die Borstenspitzen längst in eine der Drehung entsprechende neue Position geglitten. Nach dieser Aufwärtsbewegung sinkt der Becher wieder ab. Dadurch nimmt auch die Belastung der Borsten wieder zu, die sich infolgedessen abermals durchbiegen. Es kommt zu einer Drehung des Puppenrumpfes, was den Bewegungszyklus des nächsten Tanzschritts einleitet.

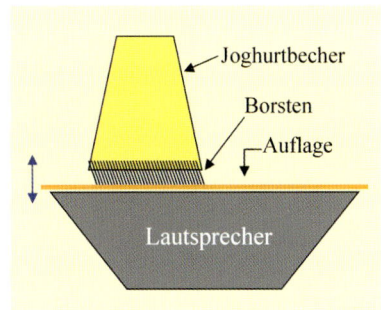

Abb. 2 *Prinzip der tanzenden Puppe auf einer Lautsprechermembran*

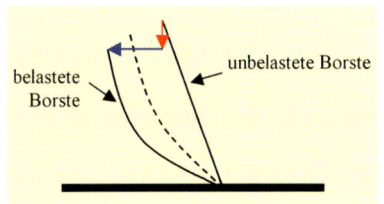

Abb. 3 *Das Verhalten einer Borste bei Belastung.*

Unter dem Einfluss der Musik passiert im Prinzip das Gleiche: Wenn sich die Lautsprechermembran nach oben bewegt, werden die Borsten ebenso gebogen wie beim Herunterdrücken und führen wiederum zu einer kleinen Drehung des Bechers. Und bevor der Becher - wiederum aus Trägheit - etwas davon „merkt" geht es womöglich auch schon wieder herunter, so dass die auf diese Weise entlasteten Borsten wieder in die ungebeugte Lage zurückschnellen. Dieser Vorgang vollzieht sich im Rhythmus der Musik, so dass eine periodische Verbiegung der Borsten einen ständigen Wechsel zwischen Haften und Gleiten bewirkt, der von einer schrittweisen Drehung der Tanzpuppe begleitet wird. Den kann man - auch aus nichtphysikalischer Perspektive - durchaus als Tanz bezeichnen.

Dieser Slip-and-stick-Mechanismus der Borsten liegt zahlreichen Phänomenen sich selbst organisierender Bewegungsvorgänge zugrunde. Dazu gehören beispielsweise das Quietschen der Kreide auf der Wandtafel, aber auch die Erzeugung der Glasmusik durch die „stotternde" Bewegung des Fingers über den Rand eines Weinglases (siehe auch den Beitrag „Es tönen die Gläser")

Da Musik als ein deterministisch-chaotisches Phänomen angesehen werden kann [1], stellt unser Tanzpüppchen eine Vorrichtung dar, die aus einem regellosen Auf und Ab eine fortschreitende und damit geordnete Bewegung erzeugt. Kurzum: Hier geht auf tänzerische Weise Ordnung aus Chaos hervor.

Die Bewegungsmöglichkeiten der Puppe sind vielfältig. Ob es überhaupt zur Drehung kommt und wie groß die Drehgeschwindigkeit in diesem Fall ist, bestimmen zahlreiche Variablen, wie die Beschaffenheit der Borsten (dünne, dicke, flexible, starre). Auch die Art und Weise, wie diese am Rand des Bechers angebracht sind, insbesondere wie weit sie über den Rand der Becheröffnung hinausragen und unter welchem Winkel sie orientiert sind, bietet zahlreiche Variationsmöglichkeiten. Darüber hinaus lässt sich die Belastung der Borsten durch Anbringen einer passenden Zusatzmasse gezielt variieren. Da Musik ein Gemisch aus Schwingungen unterschiedlicher Frequenzen und Amplituden darstellt, hat auch die Wahl des Musikstücks und die Variation der Lautstärke Einfluss auf die Bewegungen der

Puppe. Diese Abhängigkeit kann man an den Tanzfiguren erkennen, die sich aus Wechseln zwischen langsamen und schnellen Drehungen zusammensetzen. Die Koordination zwischen Musik und Tanzfigur macht wie beim richtigen Tanz den eigentlichen Reiz des Phänomens aus.

Die Drehrichtung des Tanzpüppchens wird durch den mit der Schrägstellung der Borsten gegebenen Symmetriebruch festgelegt. Aber selbst wenn man sich um eine Ausrichtung der Borsten nicht kümmert oder sich sogar bemüht, alle Borsten senkrecht anzubringen, kann man fast immer die Puppe zum Tanzen bringen, wenn auch vielleicht erst bei großer Lautstärke. In diesem Fall wird die Symmetrie durch kleinste zufällige Unregelmäßigkeiten in der Stellung der Borsten gebrochen. Dies führt infolge des auflastenden Puppenrumpfes zu einer Vorzugsrichtung.

Die rasende Bürste

Wegen der Sensitivität eines senkrecht ausgerichteten Borstenkollektivs ist es möglich, selbst eine Kleiderbürste nach demselben Prinzip in Bewegung zu versetzen. Zwar erweist sich unter normalen Bedingungen der Antrieb durch Musik wegen des hohen Gewichts als zu schwach. Bringt man jedoch einen Schwingungserreger direkt auf der Bürste an, so kann man diese auf einer beliebigen Unterlage in Bewegung versetzen. Schwingungserreger und Batterie sorgen durch ihre Masse zum einen dafür, die Borsten in der einen oder anderen Richtung zu verbiegen, und zum anderen für die zum Antrieb des Systems notwendige Auf- und Abbewegung.

Ein solcher Schwingungserreger lässt sich auf einfache Weise durch einen kleinen Spielzeugmotor realisieren, den man gemeinsam mit der Batterie auf der Bürste anbringt. Es genügt, die Motorachse mit einer leicht exzentrisch angebrachten Zusatzmasse zu versehen (Abbildung 4), um die Bürste zum Mitschwingen (Impulserhaltung) und als direkte Folge davon zum Rasen zu bringen. Eine alternative Energieversorgung bestünde darin, dem Motor die Energie durch eine elektrische Zuleitung zuzuführen und die Bürste wie einen Hund an die Leine zu nehmen.

Der fortschreitenden Bewegung der Bürste liegen dieselben physikalischen Prinzipien zugrunde wie dem Tanz-

Abb. 4 *Eine Schuhputzbürste wird durch die Schwingungen eines kleinen Spielzeugelektromotors mobil.*

Abb. 5 *Hexbug, ein Spielzeug, das sich ähnlich verhält wie die rasende Bürste.*

püppchen. Mit einer passenden Justierung des Antriebsaggregats auf der Bürste kann man den Bewegungstyp bestimmen: eine Kreisbewegung mit mehr oder weniger großem Radius oder eine Translationsbewegung.

Seit kurzem gibt es unter dem Namen Hexbug (Abbildung 5) ein etwa 4 cm langes Spielzeug mit einem winzigen Motor als Antrieb und flexiblen Kunststoffbeinchen. Es funktioniert nach demselben Prinzip wie die rasende Bürste. Einmal angeschaltet saust es wild über den Tisch und kann sich in vielen Situationen wieder aufrichten, wenn es mal durch Kollision umgekippt ist.

Wandernde Teppiche und kriechende Schlangen

Auch wenn der Selbstzweck dieser Spielzeuge im Vordergrund steht, liegt die Frage nach „ernsthafteren" Anwendungen und Realisierungen in der Natur nahe. Ein an die rasende Bürste erinnerndes Phänomen beobachtet man bei kleinen Teppichen und Läufern, die auf einem Teppichboden aufliegen [2]. Durch häufiges Betreten bewegt sich der Läufer entgegen der Vorzugsrichtung der Teppichhaare weiter. Der Grund: Wegen der Belastung knicken die Haare des Läufers ein, wodurch er wie der Rumpf des Tanzpüppchens ein Stück verschoben wird. Lässt die Belastung nach, schnellen die Haare in die Ausgangslage zurück. Aus Trägheit kann der deplatzierte Läufer dieser Bewegung nicht folgen und bleibt in der neuen Lage liegen. Vielfältiger Gebrauch führt zu einem allmählichen Verrutschen des Teppichs und dadurch bedingten typischen Aufwellungen.

Bei der Kriechbewegung einiger Schlangen kommt das hier diskutierte Stick-slip- Antriebsprinzip ebenfalls zum Tragen. In der Slip-Phase stellen die Schlangen ihre Bauch-schuppen nacheinander auf, wodurch der Körper lediglich etwas angehoben wird. In der anschließenden Stick-Phase winkelt die Schlange ihre Schuppen leicht an, wodurch sich der Körper wieder senkt und dabei gleichzeitig ein Stück nach vorn bewegt. Dann stellen sich die Bauchschuppen wieder auf, und der Zyklus beginnt erneut.

Im Rahmen der Strukturbionik untersucht man eine technische Nutzung dieses Prinzips. So entwickelten französische Wissenschaftler eine der Schlangenhaut ähnelnde Folie, die auf Langlaufski angeheftet wird. Sie sorgt dafür, dass der Skiläufer ungebremst vorwärts gleiten, aber nicht zurückrutschen kann [3].

Die geschilderten Bewegungen kommen als alle durch einen schwingungsgesteuerten Wechsel zwischen Haft- und Gleitreibung zwischen Teilen eines beweglichen Systems und einem festen Untergrund zustande. Dieser Slip-stick-Mechanismus führt dazu, dass die reibenden Teile des Systems einen Kreisprozess durchlaufen, in dem sie durch Gleitreibung immer wieder in die Ausgangslage zurückgeführt werden, um durch Haftreibung einen Vortrieb des Systems zu bewirken. Kurzum: Das System stottert, aber es macht sich verständlich.

Literatur und Internet

[1] A. Piotrowski, V. Nordmeier, H. J. Schlichting, Musik und Fraktale – musikalisches Rauschen. In: Behrendt, H. (Hrsg.), Zur Didaktik der Physik und Chemie, Leuchtturm-Verlag, Alsbach **1994**.

[2] H. J. Press, Geheimnisse des Alltags, Ravensburger Buchverlag, **1997**, 30.

[3] www.biokon.net/bionik/download, dort: KrausHeinz_WasDieTechni-kAnDerNaturLernenKann.pdf

Mit den Stichwörtern hexbug nano, bristle bot findet man bei YouTube viele Videos und auch Anleitungen zum Selbstbau.

Paradoxe Federn

Der Apfel fällt vom Baum, ein Glas Wasser kippt um. Fast immer nehmen Gegenstände die tiefste Lage ein, wenn sie unter Abgabe von Energie ins Gleichgewicht übergehen. Wie um dieses schöne einfache Prinzip zu widerlegen, machen manche Systeme genau das Gegenteil. Während sie Höhenenergie abgeben, bewegen sie sich nach oben.

Eine paradoxe Ansicht ist nicht jedes Mal eine schiefe.

Denis Diderot

Situationen, die unsere Anschauung auf Kollisionskurs bringen, verweisen oft auf eine tiefe physikalische Einsicht, auch wenn sie sich als so genannte Paradoxa in die Lehrbuchliteratur eingeschrieben haben. Man denke nur an das hydrodynamische und hydrostatische Paradoxon, an das Gibbssche und an das Uhrenparadoxon, um nur einige zu nennen. Darüber hinaus gibt es zahlreiche weitere in diesem Sinne paradoxe Situationen in der Physik, ohne dass sie zu einer entsprechenden Namensgebung gelangt wären. Diese zuweilen in Form eines Rätsels oder einer Denksportaufgabe gekleideten Herausforderungen der lebensweltlichen Intuition sind oft von didaktischem Nutzen, weil sie physikalische Überzeugungen auf die Probe stellen und zu physikalischen Argumentationen anregen.

Manche derartig paradox erscheinende Situationen lassen sich mit dem zweiten Hauptsatz der Thermodynamik aus der Welt schaffen und helfen dabei, mit der Universalität dieses Prinzips vertraut zu werden.

Wie wenn sich der Schwerpunkt von selbst erhöbe

Wir gehen von der folgenden Situation aus. Eine Kugel der Masse m wird an einem System von zwei gleichen Schraubenfedern aufgehängt, von denen das untere Ende der oberen Feder (F_1) und das obere Ende der unteren Feder (F_2) mit einem kurzen Faden fest verbunden sind. Außerdem ist das obere Ende von F_2 mit einem Faden an der Aufhängung fixiert, an der auch F_1 aufgehängt ist. Das untere Ende von F_1 ist mit einem Faden mit der Kugel verbunden, die gleichzeitig am unteren Ende von F_2 hängt (Abbildung 1). Die Fadenlänge ist so bemessen, dass die Fäden zwar straff, aber nicht belastet sind. Die Masse der Kugel sollte so groß sein, dass im Vergleich dazu die Eigenmassen der Federn und der Fäden vernachlässigt werden können. Was passiert, wenn die kurze Verbindung durchtrennt wird?

Aufgrund der sich gegenseitig spannenden Federn erwartet man wahrscheinlich, dass sich der Schwerpunkt des Systems aus den beiden Fäden und Federn absenkt – so wie

man es vom Übergang eines mechanischen Systems ins Gleichgewicht kennt. Denn jeder von selbst ablaufende Prozess, der ein System ins Gleichgewicht überführt, geht mit Entropiezunahme einher, die mit Abgabe von Energie an die Umgebung, verbunden ist. Und diese Energie fehlt dem System anschließend([1, 2]).

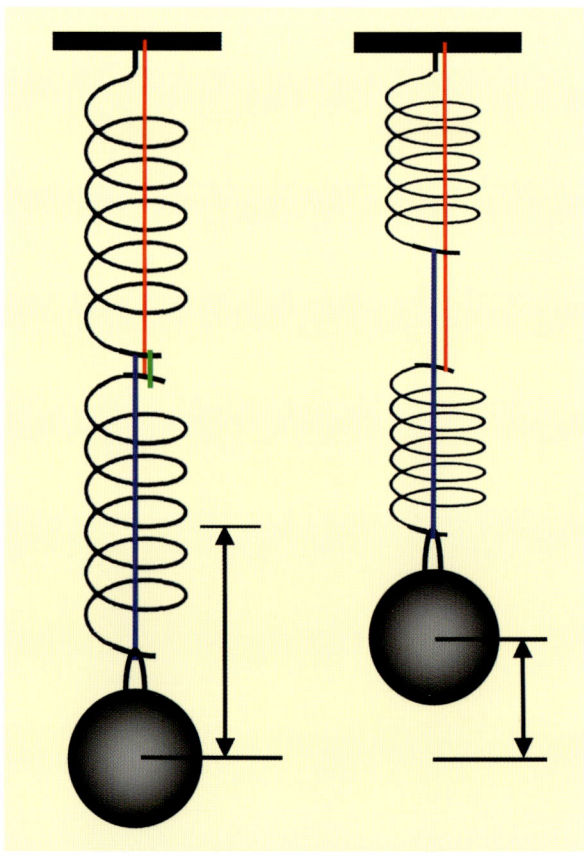

Abb. 1 *Links: Anfangszustand des Systems, bei dem die Federn durch einen (grünen) Faden miteinander verbunden sind. Rechts: Endzustand nachdem der Faden durchgetrennt wurde.*

Trennt man nun den Faden durch und wartet, bis das Federsystem zur Ruhe gekommen ist, stellt man jedoch erstaunt fest, dass sich der Schwerpunkt nicht gesenkt, sondern deutlich gehoben hat. Als bloße Umkehrung des Vorgangs der Abgabe von Höhenenergie an die Umgebung wäre dieses Anheben des Schwerpunkts mit Entropieabnahme verbunden. Das ist nach dem zweiten Hauptsatz aber nur möglich, wenn gleichzeitig ein Teilprozess abläuft, der eine mindestens genauso große Entropiezunahme bewirkt.

Um einen solchen Teilprozess zu erkennen, muss man sich vor Augen führen, dass das System nicht nur Gravitationsenergie enthält, sondern auch elastische Energie, die in den gespannten Federn gespeichert ist. Damit ist aber klar, dass im Endzustand den Federn mindestens genauso viel elastische Energie verloren gegangen sein muss wie an Gravitationsenergie gewonnen wurde. Mindestens, denn die Heftigkeit der Zustandsänderung lässt auf eine starke Entropieerzeugung schließen. Welche Mechanismen machen das möglich?

Zur Beantwortung dieser Frage muss man zunächst topologisch denken und durchschauen, dass das System am Anfang aus zwei hintereinander geschalteten Federn besteht. Diese Federn werden durch die Kugel beide um denselben Betrag ausgelenkt, also insgesamt um das Doppelte der Auslenkung einer einzelnen Feder. Nach dem Durchtrennen des Fadens entsteht ein System aus zwei parallel geschalteten Federn. Wegen der damit einhergehenden Hal-

bierung der auf jede einzelne Feder wirkenden Kraft werden sie jeweils nur halb so stark gedehnt wie bei der Hintereinanderschaltung. Weil die untere Feder aber an einem (als nicht dehnbar vorausgesetzten) Faden hängt, verkürzt sich die Dehnung des Federsystems auf die Hälfte der Dehnung einer Feder und damit auf ein Viertel der ursprünglichen Gesamtdehnung.

Die Energie jeder der beiden Federn nimmt wegen ihrer quadratischen Abhängigkeit von der Längenänderung auf ein Viertel des ursprünglichen Wertes ab, so dass sich auch die Federenergie des Gesamtsystems auf ein Viertel reduziert. Das System verliert also beim Strukturübergang insgesamt drei Viertel seiner Energie. Da der Schwerpunkt um die Hälfte der Auslenkung einer Feder gehoben wird, geht die Hälfte der ursprünglichen Federenergie in Gravitationsenergie über. Daraus ergibt sich aber, dass ein Viertel der ursprünglichen Federenergie des Systems unter Entropieerzeugung an die Umgebung abgegeben wurde.

Quantitative Abschätzung

Die elastische Energie einer Feder beträgt:

$$E_{\mathrm{F}} = \frac{1}{2}\,Dx^2$$

Dabei ist x die Längenänderung der Feder und D die Federkonstante. Schaltet man zwei identische Federn hintereinander, so gilt für die Gesamtänderung der Federenergie

$$E_{\mathrm{h}} = \frac{1}{2}\left(\frac{1}{2}\,D\right)(2x)^2 = D\,x^2.$$

Dabei wurde benutzt, dass sich bei einer Hintereinanderschaltung von Federn die Kehrwerte der Federkonstanten addieren: $1/D_{\mathrm{h}} = 1/D + 1/D = 2/D$.

Im Falle der Parallelschaltung erhält man:

$$E_{\mathrm{p}} = \frac{1}{2}\,(2\,D)\left(\frac{1}{2}\,x\right)^2 = \frac{1}{4}\,D\,x^2$$

Dabei wurde benutzt, dass sich bei einer Parallelschatung von Federn die Federkonstanten addieren: $D_{\mathrm{p}} = D + D = 2\,D$.

Beim Strukturwechsel des Systems hintereinander geschalteter in ein System parallel geschalteter Federn sinkt die elastische Energie auf ein Viertel. Da sich jedoch die Kugel um die Hälfte der Längenänderung einer Feder $\frac{1}{2}x$ erhebt, wird wegen $mg = Dx$ elastische Energie in Gravitationsenergie umgewandelt:

$$E_{\mathrm{G}} = mg\frac{x}{2} = Dx\,\frac{x}{2} = \frac{1}{2}\,D\,x^2$$

Das ist die Hälfte der ursprünglichen elastischen Energie E des Systems. Mit anderen Worten: Ein Viertel der ursprünglichen elastischen Energie, $\frac{1}{4}\,E_{\mathrm{h}}$, wird dissipiert.

Der Faden verhält sich nichtlinear

Entscheidend für diesen Strukturwechsel ist die Nichtlinearität des Systems, die in der Eigenschaft der Fäden begründet ist: Während sich die Federn (bei nicht zu großen

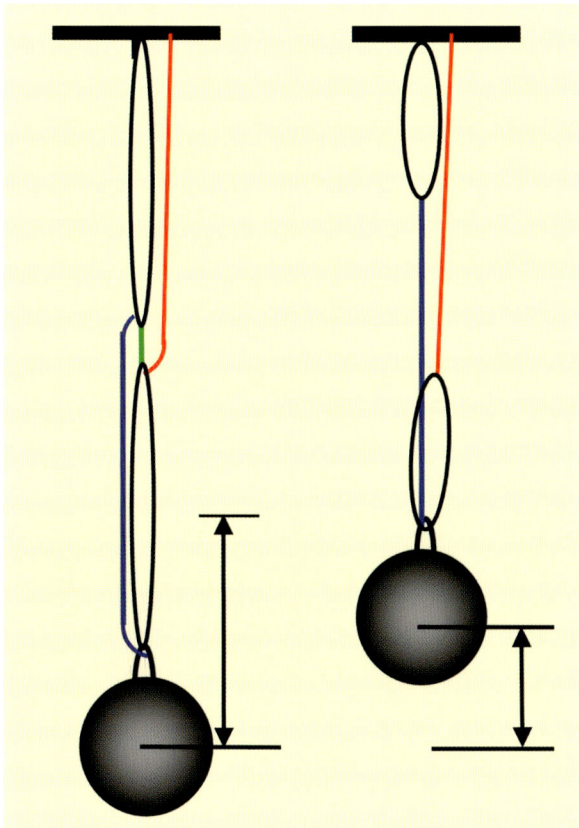

Abb. 2 *Statt Federn lassen sich auch Gummibänder verwenden.*

Dehnungen) näherungsweise linear verhalten, sind die einfach und vertraut erscheinenden Fäden extrem nichtlinear. Sie stellen jeder Zustandsänderung, die mit einer Fadenverlängerung verbunden wäre (bis zur Reißgrenze), einen sehr großen Widerstand entgegen, während sie einer Änderung, die auf eine Fadenverkürzung hinausläuft, nichts entgegenzusetzen haben. Sie wirken demnach wie ein mechanischer Gleichrichter (Dieser Überlegung nach kann man mit Zenerdioden und Widerständen ein elektrisches Analogon zustande bringen, wie in [3] beschrieben wurde).

Dasselbe gilt für den kurzen Verbindungsfaden, der das System der hintereinander geschalteten Federn fixiert. Sobald man ihn durchtrennt, wird eine Systemänderung in Richtung auf eine weitere Annäherung ans thermodynamische Gleichgewicht bewirkt, die zu einer Belastung der Fäden führt. Dadurch kommt es zu einer Anhebung des Schwerpunkts des Systems, und es entsteht eine neue Struktur. Das System ist nunmehr dem thermodynamischen Gleichgewicht näher als zu Beginn, aber noch weiter davon entfernt, als es ganz ohne Fäden der Fall wäre. Ohne Fäden wäre der Fall trivial, weil er ein freier Fall wäre.

Entropieargumente bei einem mechanischen Problem?

Neben der Darstellung eines überraschenden physikalischen Vorgangs möchten wir mit diesem Beispiel einmal mehr darauf aufmerksam machen, dass gerade bei interessanten mechanischen Vorgängen oft unter der Hand thermodynamische Argumente und Vorstellungen ins Spiel kommen, ohne dass dies bewusst würde. Beispielsweise wird der Energiesatz der Mechanik oft in unmittelbarer Nachbarschaft zu Vorgängen diskutiert, bei denen Systeme ins Gleichgewicht übergehen im festen Glauben, man habe es in beiden Fällen mit rein mechanischen Sachverhalten zu tun. Beispiel: das Umkippen eines hochkant stehenden Klotzes. Man sagt dann etwa, der Klotz sei ins stabile Gleichgewicht übergegangen, oder man spricht von der Minimierung der mechanischen Energie. Es wird nur selten klar, dass das Gleichgewicht, von dem hier die Rede ist, insofern thermodynamisch ist, als es nur durch Dissipation von mechanischer Energie erreicht werden kann. Der Energiesatz der Mechanik gilt in diesem Fall gerade nicht. Der Satz von der Minimierung der mechanischen Energie erweist sich daher als Spezialfall des Satzes von der Maximierung der Entropie, also des 2. Hauptsatzes der Thermodynamik. Er hat hier nur deshalb eine besonders einfache Form, weil die mit der Dissipation von mechanischer Energie einhergehende Temperaturänderung im Allgemeinen vernachlässigt werden kann. Ebenso wie die Energie ist die Entropie eine Disziplin übergreifende Größe, für die es nicht nur in rein thermodynamischen Kontexten interessante Anwendungen gibt.

Literatur
[1] H. J. Schlichting, Praxis der Naturwissenschaften – Physik **2000**, *49* (2), 2.
[2] H. J. Schlichting, Praxis der Naturwissenschaften – Physik **2000**, *49* (2), 7.
[3] J. E. Cohen, P. Horowitz, Nature **1991**, *352*, 699.

Springspielzeug

Ein Floh beschleunigt beim Absprung bis zum mehreren Hundertfachen der Erdbeschleunigung. Kleine Plastikspielzeuge in Form von Tieren und versehen mit einer Feder bringen nicht ganz so hohe Werte, erlauben aber detaillierte Untersuchungen.

Es dürfte nicht ganz einfach sein, die Sprunghöhe eines Flohes unter kontrollierten Bedingungen zu messen. Vielleicht schwanken deshalb die Angaben stark; 30 cm scheint konsensfähig zu sein [1]. Ein Floh hat etwa eine Größe von 1 mm. Etwa auf dieser Strecke erbringt er auch seinen Absprung. Unterstellt man eine gleichmäßige Beschleunigung, ergibt sich aus der Formel $a = h \cdot g/d$ eine Beschleunigung a von 300 g, wobei h die Sprunghöhe, d die Beschleunigungsstrecke und g die Erdbeschleunigung sind. Der Floh ist dabei noch nicht einmal Weltmeister. So genannte Schnellkäfer schaffen bis zu 380 g [1].

In Wirklichkeit dürfte die Spitzenbeschleunigung noch größer sein, da eine gleichmäßige Beschleunigung kaum vorausgesetzt werden kann. Auch spielt der Luftwiderstand bei so kleinen Tieren eine erhebliche Rolle. Er ist abhängig vom Verhältnis Oberfläche zum Volumen und das ist umso größer, je kleiner das Tier ist. Biologen haben Flöhe in Luft bei normalem Luftdruck und im Vakuum (!) hochspringen lassen und dabei festgestellt, dass der Floh im Vakuum bis zu viermal höher kam [2].

Ein einfaches Spielzeug erlaubt demgegenüber kontrollierte Untersuchungen. Auf einem Unterteil ist eine Druckfeder befestigt, die zusammengedrückt wird und mit Hilfe eines Gummisaugers in dieser Position abgestellt werden kann. Nach einiger Zeit (Sekunden bis Stunden, wobei letzteres ziemlich frustrierend sein kann) löst sich der Gummisauger von dem Unterteil, und das Spielzeug schnellt in die Höhe (Abbildung 1).

Das zur Untersuchung ausgewählte Spielzeug springt etwa 120 cm hoch. Andere Exemplare schaffen 100 cm bis zu 140 cm. Sprunghöhe ist hier zunächst definiert als maximaler Abstand des Schwerpunkts zum Boden. Dieser Abstand schwankt um den angegebenen Wert, da die Startbedin-

gungen (symmetrisches und gleichmäßiges Aufdrücken des Gummisaugers) nicht immer gleich sind. Etwas verdrehtes Aufdrücken des Gummisaugers führt zu einer Art Schraubensprung; unsymmetrisches Aufdrücken hat einen oder sogar mehrfache Saltos zur Folge. Solche Aktionen vermindern die maximale Sprunghöhe.

Die Sprunghöhe bedarf einer genaueren Klärung. Beim Hochsprung wird die Sprunghöhe ähnlich gerechnet, wie eben definiert, nämlich als Abstand einer zu überquerenden Latte vom Boden. Das ist nicht gleich dem maximalen Abstand des Körperschwerpunkts vom Boden, da bei diversen Sprungtechniken der Körper über die Latte, der Schwerpunkt aber unter der Latte „durchgeschummelt" wird. Physikalisch interessant ist der maximale Abstand des Schwerpunkts in der zusammengedrückten Stellung bis zum höchsten Punkt des Schwerpunkts, da dies für Energieüberlegungen ausschlaggebend ist. Beim Floh ist diese Differenzierung unwesentlich, da die Sprunghöhe im Verhältnis zur Körpergröße sehr groß ist. Beim Springspielzeug hat sie schon eine gewisse Bedeutung. Beim Menschen ist sie auf jeden Fall zu berücksichtigen.

Der Abstand des Schwerpunkts des zusammengedrückten Spielzeugs (SP2 in Abbildung 2) vom Boden beträgt 1,7 cm. Die physikalisch relevante Sprunghöhe also etwa 118 cm. Die potentielle Energie folglich $E_{\text{pot}} = mgh = 0{,}0145 \text{ kg} \cdot 10 \text{ ms}^{-2} \cdot 1{,}18 \text{ m} = 0{,}171 \text{ J}$.

Es liegt nahe, aus den charakteristischen Werten der Feder die Sprungenergie zu berechnen. Grob und schnell lässt sich die Federkonstante ermitteln, indem man das Spielzeug auf einer Waage zusammendrückt. Dabei ergibt sich etwa 1,9 kg, entsprechend 19 N. Das Eigengewicht ist demgegenüber vernachlässigbar. Die Feder wird um eine Strecke

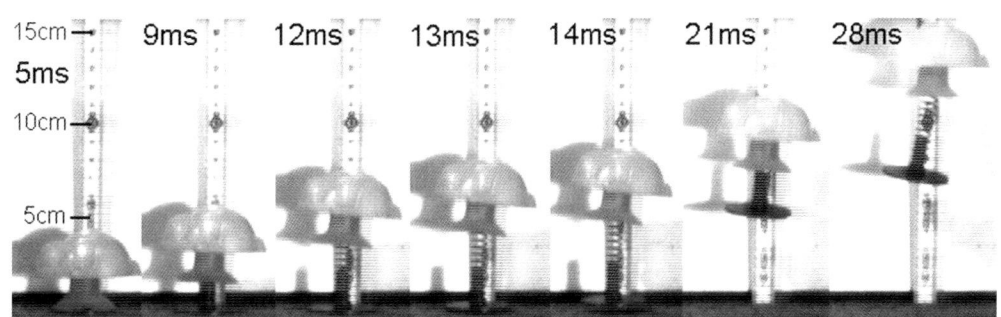

Abb. 1 *Ausschnitte aus einer Filmaufnahme mit 1000 Bildern pro Sekunde und einer Belichtungszeit von 1/4000 Sekunde pro Bild. Die Bilder sind wegen der Bewegung und der Pixelgröße unscharf. Bei 5 ms hebt der Gummisauger gerade ab; 9 ms stellt ein Zwischenbild dar. Bei 12 ms ist der Kopf noch gerade beschleunigt, die Geschwindigkeit maximal. Bei 13 ms hebt das Unterteil ab. Bei 14 ms ist die Feder maximal, bei 21 ms minimal und bei 28 ms wieder maximal gedehnt. Weil bei 13 ms das Unterteil nachgezogen werden muss, vermindert sich die Geschwindigkeit des Kopfes.*

Abb. 2 *Ein Plastikspielzeug mit einer Druckfeder springt bis zu einigen Meter hoch. SP1 und SP2 bezeichnen die Lage des Schwerpunkts in nicht zusammengedrücktem beziehungsweise zusammengedrücktem Zustand*

von $d = 3{,}5$ cm zusammengedrückt. Daraus folgt eine Federkonstante von $c = 19$ N$/0{,}035$ m $= 543$ Nm^{-1}. Genauer, aber auch aufwändiger wird es, wenn man die Feder aus dem Spielzeug isoliert und sorgfältig ausmisst. Es ergibt sich eine Federkonstante von $c = 495$ Nm^{-1}. Daraus errechnet sich mit einer Weglänge von $d = 3{,}2$ cm eine in der Feder gespeicherte Energie von $E_{\text{Fed}} = 0{,}5 \cdot c \cdot d^2 = 0{,}253$ J. Die Startbeschleunigung, die aber auf der Beschleunigungsstrecke d nicht konstant bleibt, ergibt sich zu $a = F/m - g = c \cdot d/m - g = 495$ Nm$^{-1} \cdot 0{,}032$ m$/0{,}0098$ kg $- 10$ ms$^{-2} = 1606$ ms$^{-2} = 161$ g. Für die Masse m wird hier nur die Summe von Kopfmasse (6,06 g), Gummisauger (2,84 g) und einem Drittel der Feder (0,94 g) eingesetzt, da der Fuß und der untere Teil Feder beim Start nicht mitbeschleunigt werden. Diese Beschleunigung ist zwar noch nicht das, was der Floh erreicht, aber doch schon ganz schön.

Unmittelbar anschaulicher als die in der Feder gespeicherte Energie ist die damit erreichbare Höhe, die sich aus dem Zusammenhang $E_{\text{Fed}} = 0{,}5 \cdot c \cdot d^2 = mgh = 0{,}253$ J zu $h = 1{,}74$ m ergibt. Wo geht mechanische Energie verloren? Oder anders gefragt: Warum springt das Spielzeug nicht so hoch?

Mit einer digitalen Hochgeschwindigkeitskamera wurde der Start aufgenommen (Abbildung 1, ein Film ist unter www.ucke.de/jump3a.avi herunterladbar). Selbst bei 2000 Bildern pro Sekunde entfallen nur etwa 15 Bilder, entsprechend einer Zeitdauer von 7,5 ms, auf die direkte Beschleunigungsphase beim Start. Das reicht aber aus, um einige Auswertungen vorzunehmen. Auch die Phase unmittelbar nach dem Abheben lässt sich analysieren. Mit dem Ansatz

$$a(y) = \frac{c(d-y)}{m} - g$$

für die Beschleunigung ergibt sich für die Geschwindigkeit des Kopfes am Ende der Beschleunigungsphase

$$v_e = \sqrt{2 \int_0^d a\,dy} = \sqrt{\frac{cd^2}{m} - 2gd}$$

Setzt man die gleichen Zahlenwerte wie schon vorher bei der Ermittlung der Startbeschleunigung ein, ergibt sich $v = 7{,}1$ ms^{-1}. Das ist die maximale Geschwindigkeit des Kopfes am Ende der Beschleunigungsstrecke d. Sie ist nicht gleichbedeutend mit der Abhebegeschwindigkeit des Schwerpunktes des gesamten Spielzeugs. Aus den Filmaufnahmen kann man mit adäquaten Auswerteprogrammen eine Geschwindigkeit von $v = 7$ ms^{-1} ermitteln. Das ist eine bemerkenswert gute Übereinstimmung angesichts der sich aus den Pixelungenauigkeiten der digitalen Bilder und damit einhergehenden ergebenden Auswerteunsicherheiten.

Die Beschleunigung des Kopfes während der Startphase lässt sich aus den Filmaufnahmen nur mit ziemlicher Unsicherheit entnehmen. Dennoch ergibt sich eine Bestätigung des errechneten Wertes von etwa 160 g.

Für die Geschwindigkeit des Schwerpunkts des gesamten Spielzeugs unmittelbar nach dem Abheben ergibt sich $v = 4{,}84$ ms^{-1}. Daraus folgt eine kinetische Startenergie von $E_{\text{kin}} = 0{,}5\ mv^2 = 0{,}5 \cdot 0{,}0145$ kg $\cdot (4{,}84$ ms$^{-1})^2 = 0{,}170$ J. Das stimmt ausgezeichnet mit der aus der Sprunghöhe ermittelten Energie überein. Ein Unterschied hätte hier aus eventuellen Verlusten durch den Luftwiderstand herrühren können, der aber bei diesen Geschwindigkeiten offenbar nur eine untergeordnete Rolle spielt.

Unmittelbar nach dem Abheben schwingt das Oberteil gegen das Unterteil des Spielzeugs. Mit dem bloßen Auge ist das nicht wahrnehmbar. Die Analyse des Videos ergibt eine Frequenz von 74 Hz. Diese Frequenz lässt sich berechnen [3]

$$f = \frac{1}{2\pi}\sqrt{\frac{c}{\mu}} = \frac{1}{2\pi}\sqrt{\frac{495\ \text{Nm}^{-1}}{0{,}0021\ \text{kg}}} = 77\ \text{Hz}$$

mit $\mu = \dfrac{m_1 \cdot m_2}{m_1 + m_2}$ $m_1 = 0{,}0089$ kg; $m_2 = 0{,}00275$ kg

Die Übereinstimmung von Messung und Rechnung ist sehr gut. Dabei ist hier noch nicht einmal die eigentlich nicht vernachlässigbare Masse der Feder selbst berücksichtigt, die tendenziell die Frequenz erniedrigen würde.

Es könnte auch Energie bei den Schwingungen der Feder nach dem Absprung dissipieren. Dies ließe sich aus weiteren Analysen abschätzen, bei denen die Dämpfung der Schwingung ermittelt wird. Da die Feder aber relativ steif ist, schätzen wir diesen Anteil als eher unbedeutend ein.

Zieht man den Kopf vom Sauger ab, erkennt man darunter die in den Sauger mit einigen Windungen hineingepresste Feder. Diese Windungen können ihre Energie praktisch nicht zum Sprung einsetzen, da sie durch starke Reibung an der Gummifläche behindert werden. Dies quantitativ abzuschätzen, ist jedoch kaum möglich.

Mit diesem Spielzeug lassen sich weitere Untersuchungen durchführen, indem man es ohne Kopf, ohne Unterteil, mit Zusatzmassen und auch umgedreht springen lässt [4]. Es stellt damit ein hübsches Experiment dar, bei dem elementare physikalische Überlegungen auf ihre Konsistenz überprüft werden können. Außerdem lassen sich interdisziplinäre Verbindungen zur Biologie und zum Sport herstellen und noch erheblich vertiefen.

Eine ausführlichere Analyse dieses Spielzeugs ist unter [5] herunterzuladen. Eine mathematisch anspruchsvollere Darstellung enthält [6].

Abb. 3 *Einzelteile für den Bau eines Springspielzeugs.*

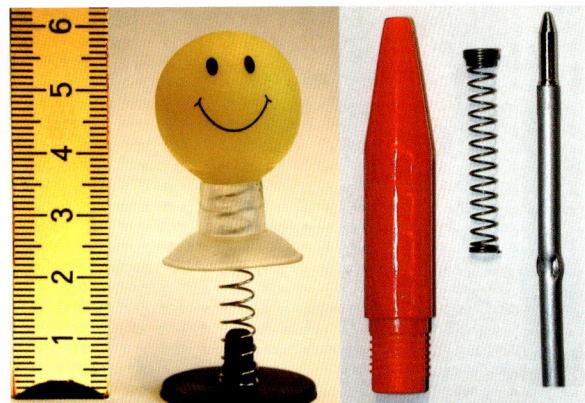

Abb. 4 *Weitere Vorschläge für Experimente.*

BAUANLEITUNG EINES SPRINGSPIELZEUGS

Da dieses Spielzeug häufig gerade dann nicht in Spielwarenläden erhältlich ist, wenn man es kaufen möchte, sei hier eine einfache Konstruktion mit vergleichbaren Daten zum Selbstbau mitgeteilt.

Man besorge sich eine Druckfeder von etwa 6 cm Länge und einem Außendurchmesser von etwa 1 cm mit einer Federkonstanten von etwa 500 Nm^{-1}. Das ist vermutlich sogar der schwierigste Teil. In Haushaltsgeschäften sind einfache Plastiksauger erhältlich (Abbildung 3 rechts), die in Küchen oder Bädern zum Befestigen von Objekten gedacht sind. Den meist unsymmetrischen Anhänger aus Metall entferne man.

Die Basis kann ein Rundstab aus Plastik, Metall oder geeignetem Holz mit einem Durchmesser von 4 cm und einer Länge von etwa 3 cm sein. Im Prinzip kommt auch ein quaderförmiges Stück mit einer Größe von 4 x 4 x 3 cm in Frage (Abbildung 3 links). In diese Basis bohre man ein Loch mit einem um wenige Millimeter größeren Durchmesser als es dem Außendurchmesser der Feder entspricht. Die Tiefe des Loches hängt von der Länge der zusammengepressten Feder ab und beträgt typischerweise etwa 2 cm.

Man sollte darauf achten, dass die Oberfläche auf die der Sauger aufsetzt, nicht zu glatt ist, da sich sonst der Sauger zu stark ansaugt. Eventuell muss man die Oberfläche mit etwas Sandpapier aufrauen.

Auf den Plastiksauger befestige man eine 10 g bis 20 g schwere Zusatzmasse (in Abbildung 3 neben dem Sauger ohne Zusatzmasse ist der mit Zusatzmasse zu sehen). Der Plastiksauger alleine ist zu leicht. Mit der Zusatzmasse lässt sich gut steuern, wie hoch das Teil springt.

Nicht notwendig, aber sinnvoll ist die Befestigung der Feder an der Basis. Dies kann durch eine seitliche Bohrung passieren, durch die ein Stift gesteckt oder eine Schraube gedreht wird, der die Feder hält. Diese Bohrung inklusive Stift oder Schraube muss passabel luftdicht sein. Ohne die Befestigung der Feder springt diese bei jedem Versuch ebenfalls heraus, was zu komplizierten Suchmanövern führen kann.

Im Unterschied zum käuflichen Spielzeug verbleibt hier die Basis beim Sprung am Boden. Erweiterungen oder Änderungen dieser Konstruktion sind selbstverständlich denkbar.

Unter dem Namen jumping jack smiley ist ein Springspielzeug erhältlich (Abbildung 4 links), das allerdings nur etwa 30 cm hoch springt. Eine weitere Möglichkeit stellt das unter Schülern beliebte und nicht ganz ungefährliche Schießen mit einer Kugelschreiberkappe dar.

Literatur und Internet

[1] G. Czihak et al., Biologie, Springer-Verlag, Berlin **1990**.

[2] K. Schmidt-Nielsen, Scaling – Why is animal size so important, Cambridge University Press, Cambridge **1984**.

[3] F. Kuypers, Klassische Mechanik, Verlag Wiley-VCH, Weinheim **2010**.

[4] H. J. Schlichting, Physik in der Schule **1994**, *32*, 55.

[5] www.ucke.de/christian/physik/ftp/lectures/udine2001.PDF

[6] R. Dufresne et al, The Physics Teacher **2001**, *39*, 109 http://srri.umass.edu/springbok

Das „Metapendel" oder: eine sich selbst antreibende Schaukel

Wenn man es nicht mit eigenen Augen sehen würde, fiele es schwer, es zu glauben. Ein simples, an einem Faden hängendes Federpendel schwingt zunächst wie gewohnt auf und ab. Dann geht es jedoch allmählich in eine reine Hin- und Herbewegung über, wie man es von einem reinen Fadenpendel gewohnt ist. Mit erstaunlicher Zuverlässigkeit scheint aus der zwischenzeitlich auftretenden Überlagerung beider Schwingungsarten immer wieder genau eine der beiden hervorzugehen.

Die Welt? Eine ewige Schaukel!

Michel de Montaigne

Dieses Pendel schwingt nicht nur auf und ab und hin und her, sondern pendelt auch gewissermaßen auf einer Metaebene zwischen diesen beiden Schwingungszuständen hin und her. Deshalb nennen wir es ein Metapendel.

In meinem Zimmer (HJS) hängt eine am Ende einer Schraubenfeder befestigte Stahlkugel, die mit einem Faden an der Zimmerdecke fixiert ist. Es gibt kaum einen Besucher, der sich nicht veranlasst fühlt, an der Kugel zu zupfen und diese dadurch in eine vertikale Schwingung zu versetzen. Wer dieser fast als Reflex ausgeführten Aktion auch nur kurze Zeit Aufmerksamkeit schenkt, gerät bald in großes Erstaunen. Das Pendel schwingt wie beschrieben zwischen seinen beiden Naturen hin und her, als ob es sich nicht zu einer eindeutigen Identität entschließen könnte. Und das tut es bis zum bitteren Ende, wenn schließlich die Ausschläge kleiner werden, die Schwingungsenergie dissipiert wird und das Pendel zur Ruhe kommt.

Das ebenso für den physikalisch Vorgebildeten wie für den Laien Faszinierende an diesem Phänomen ist die Präzision, mit der sich die beiden Schwingungsarten in permanentem Wechsel auf Kosten der jeweils anderen aufschaukeln. Lediglich die unvermeidlichen Reibungsverluste erinnern an das Schicksal allen irdischen Geschehens.

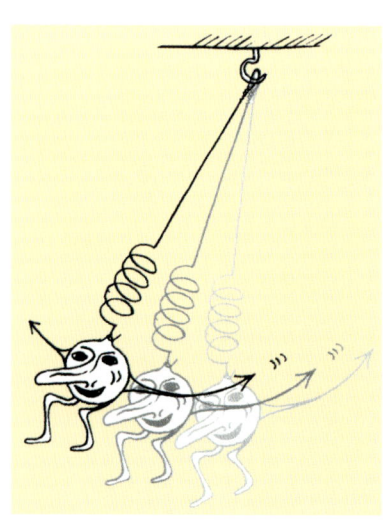

Abb. 1 *Auf zauberhaft anmutende Weise organisiert die Kugel den Wechsel von Auf- und Ab nach Hin und Her selbst*

Der physikalisch Vorgebildete wird in unserem Metapendel unschwer ein Beispiel für parametrische Instabilität und nichtlineare Resonanzkopplung erkennen, wie sie heute vor allem im Bereich der nichtlinearen Optik und Plasmaphysik diskutiert werden. Theoretisch handelt es sich um ein zweidimensionales mechanisches Problem, das Minorsky [1] näherungsweise gelöst und andere [2, 3] vereinfacht dargestellt haben.

Wegen der Federschwingung variiert der Parameter der Pendellänge periodisch. Ein solcher Vorgang ist jedoch instabil. Die nichtlineare Kopplung zwischen beiden Schwingungsfreiheitsgraden bedingt, dass stets vorhandene kleinste Störungen ausreichen, das Pendel horizontal auszulenken und eine Aufschaukelung der Amplitude zu verursachen.

Eine solche parametrische Erregung des Pendels weist eine gewisse Ähnlichkeit mit dem Antrieb einer Kinderschaukel auf. Dadurch dass das Kind sich im Rhythmus der einsetzenden Schaukelschwingung phasenrichtig aufrichtet und niederkauert, wird der Schwerpunkt des aus Schaukel und Kind bestehenden Systems periodisch auf und ab bewegt und die Pendellänge entsprechend verkürzt und verlängert. Auf diese Weise setzt das Kind die Schaukel in Gang und hält sie in Bewegung.

Im Unterschied zum Metapendel kann das Kind aus dem Reservoir seiner Muskelenergie schöpfen, dadurch Reibungsverluste ausgleichen und die Schwingung beliebig lange aufrechterhalten. Der zum horizontalen Pendeln führende Aufschaukelvorgang ist jedoch nicht reversibel. Im allgemeinen Fall würde das System im Zustand einer durch Auf- und Abbewegungen in chaotisch erscheinender Weise modulierten Hin- und Herschwingung verbleiben. Erst durch eine geeignete Wahl der Pendellänge wird dafür gesorgt, dass schließlich ein vollständiger „Rücktransport" der Schwingungsenergie erfolgt.

Um das zu erreichen wird die Pendellänge mit Hilfe eines Fadens so verlängert, dass die horizontale Pendelschwingung in Resonanz mit der vertikalen Federschwingung geraten muss. Dadurch wird die Frequenz, mit der die Feder aufgrund der Trägheit der pendelnden Kugel in Abhängigkeit von der Geschwindigkeit mehr oder weniger stark ausgelenkt wird, so auf die Eigenfrequenz der Feder abgestimmt, dass die Resonanzbedingung erfüllt ist. Wie eine einfache Abschätzung zeigt (siehe Infokasten „Resonante Schwingung"), erreicht man eine solche Abstimmung, indem man die Pendellänge betragsmäßig gleich dem Quadrat der (in Meter pro Sekunde gemessenen) Schwingungsdauer der Auf- und Abbewegung wählt.

Man braucht also nur die Schwingungsdauer des Federpendels zu ermitteln. Dazu hängt man diesen Schwinger auf, lenkt ihn aus und stoppt die Zeit für eine größere Zahl von Schwingungen, woraus sich die Schwingungsperiode T_l ergibt.

Wird beispielsweise der Wert $T_l = 1,12$ s ermittelt, muss die Pendellänge $l_{ws} = T_l^2$ m/s² $= 1,12^2$ m $= 1,25$ m betragen. Jetzt braucht man nur noch mit Hilfe eines Fadens das Feder-Masse-System entsprechend zu verlängern (wobei bis zum Schwerpunkt des Pendelkörpers gezählt werden sollte). Fertig ist das Metapendel.

Bei handelsüblichen Federn erweist sich unserer Erfahrung nach die Pendellänge l_{ws} als relativ unkritisch, so dass die oben unterstellten Idealisierungen (Pendelkörper als Punktmasse, masselose Feder) gerechtfertigt erscheinen.

Der Reiz unseres Metapendels besteht vor allem darin, dass aus dem Durcheinander der zwischenzeitlich auftretenden Überlagerung beider Schwingungsarten mit der Präzision eines Uhrwerks immer wieder genau eine der beiden Schwingungsarten hervorgeht. Wenn die Anfangsbedingungen verändert werden und der Start aus einer gemischten, sowohl vertikalen als auch horizontalen Auslenkung heraus erfolgt, bleibt das Verhalten zwar insofern regulär, als der Anfangszustand in regelmäßigem Rhythmus immer wieder durchlaufen wird. Es treten aber nicht mehr die reinen Zustände einer Hin-und-Her- beziehungsweise Auf-und-Ab-Schwingung auf.

Wenn man zusieht, wie ein Beobachter oft längere Zeit staunend vor dem Metapendel verharrt, fühlt man sich vielleicht an ein Wort Thomas Manns erinnert: „Die Bewegung, die unserem Geist durch die Sinne mitgeteilt wird, ist viel stärker als die, welche das Wort darin erzeugt."

Das Wilberforce-Pendel

Ein ähnlicher Wechsel zwischen zwei verschiedenen Schwingungsvorgängen lässt sich mit dem bekannteren, aber wesentlich komplizierteren Wilberforce- Pendel realisieren [5] (Abbildung 2). In diesem Fall ist das Trägheitsmoment des Pendelkörpers so auf die Eigenfrequenz der Schraubenfeder abgestimmt, dass es zu einem regelmäßigen Wechsel zwischen vertikaler Schwingung und Drehschwingung kommt. Die Konstruktion eines solchen Drehschwingers ist allerdings komplizierter, weil hier der Pendelkörper sowohl hinsichtlich Form (Trägheitsmoment) als auch Masse auf die Schraubenfeder abgestimmt werden muss. Form und Masse lassen sich bei Festkörpern aber kaum unabhängig voneinander variieren. Wie würde wohl ein Pendel auf uns wirken, in dem alle drei verschiedenen Schwingungsarten miteinander gekoppelt erscheinen?

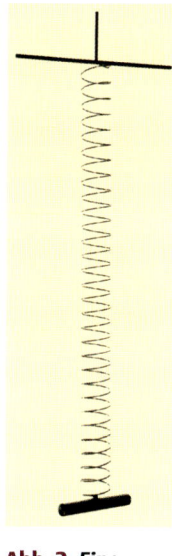

Abb. 2 *Eine besondere Variante des Wilberforce-Pendels von Jochen Valett*

Literatur und Internet

[1] N Minorski, Nonlinear Oscillations, Krieger Publ. Comp., New York, **1974**.

[2] M. G. Olsson, Am. J. Phys. **1976**, *44* (12), 1211.

[3] H. M. Lai, Am. J. Phys. **1984**, *52* (3), 219.

[4] W. Ebeling, W. R., Tietze, Junge Wissenschaft **1988**, *3* (9), 8 .

[5] R.L.Wilberforce, Philos. Mag. **1894**, *38*, 386.

[6] www.valett.de

Unter dem Stichwort wilberforce pendulum gibt es bei YouTube mehrere videos, zum Beispiel www.youtube.com/watch?v=IgqDL8siaWo&feature= related.

RESONANTE SCHWINGUNG

Zur Resonanz zwischen der vertikalen und der horizontalen Schwingung kommt es, wenn die Periode der Auf- und-Abschwingung

$$T_l = 2\pi \sqrt{\frac{m}{k}} \qquad (1)$$

gerade die Hälfte der Periode der seitlichen Pendelschwingung

$$T_\varphi = 2\pi \sqrt{\frac{l}{g}} \qquad (2)$$

ausmacht, also

$$T_\varphi = 2T_l. \qquad (3)$$

Dabei sind m die Masse des Pendelkörpers, k die Federkonstante, l die Pendellänge bei Belastung der Feder und g die Erdbeschleunigung.

Aus Gleichung (3) erhält man durch einsetzen der Gleichungen (1) und (2) die Pendellänge l_{ws} für eine Wechselschwingung

$$l_{ws} = \frac{4gm}{k} \qquad (4)$$

Die Federkonstante k ergibt sich aus Gleichung (1)

$$k = \frac{4\pi^2 m}{T_l^2}. \qquad (5)$$

Einsetzen von Gleichung (5) in Gleichung (4) liefert

$$l_{ws} = \frac{gT_l^2}{\pi^2} = 0,994 \left(\frac{m}{s^2}\right) T_l^2 \cong 1 \frac{m}{s^2} T_l^2.$$

Schwingende Puppen und Wolkenkratzer

Wohl nur Physiker oder Ingenieure mit ihren spielerischen Neigungen erkennen bei einer Puppe eine Verbindung zur alltäglichen Anwendung der Schwingungstilgung. Diese Technik hat eine große Bedeutung und wird beispielsweise in Wolkenkratzern zur Schwingungsdämpfung bei Erdbeben oder starken Winden eingesetzt.

Abb. 1 *Die Puppe Flip-Flop mit zwei Federn.*

Vor einigen Jahren war die in Abbildung 1 gezeigte Puppe unter dem Namen Flip-Flop in Spielwarenläden erhältlich. An einer langen, dünnen Feder von etwa 55 cm Länge hängt der Kopf der Puppe. Am Kopf wiederum sind die Füße mit einer zweiten, kürzeren und dickeren Feder von etwa 20 cm Länge befestigt. Hängt die obere Feder an einem festen Haken und zieht man an den Füßen, so schwingen Kopf und Füße nach dem Loslassen in gekoppelten Bewegungen, sozusagen ein Mobile mit schwer vorhersagbaren Ausschlägen. Das ist die übliche Art der Anregung.

Hält man jedoch das Ende der oberen Feder in der Hand und bemüht sich mit ihr möglichst harmonische vertikale Schwingungen zu vollführen, so bewegen sich bei einer Schwingungsdauer von etwa 0,6 s menschliche Hand und Puppenfüße mit relativ großen Amplituden, während der Puppenkopf fast ganz ruhig bleibt. Das ist ein Beispiel für die so genannte Schwingungstilgung (englisch Tuned Mass Damping, TMD).

Diese Technik kommt zum Einsatz, wenn schwingende Konstruktionsteile, wie Maschinenfundamente, Karosserieteile von Autos oder Brücken, durch eine Schwingung mit konstanter Frequenz angeregt werden. Dies kann beispielsweise bei sich periodisch ablösenden Windströmungen der Fall sein. In solchen Fällen können die Schwingungen theoretisch vollkommen getilgt werden, indem man einen geeignet abgestimmten zweiten Schwinger an den ersten ankoppelt [1]. Bei richtiger Abstimmung schwingt die zweite Masse (auch Gegenschwinger genannt; in unserem Fall die Puppenfüße) in Gegenphase mit der Erregung (Hand an der Aufhängeöse). Sie schwingt gerade mit einer solchen Amplitude, dass die von der zweiten Feder auf den ersten Schwinger (Puppenkopf des Flip-Flop) ausgeübte Kraft der über die erste Feder wirkenden Erregerkraft das Gleichgewicht hält (siehe Infokasten „Mathematik der Schwingungstilgung"). Systeme dieser Art nennt

man auch passiv getilgt, da keine aktive Regelung vorhanden ist.

Im Falle der Puppe ist es vermutlich purer Zufall, dass die Massen und Federn so aufeinander abgestimmt sind, dass sich eine konkrete Schwingungstilgung ergibt. Hier haben die Federkonstanten beide etwa eine Größe von $c_1 = c_2 = 5{,}1\ \mathrm{Nm^{-1}}$. Die Masse des Kopfes beträgt $m_1 = 0{,}16\ \mathrm{kg}$, die der Füße $m_2 = 0{,}06\ \mathrm{kg}$. Damit ergibt sich entsprechend der Ableitung in „Mathematik der Schwingungstilgung" für

$$\omega_2 = \sqrt{c_2/m_2} = \sqrt{5{,}1\,\mathrm{Nm^{-1}}\big/0{,}06\ \mathrm{kg}} = 9{,}2\ \mathrm{s^{-1}}.$$

Für die Schwingungsdauer T resultiert daraus $T = 0{,}68$ s, was grob mit der gemessenen Dauer übereinstimmt. Aus (5) in „Mathematik der Schwingungstilgung" ergibt sich in diesem Fall wegen $c_1 = c_2$ sogar $X_2 = -X_e$. Das heißt, die Puppenfüße schwingen mit der gleichen Amplitude wie die Erregung, allerdings gerade in Gegenphase. Eine genauere Analyse dieses Beispiels ist hier wegen der nicht genau eingestellten und einstellbaren Parameter bei der Puppe wenig sinnvoll. Diese ist auch insofern untypisch, als das Verhältnis von Tilgermasse (Füße) zum Hauptsystem (Kopf) relativ groß ist.

Eine etwas genauere Betrachtung eines mit Federn gedämpften Systems ergibt Folgendes: Lenkt man die Aufhängung einer Feder, an der eine Masse hängt, harmonisch aus, so ergibt sich die in Abbildung 2 gezeigte Resonanzkurve. Hier stellt die schwarze Kurve die Auslenkung des

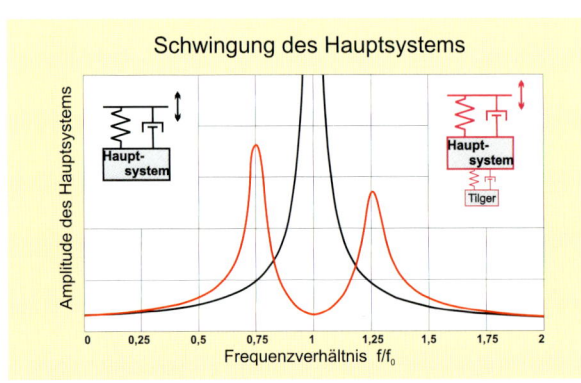

Abb. 2 *Schwingungen eines Systems ohne und mit Tilger: f_0 ist die Resonanzfrequenz des Hauptsystems ohne Tilger, f die Frequenz des Hauptsystems ohne (schwarz) und mit Tilger (rot)*

Abb. 3 *Die Millenniumsbrücke in London überquert die Themse. Im Hintergrund die Saint Paul's Cathedral.*

Abb. 4 *Schwingungstilgerpendel im Taipei 101.*

Hauptsystems als Verhältnis der anregenden Frequenz f zur Eigenfrequenz f_0 dieses Systems dar.

Wird nun an das Hauptsystem ein Tilger mit Feder und Dämpfung angebracht, so kann bei geeigneter Auslegung der Parameter das ursprüngliche Maximum der Auslenkung (Resonanz) sehr stark vermindert (getilgt) werden. Die Eigenfrequenz der Tilgermasse mit ihrer Tilgerfeder wird auf die zu eliminierende Frequenz eingestellt. Dabei kann der Tilger gegebenenfalls große Amplituden mit erheblichen Kräften am Federansatzpunkt beim Hauptsystem aufweisen. Er entzieht bei dieser Frequenz dem Hauptsystem Schwingungsenergie.

Das wird allerdings erkauft mit zwei neuen Eigenfrequenzen kleinerer Amplitude ober- und unterhalb der Tilgereigenfrequenz (rote Kurve in Abbildung 2). Diese entstehen aus der Kombination Hauptsystem mit Tilger und zwar aus der gleichphasigen und der gegenphasigen Schwingung von Hauptsystem mit Tilger. Bei diesen Frequenzen ergibt sich für das Hauptsystem prinzipbedingt eine Verstärkung der Schwingungen. Die wiederum kann man durch zusätzliche Dämpfung verkleinern.

Durch Variation der Tilgerparameter lässt sich die Schwingungskurve erheblich beeinflussen. Hier wurde zunächst nur der einfachste Fall einer monofrequenten, harmonischen Anregung betrachtet. Die Wirklichkeit ist meist erheblich komplexer, so dass für die Auslegung der Tilgerparameter aufwändige Messungen und Rechnungen notwendig sind.

Schwingungstilger in Bauwerken

Ein nicht ganz kleiner Schritt führt vom Spielzeug zum Bauwerk. Die Millenniumsbridge des Stararchitekten Sir Norman Foster in London (Abbildung 3) ist ein bekanntes Beispiel für eine schwingende Brücke. Bis zu 2000 Personen gingen bei der Eröffnung im Jahre 2000 gleichzeitig über die Brücke. Dabei verfielen sie unbewusst in einen annähernd synchronen Gang, und die Brücke begann mit einer Frequenz etwas unterhalb von 1 Hz sowohl vertikal als auch horizontal zu schwingen. Die Brücke war zu keiner Zeit

einsturzgefährdet, den Fußgängern wurde höchstens schlecht. Sie wurde daraufhin gesperrt.

Dem Vorgang lag eine unzureichende Konstruktion zugrunde. Das Phänomen der Resonanzanregung bis hin zur Resonanzkatastrophe ist aus der Überquerung von Brücken von im Gleichschritt gehenden Soldaten bekannt. Die deutsche Spezialfirma Gerb konnte die Millenniumsbrücke mit Schwingungstilgern in vertikaler und horizontaler Richtung stabilisieren. Jetzt können bis zu 3000 Personen in Marschformation die Brücke gefahrlos überqueren [2].

Ein weiteres berühmtes und vor Ort auch zu besichtigende Beispiel ist der im Jahre 2003 fertiggestellte Wolkenkratzer Taipei 101 in Taiwan, in dem die Ziffer 101 für die Anzahl der Stockwerke steht. Seine Höhe samt Antennen beträgt 509 m, das Dach ohne Antennen schließt bei 448 m ab. Dieses Gebäude enthält gleich drei Schwingungstilger, die durch starken Wind angeregte transversale Schwankungen dämpfen. Kurzzeitig einwirkende Stöße durch Erdbeben werden damit jedoch nicht gedämpft. Der größte Tilger ist eine aus Stahlplatten zusammengesetzte Kugel mit etwa 5,5 m Durchmesser (Abbildung 4). Er besitzt eine Masse von 662 Tonnen und ist an 42 m langen Stahlseilen aufgehängt, die vom 92. bis zum 88. Stockwerk reichen (Abbildung 5). Das ist der zur Zeit größte Schwingungstilger der Welt. Eine noch größere Tilgermasse wäre grundsätzlich von Vorteil. Dem stehen aber erkennbar Grenzen der Belastbarkeit des Gebäudes entgegen. Ein Video zeigt das Tilgerpendel in Aktion während eines Taifuns [3].

Das Gebäude schwankt gelegentlich bis zu 35 cm hin und her. Bei Supertaifuns, die im Durchschnitt nur alle hundert Jahre erwartet werden, inzwischen aber immer häufiger vorkommen, sind sogar Amplituden von 150 cm denkbar. Der Tilger dämpft die Schwingungen um bis zu 40 %. Mit (7) ergibt sich eine Schwingungsdauer von etwa 13 s.

Abb. 5 *Der Wolkenkratzer Taipei 101 mit dem maßstabsgerecht eingezeichneten Schwingungstilger.*

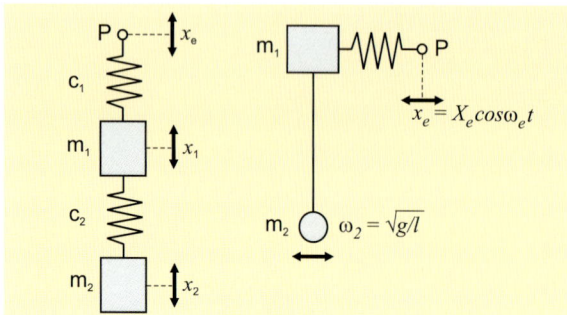

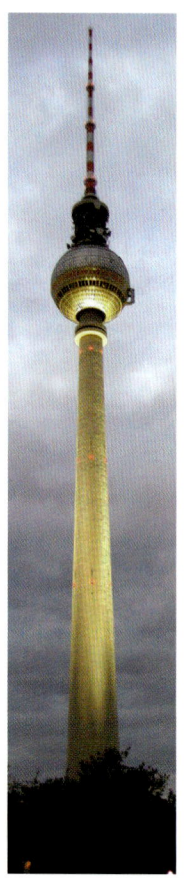

Abb. 7 *Schema von Schwingungstilgerpendeln.*

Die Schwingungsdauer der ersten Eigenfrequenz von hohen Gebäuden lässt sich im Übrigen nach DIN 1055-4 sehr grob mit folgender Formel abschätzen [4]: $T_1 = H/46$ (T in Sekunden, H in Meter). Relevant hierfür ist die Bauwerkshöhe bis zur Oberkante der aussteifenden Tragstruktur, Aufbauten und Antennen werden vernachlässigt. Für das Taipei 101 resultiert in Anbetracht der groben Abschätzungen in passabler Übereinstimmung zu obiger Schwingungsdauer $T_1 = 9{,}7$ s.

Auslenkungen von $s = 35$ cm ergeben horizontale Beschleunigungen von etwa $a = \omega^2 \cdot s \approx 0{,}2$ ms^{-2}, entsprechend etwa 1/50 der Erdbeschleunigung. Das ist bei kurzer Einwirkungszeit eine für den Menschen leicht verträgliche Größe, bei längerer Einwirkung kann es zu Übelkeit kommen. Vermutlich wird das oberste Stockwerk bei Sturm eher nicht überfüllt sein.

Abb. 6 *Berliner Fernsehturm.*

In Deutschland ist der noch zu DDR-Zeiten erbaute Berliner Fernsehturm (Abbildung 6) mit einem in der Turmspitze aufgehängten 1,5 t schweren Schwingungstilgerpendel versehen. Die Gesamthöhe des Turms bis zur Antennenspitze beträgt 368 m, der Betonschaft reicht bis in 250 m Höhe. Schwingungsdauern von 7 bis 10 s werden angegeben. Mit der Näherungsformel ergibt sich $T_1 = 5{,}4$ s.

In der Höhe des Turmcafés (208 m) betragen die Auslenkungen bei durchschnittlichen Windstärken 15 cm, an der Antennenspitze bis zu 60 cm. Rechnet man mit $T = 7$ s, so ergeben sich kaum noch spürbare Beschleunigungen von etwa 0,1 ms^{-2}. Da verändert sich der Kaffeespiegel in der Tasse nur unmerklich.

Literatur und Internet

[1] K. Magnus, K. Popp, Schwingungen, Verlag B.G. Teubner, Stuttgart **2005**.

[2] H. Bachmann, Lebendige Fußgängerbrücken – eine Herausforderung, Bautechnik **2004**, 227; www.gerb.com/images/both/projektbeispiele/pdf/millenium_bridge.pdf

[3] www.taipei-101.com.tw/en/DB/index.asp?id=db01

[4] DIN 1055-4, Einwirkungen auf Bauwerke, Teil 4: Windlasten, **2005**.

Ein Video der in Abbildung 1 gezeigten Puppe ist anzusehen unter: www.ucke.de/flipflop4.wmv.

Firma Gerb Schwingungsisolierungen: www.gerb.com/de

Berliner Fernsehturm: www.berlinerfernsehturm.de

Aktiv zu beeinflussende Applets zur Schwingungstilgung: demonstrations.wolfram.com/TunedMassDamper/

Mit dem Stichwort tuned mass damper findet man bei YouTube mehrere Beispiele, speziell auch zum Schwingungstilgerpendel in Aktion. Stichwort: taipei 101 damper.

MATHEMATIK DER SCHWINGUNGSTILGUNG

Abbildung 7 zeigt links ein System mit zwei Federn und zwei Massen. Der Aufhängepunkt P bewege sich mit der Amplitude X_e und der Frequenz ω_e harmonisch auf und ab. Das lässt sich so schreiben

$$x_e = X_e \cos \omega_e t \qquad (1)$$

Ohne dämpfende Einflüsse ergeben sich aus dem 2. Newtonschen Gesetz unmittelbar folgende Differentialgleichungen

$$m_1 \ddot{x}_1 = \Sigma F_1 = -c_1(x_1 - x_e) - c_2(x_1 - x_2) \qquad (2)$$

$$m_2 \ddot{x}_2 = \Sigma F_2 = -c_2(x_2 - x_1) \qquad (3)$$

Mit den Abkürzungen

$$\frac{c_1 + c_2}{m_1} = \omega_1^2 \quad \frac{c_2}{m_2} = \omega_2^2 \quad \frac{m_2}{m_1} = \mu \quad \frac{c_1}{m_1} = \omega_0^2$$

lautet die Lösung (hier sind einige Rechenschritte ausgelassen)

$$x_1 = X_1 \cos \omega_e t = \frac{\omega_0^2 (\omega_2^2 - \omega_e^2) X_e}{(\omega_1^2 - \omega_e^2)(\omega_2^2 - \omega_e^2) - \mu \omega_2^4} \cos \omega_e t \qquad (4)$$

$$x_2 = X_2 \cos \omega_e t = \frac{\omega_0^2 \omega_2^2 X_e}{(\omega_1^2 - \omega_e^2)(\omega_2^2 - \omega_e^2) - \mu \omega_2^4} \cos \omega_e t \qquad (5)$$

Die Massen m_1 und m_2 schwingen mit der gleichen Frequenz ω_e wie die erregende Schwingung. Die Amplituden ergeben sich aus den Gleichungen (4) und (5). Die Amplitude X_1 der Masse m_1 ist gerade Null für

$$\omega_e = \omega_2 = \sqrt{c_2/m_2}. \qquad (6)$$

Durch Variation von c_2 oder m_2 ist diese Bedingung im Allgemeinen zu erfüllen.

Zu beachten ist, dass diese Rechnung streng nur für eine Frequenz und nur ohne weitere dämpfende Einflüsse gilt. Das entspricht nicht der Realität.

In manchen Bauwerken, wie Wolkenkratzern, Schornsteinen oder Brückenpfeilern, ist prinzipiell die in Abbildung 7 rechts ersichtliche Konstruktion verwirklicht. Die beispielsweise durch Wind zwangserregte Masse m_1 stellt das Bauwerk dar, das durch die schwingende Masse m_2 gedämpft wird, wenn

$$\omega_e = \omega_2 = \sqrt{g/l} \qquad (7)$$

Das ist die bekannte Formel für die Schwingungsdauer eines Pendels. Die Masse kommt in dieser Formel nicht vor. Für die Berechnung der Kräfte ist sie natürlich von Bedeutung.

Der Spielzeugspecht

Die genaue Analyse der Bewegungsabläufe dieses scheinbar so einfachen Spielzeugs führt auf ziemlich komplexe Differentialgleichungen. Die theoretische Mechanik befasst sich aktuell mit Fragestellungen des hier auftretenden Reibstoßes, der eine große Bedeutung für die Technik hat.

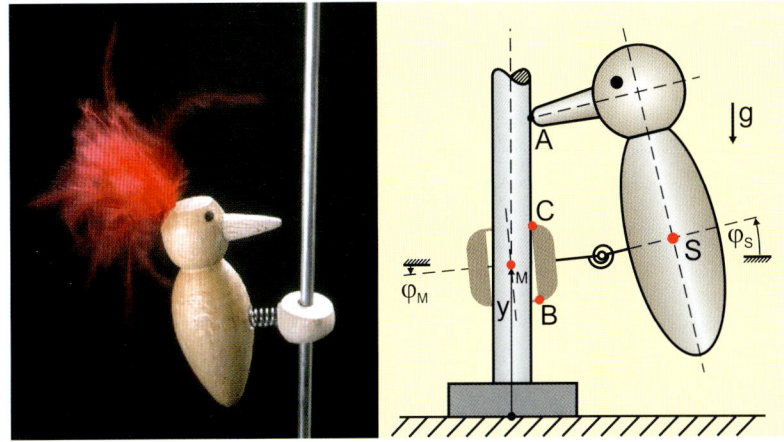

Abb. 1 *Foto und schematische Darstellung des Spechts.*

Tippt man den oben an der Stange befindlichen Specht an, wippt er mit dem Schnabel an die Stange klopfend nach unten. Erfunden wurde der Spielzeug-, Klopf- oder Pickspecht möglicherweise um 1900 im Erzgebirge, seit jeher ein Zentrum für ingeniöse Holzspielwaren. Andere – unsichere – Aussagen deuten auf einen Ursprung im Fernen Osten hin. Es gibt den Specht in großen Ausführungen mit einer Stangenlänge von über einem Meter und ebenso in einer Miniausführung, die in einem Überraschungsei Platz hat. Auch andere Realisierungen beispielsweise mit einem Schmetterling sind uns bekannt.

Genauer besehen, besteht das Spielzeug aus einer Muffe, die über eine Stange geschoben wird, und einem Vogel, der mit einer Feder an der Muffe befestigt ist (Abbildung 1). Schiebt man jetzt die Muffe ans obere Ende der Stange und lässt sie vorsichtig los, so bleibt der Specht dort in Ruhe stehen. Der Grund dafür, dass er nicht abrupt die Stange hinunter rutscht, ist in der speziellen Konstruktion der Muffe zu suchen. Sie hat gegenüber der Stange etwas Spiel, so dass sie sich unter dem Gewicht des Spechts schräg stellt und verkantet. Dieser Mechanismus wird Selbsthemmung genannt und funktioniert umso zuverlässiger, je schwerer der Specht ist, oder genauer gesagt, je größer die aus dem Spechtgewicht resultierende durch die Feder übertragene, senkrecht zur Stange stehende Kraftkomponente am Muffenpunkt B ist (Abbildung 1). Eine Verstärkung dieser Kraftkomponente, der Normalkraft, führt zu einer gleichzeitigen Verstärkung derjenigen tangentialen Kontaktkraft, die überwunden werden muss, um einen Übergang von Haften nach Gleiten zu ermöglichen. Haften ist also für den ruhenden Specht eine sichere Angelegenheit, die nur dann durch Gleiten ersetzt würde, wenn der Specht zu leicht wäre.

Dieser Selbsthemmungsmechanismus tritt nicht nur beim Specht auf, sondern wird in vielen technischen Systemen ausgenützt. Einfache Beispiele sind Keile, die etwa das Zuschlagen von Türen verhindern sollen, oder spezielle halbkreisförmige Steigeisen, die zum Erklettern von Holzmasten von Stromleitungen benutzt werden. In abgeschwächter Form findet man den Verstärkungsmechanismus der Reibkraft auch bei den auflaufenden Bremsbacken der im Fahrzeugbau verwendeten Trommelbremsen.

Der Vorgang des abwechselnden Pickens und Rutschens, der sich immer wieder mit verblüffender Regelmäßigkeit einstellt, wird hauptsächlich durch die Muffe bestimmt. Je nachdem, ob sie die Stange berührt oder nicht, schaltet sie den oben beschriebenen Selbsthemmungsmechanismus ein oder aus und regelt damit die Schwingungen des Spechts.

Dass sich die Schwingung nach einer bestimmten Zeit immer in der gleichen Art und Weise einstellt, unabhängig davon, wie der Specht losgelassen wird, ist in einem internen Regelmechanismus begründet. Er führt das System immer in den in Abbildung 2 gezeigten Schwingungszustand zurück, bei dem ein stationäres Gleichgewicht zwischen zugeführter und dissipierter Energie vorliegt. Der Specht rutscht pro Schwingungsperiode um einen bestimmten Betrag die Stange herunter. Damit nimmt die Lageenergie des Systems ab und wird über die Muffe dem Specht zugeführt und in Schwingungsenergie umgewandelt. Mit dieser zugeführten Energie können die bei den Stößen und Gleitphasen auftretenden Verluste ausgeglichen werden. So dissipiert bei dem hier berechneten Specht etwa 50 % der zugeführten Energie beim Schnabelstoß und 38 % beim unteren Muffenstoß. Die restlichen 12 % teilen sich in die beiden oberen Muffenstöße und die Gleitphasen auf.

Der Rückkopplungsmechanismus, der den Specht immer in diesen Gleichgewichtszustand zwingt, ist relativ einfach zu verstehen, wenn man bedenkt, dass die Energiezufuhr fast ausschließlich in den Freiflugphasen erfolgt. Wird der Specht zum Beispiel so angestoßen, dass die Amplitude

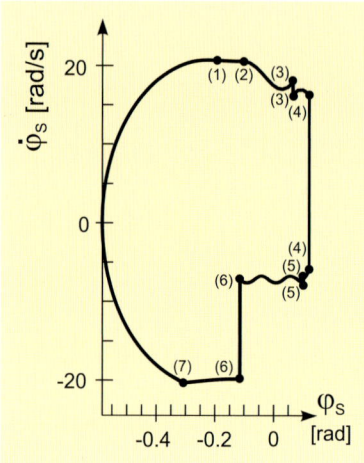

Abb. 2 *Die Phasenkurve stellt die Winkelgeschwindigkeit $\dot{\varphi}_S$ des Spechts in Abhängigkeit vom aktuellen Neigungswinkel φ_S dar. Die eingeklammerten Nummern beziehen sich auf die in Tabelle 1 wiedergegebenen Zustandsübergänge.*

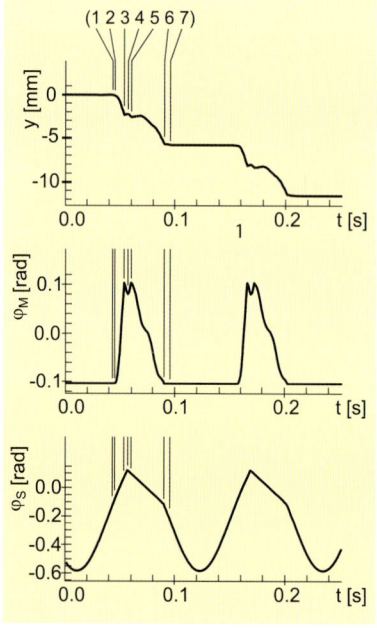

Abb. 3 *Aus dem zeitlichen Verlauf der vertikalen Lage y, des Muffenwinkels φ_M und des Neigungswinkels φ_S lassen sich die abrupten Übergänge deutlich ersehen.*

der Schwingung zu groß ist, so führt dies dazu, dass er die Freiflugphasen schneller passiert. Damit bleibt ihm weniger Zeit, um nach unten zu fallen; der pro Periode nach unten zurückgelegte Weg nimmt also ab. Dies bedeutet aber, dass dem Specht weniger Lageenergie zugeführt wird und in Schwingungsenergie umgesetzt werden kann. Bei zu kleinen Amplituden drehen sich die Verhältnisse gerade um.

Insgesamt ergibt sich also das folgende Verhalten: Sind die Amplituden der Schwingung zu groß, so wird die Energiezufuhr vermindert. Sind die Amplituden zu klein, so wird sie erhöht. Damit wird zwangsläufig ein Zustand eingeregelt, bei dem die Amplituden gerade so groß sind, dass sie zur zugeführten Energie passen und nicht mehr verändert werden. Die Schwingung, die zu diesem Zustand gehört, heißt Grenzzyklus [3]. Dieser hängt sehr stark von den jeweils herrschenden Parametern ab, wie Reibungskoeffizient, Innendurchmesser und Länge der Muffe und Ausgangsbedingungen. Es kann sogar chaotisches Verhalten auftreten, oder der Specht fällt im Extremfall einfach die Stange hinunter, ohne zu picken.

Wegen des Wechsels zwischen Haften und Gleiten spricht man auch von einem Stick-and-slip-Mechanismus. Er tritt in der Technik sehr häufig auf. Beispiele sind das Knarren von Türangeln, das Quietschen von Kreide auf der Tafel, das Tragflügelflattern bei Flugzeugen oder das Hochgeschwindigkeitspendeln bei Motorrädern. Die diesen Schwingungen zugrunde liegenden Rückkopplungsmechanismen sind zum Teil äußerst komplex und können nur mit großem Aufwand analysiert werden [1, 2].

Das Schwingungsverhalten

Eine detaillierte Analyse des Schwingungsverhaltens gewinnt man zum Beispiel aus einer numerischen Auswertung der Bewegungsgleichungen des in Abbildung 1 dargestellten Systems. Die drei Koordinaten y, φ_M und φ_S beschreiben die vertikale Lage des Muffenschwerpunkts M, den Neigungswinkel der Muffe und des Spechts. Weiter müssen drei mögliche Kontaktpunkte A, B, C vorgesehen werden, denn der Schnabel kann an die Stange schlagen,

TAB. 1 | **ZUSTANDSÜBERGÄNGE DER BEWEGUNG**

Punkt in Abb. 2.	Kontakt	Bewegung
(1)	B	H→G
(2)	B	G→S
(3)	C	S→S
(4)	A	S→S
(5)	C	S→S
(6)	B	S→G
(7)	B	G→H

Hierin bedeuten: H Haften, G Gleiten, S Separation.

und die Muffe kann an ihrem unteren oder oberen Ende die Stange berühren. Abbildung 2 zeigt die Phasenkurve der Spechtschwingung, also die Winkelgeschwindigkeit $\dot{\varphi}_S$ des Spechts in Abhängigkeit vom aktuellen Neigungswinkel φ_S.

Wir starten die Diskussion bei Punkt (7). Hier hat die Muffe am Punkt B Kontakt mit der Stange und haftet. Der Selbsthemmungsmechanismus ist also aktiv. Der Specht schwingt nach unten durch, bis er seine tiefste Stellung bei einem Winkel von knapp −0,6 rad erreicht. Dort kehrt sich seine Bewegung um, er ist jetzt auf dem Weg nach oben. Je weiter er nach oben schwingt, desto mehr entspannt sich die Feder zwischen Specht und Muffe. Dies bedeutet aber, dass auch die am Kontaktpunkt B wirkende Normalkraft zurückgeht und schließlich am Punkt (1) der Selbsthemmungsmechanismus gelöst wird. Die Muffe beginnt nach unten zu gleiten, während der Specht wegen seiner Trägheit weiter nach oben schwingt. Die Normalkraft nimmt deswegen weiter ab, bis sich bei (2) die Muffe von der Stange löst. Zwischen (2) und (3) hat kein Teil der Muffe mehr Kontakt mit der Stange. Das System befindet sich jetzt in der sogenannten Freiflugphase, in der keine der drei Koordinaten mehr blockiert ist.

Freiflugphasen zeichnen sich dadurch aus, dass sie Systemen die maximal mögliche Bewegungsfreiheit geben, was sich hier in einer Überlagerung von drei Schwingungszuständen äußert: Specht und Muffe rotieren wie ein einziger starrer Körper, Specht und Muffe bewegen sich wie ein einziger starrer Körper translatorisch nach oben, Specht und Muffe schwingen gegeneinander und lenken dabei die Feder aus. Obwohl sich der Specht nach oben bewegt, wird in dieser Phase die Muffe wegen der gemeinsamen Rotation nach unten gedrückt, wie im Zeitverlauf $y(t)$ in Abbildung 3 zu sehen ist. Am Punkt (3) trifft nun das obere Muffenende C auf die Stange. Dieser Stoß ist allerdings für das System von untergeordnetem Interesse, denn der entsprechende Kontakt löst sich auch sofort wieder auf. Kurze Zeit später erreicht der Schnabel des sich immer noch nach oben bewegenden Spechts die Stange. Der erfolgende Reibstoß (4) führt zu einer sprunghaften Umkehr der Spechtgeschwindigkeit, wie man an der senkrechten Linie in der Phasenkurve sehen kann. Nach einem zweiten kleinen oberen Muffenstoß (5) ist das System wieder in der Freiflugphase, wobei sich jetzt der Specht nach unten bewegt. Hier

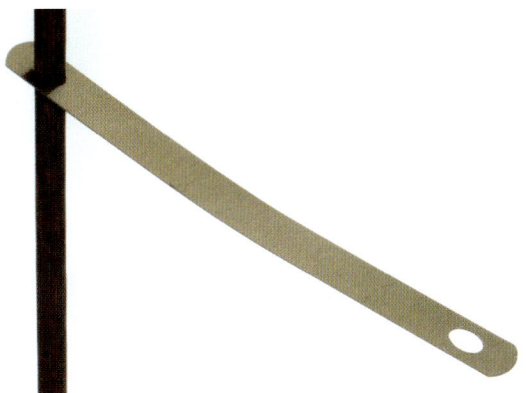

Abb. 4 *Eine Blattfeder und eine selbstgedrehte Spiralfeder (rechts) als Halterung.*

wird der zweite Teil der Muffenfallhöhe pro Schwingungsperiode erzielt. Zusätzlich ist in der Phasenkurve sehr deutlich eine Schlangenlinie zu erkennen, die der hochfrequenten Schwingung der Muffe gegenüber dem Specht entspricht. In Punkt (6) hat sich das Gesamtsystem so weit gedreht, dass das untere Muffenende B die Stange berührt. Es erfolgt ein ausgeprägter Reibstoß, der die Fallgeschwindigkeit der Muffe drastisch reduziert, allerdings hier nicht ganz ausreicht, um Haften zu bewirken. Deswegen schließt sich eine kurze Gleitphase an. An Punkt (7) kommt die Muffe wegen der Reibung zum Stillstand. Dies bedeutet, dass der Selbsthemmungsmechanismus aktiv werden kann, und der Specht nach unten durchschwingt.

Damit ist die in Abbildung 2 gezeigte Schwingung einmal durchlaufen, und der Prozess beginnt von vorne. Die Bewegung des Spechts zeichnet sich vor allem dadurch aus, dass laufend Koordinaten durch Stöße und Reibung gesperrt oder freigegeben werden. Solche Systeme, die abschnittsweise durch unterschiedlich viele Differentialgleichungen beschrieben werden müssen, haben in der Praxis eine große Bedeutung. Die mathematischen Methoden dazu sind vor nicht allzu langer Zeit entwickelt worden. Reib- und Stoßprobleme treten, erwünscht oder unerwünscht, in nahezu allen technischen Systemen auf. Man denke nur an Schlagbohrmaschinen, an das sogenannte Kupplungsrupfen in Kraftfahrzeugen oder an Stöße, die beim Auflaufen von Ketten auf ihre Kettenräder entstehen.

BAUANLEITUNG

Man kann sich einen Pickspecht leicht selber bauen, indem man einen dünnen Draht (gerade gebogene Büroklammer) als Spiralfeder eng um einen 3 bis 5 mm dicken Metallstab dreht [6]. Wenige Windungen genügen bereits (Abbildung 4). Am Ende der selbstgewickelten Feder wird ein leichter Gegenstand, beispielsweise ein Schmetterling aus buntbemalter Pappe, befestigt. Derartige leicht zu bauende Volksspielzeuge sind weltweit verbreitet. Es zeigt sich hier übrigens, dass der Schnabelstoß des zu Beginn erwähnten Spechts für die Funktion gar nicht notwendig ist.

Verschiedene Konstruktionen des Spielzeugspechts sind in der Literatur beschrieben [4, 5]. Das Prinzip des Stick-and-slip-Mechanismus zeigt sich mit folgendem einfachen Aufbau (Abbildung 4): Eine metallene Blattfeder aus einem Aktenhefter wird mit einem Loch auf eine Metall- oder Holzstange mit einem Durchmesser von 5 mm geschoben. Dieses System alleine schwingt schon pendelnd hinunter. Am anderen Ende befestigte Gewichte erlauben diverse Abwandlungen. Ein Schnabelstoß taucht hier ersichtlich überhaupt nicht auf.

Bei diesen einfachen Eigenkonstruktionen lassen sich allerlei Parameter variieren. Durch Änderung der Drahtlängen und -durchmesser sowie der Endgewichte und des Stangenmaterials ergeben sich verschiedene Frequenzen.

Literatur und Internet

[1] F. Pfeiffer, Ingenieur-Archiv **1984**, *54*, 232.
[2] Leine, R. et al., Journal of Vibration and Control **2003**, 9, 25; www.zfm.ethz.ch/~leine/toys.htm
[3] H.-J. Schlichting, Naturwissenschaften im Unterricht – Physik **1988**, *36*, 37.
[4] J. Wittmann, Trickkiste 1, Experimente, wie sie nicht im Physikbuch stehen, bsv München **1983**.
[5] C. Wirth, Praxis der Naturwissenschafte – Physik **1977**, *26*, 19.
[6] www.youtube.com/watch?v=s3YSnNAIHDg

Mit folgenden Stichwörtern findet man YouTube Videos zum Thema: woodpecker toy.

Dieser Beitrag wurde von Christoph Glocker zusammen mit Christian Ucke verfasst.

Paradoxe Sanduhren

Obschon uralte Bekannte, lassen sich auch bei Sanduhren noch überraschende Konstruktionen realisieren. Bei einer Ausführung läuft der Sand von unten nach oben – die Zeit aber nicht rückwärts. Bei einem anderen Modell vergisst sie etwas – und erinnert sich wieder.

Wer würde vermuten, dass Sanduhren erst seit dem Mittelalter bekannt sind? Grundsätzlich hätten sie auch schon im Altertum erfunden werden können. Jedoch ist derartiges nicht überliefert. Zu einem Zentrum der Sanduhrherstellung mit eigenen Zünften entwickelte sich im 17. Jahrhundert Nürnberg, unter anderem weil dort ein gut geeigneter Sand vorkam. Die Herstellung des richtigen Granulats fand nach komplizierten - und geheimen - Rezepten statt [1].

Die mechanische Uhr mit Uhrwerk löste die Sanduhr als Zeitmesser im 19. Jahrhundert fast gänzlich ab. In Kirchen und Gerichtssälen hielt sie sich noch eine Zeitlang als traditionelles Gerät zur Begrenzung der Redezeit. Auf Schiffen blieben sie lange in Verwendung. Heute ist sie allenfalls als Eier- und Saunauhr oder einfach als Dekorationsgegenstand in Gebrauch. Dennoch gilt sie immer noch als klassischer Zeitmesser. Sie findet sich als Symbol für die Vergänglichkeit des Lebens in künstlerischen Darstellungen, und sie fasziniert seit jeher Kinder.

Seit neuestem interessieren sich auch wieder Physiker und Ingenieure für sie. Die Prozesse beim Durchlaufen des Sandes durch eine enge Öffnung und der so banal aussehende Schütthaufen, der sich darunter bildet sind Gegenstand aktueller Forschung im Bereich der granularen Materie, die zur nichtlinearen Physik gehört. Dies hier auch nur andeutungsweise darzustellen, übersteigt aber den Rahmen dieses Beitrags. Wir möchten vielmehr einige besondere Sanduhren vorstellen, die sich durchaus klassisch beschreiben lassen.

Ein in vielen physikalischen Praktika vorhandenes Standardexperiment besteht darin, kleine Kügelchen in einem flüssigkeitsgefüllten Zylinder nach unten sinken zu lassen. Der Innenradius des Zylinders ist erheblich größer als der Kugeldurchmesser. Aus den leicht messbaren Parametern Kugeldurchmesser, Dichte von Kugel und Flüssigkeit sowie Sinkgeschwindigkeit wird die Viskosität der Flüssigkeit bestimmt [2].

Kugeln mit einer Dichte, die kleiner als die der umgebenden Flüssigkeit ist, steigen nach oben. Das ist das Grundprinzip der paradoxen Sanduhr, bei der der aus kleinen Plastikkügelchen bestehende „Sand" von unten nach oben läuft. Da die Viskosität von Flüssigkeiten stark von der Temperatur abhängt und die Kugeln unterschiedliche Durchmesser aufweisen, lässt sich nur ein Näherungswert für die Durchlaufzeit angeben.

Eine genauere Beobachtung ergibt, dass bei normaler, senkrechter Stellung ein relativ dicker und nicht sehr gleichmäßiger Strom von Kugeln aufsteigt. Es bilden sich kleinere und größere Pulks. Sie formen insgesamt einen Kanal von mitgerissener Flüssigkeit. Die Kugeln müssen durch die enge Öffnung nach oben und nehmen wegen der Zähigkeit der Flüssigkeit etwas davon mit sich, während gleichzeitig Flüssigkeit ausgleichend nach unten fließt. In der Öffnung kommt es offenbar zu einer Art intermitterendem Fließverhalten in beide Richtungen. Derartiges ist auch von normalen Sanduhren bekannt, wobei das Verhältnis Korngröße zum Durchmesser der Durchflussöffnung ein kritischer Parameter ist. Die Luft hat zwar eine viel geringere, dennoch nicht vernachlässigbare Zähigkeit. Während der Sand durch die Öffnung rinnt, entsteht im oberen Teil der Sanduhr ein leichter Unterdruck. Als Folge davon bilden sich Sandkornbrücken, die wieder in sich zusammenfallen, sobald die Druckdifferenz abgebaut ist. Insgesamt kann das zu periodischem Fließverhalten führen [3].

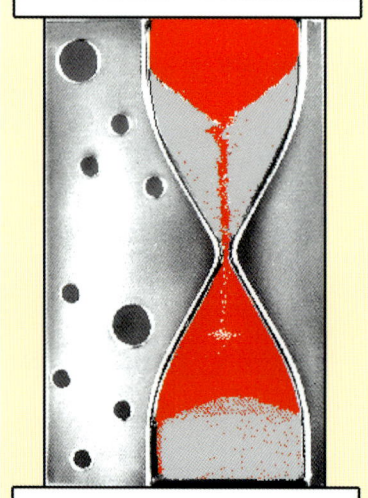

Abb. 1 *Bei dieser paradoxen Sanduhr läuft der Sand von unten nach oben. Der „Sand" besteht aus kleinen und leichten Plastikkügelchen, die in einer dichteren Flüssigkeit aufsteigen*

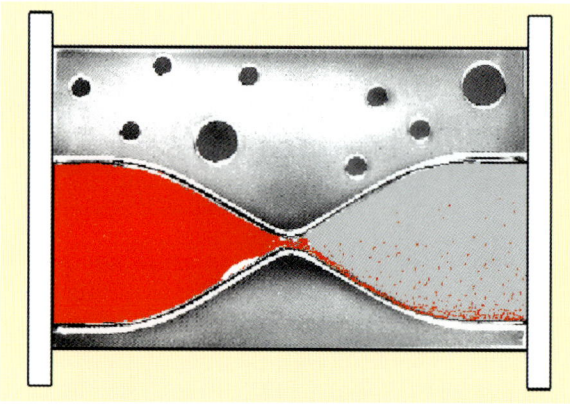

Abb. 2 *Bei einer quergehaltenen Sanduhr lassen sich einzelne Kugeln beim Aufsteigen verfolgen.*

Lässt man bei der paradoxen Sanduhr nur einige Kugeln nach oben laufen und hält sie dann quer, kann man ganz gut einzelne Kugeln langsam aufsteigen sehen. In diesem Fall kann man für einzelne Kugeln sogar halbwegs quantitativ die Steiggeschwindigkeit abschätzen (siehe Infokasten „Sink- und Steiggeschwindigkeit in Flüssigkeiten").

Hat man die Sanduhr gerade umgedreht, so dass die Kügelchen in den oberen Teil hochzusteigen beginnen, sieht man mehr oder weniger deutlich im unteren, noch fast ganz mit Kügelchen angefüllten Teil ein Loch nach unten wandern. Physiker könnten hier an das Wandern eines Defektelektrons in einem Halbleiter denken. Eine weitergehende Interpretation scheint aber nicht ergiebig.

In der Vergangenheit wurde immer wieder die typisch akademische Frage behandelt, ob eine normale Sanduhr im Grundzustand (wenn sich der gesamte Sand unten befindet) mehr, gleich viel oder weniger wiegt als im stationären Bewegungszustand (während des Fallens vom Sand) [4–7]. Zunächst liegt die Annahme nahe, dass sie gleich schwer bleibt, weil der Verlust an Gewicht durch das fallende und während dieser Fallzeit nicht zum Gewicht beitragende Sandkorn im zeitlichen Mittel gerade wieder ausgeglichen wird durch die beim Auftreffen des Korns im unteren Teil der Sanduhr bewirkte Kraft. Diese Betrachtung vernachlässigt aber, dass das in der Öffnung losfallende Sandkorn wegen des oben dauernd nachrutschenden Sandes schon eine endliche, wenn auch sehr kleine Anfangsgeschwindigkeit aufweist. Das wirkt sich so aus, dass das zeitliche Mittel der Kraft beim Auftreffen des Korns unten größer ist als der Gewichtsverlust während des Fallens. Auch die Form der Sanduhr scheint eine Rolle zu spielen. In allen Fällen sind die Änderungen aber so klein, dass sie sich mit den heute zur Verfügung stehenden Waagen nicht nachweisen lassen.

Ein weiteres Beispiel für ein verblüffendes Phänomen stellt die vergessliche oder ungehorsame Sanduhr dar [8]. In einen wassergefüllten Zylinder (Abbildung 3) ist eine normale Sanduhr eingelassen. Der Außendurchmesser der Sanduhr ist kleiner als der Innendurchmesser des Zylinders. Sie schwebt im Ruhezustand am oberen Rand des Zylinders. Der ganze Sand befindet sich im unteren Teil der Sanduhr.

Dreht man nun den Zylinder um, bleibt die Sanduhr zunächst unten, während der Sand schon rinnt. Erst wenn etwa ein Drittel bis die Hälfte des Sandes durchgelaufen ist, steigt die Sanduhr hoch. Oben läuft dann der Rest des Sandes durch. Wieso bleibt die Sanduhr zunächst unten und steigt nicht gleich hoch?

Die innen befindliche Sanduhr hat insgesamt eine etwas geringere mittlere Dichte als die von Wasser. Dadurch erhält sie einen Auftrieb und schwimmt nach oben. Dreht man die Sanduhr in der beschriebenen Weise um, befindet sich zunächst noch fast der gesamte Sand in der oberen Hälfte. Der Schwerpunkt der Sanduhr liegt entsprechend oberhalb der Mitte

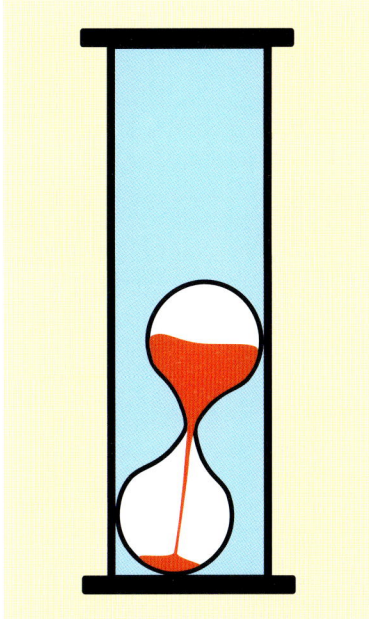

Abb. 3 *Die vergessliche Sanduhr steckt in einem flüssigkeitsgefüllten Zylinder und befindet sich normalerweise wegen des Auftriebs oben. Stellt man den Zylinder auf den Kopf, bleibt die Sanduhr aber zunächst unten. Erst nach einer Weile schwebt sie hoch.*

Abb. 4 *Eine in einem engen Zylinder befindliche Sanduhr gleicht prinzipiell dem Aufbau eines Kugelfallviskosimeters.*

Wäre die Sanduhr nicht im engen Zylinder, sondern im freien Wasser, würde sie sich sofort umdrehen. Im engen Zylinder drückt sie aber an die Innenwand des Zylinders. An dieser Stelle wirkt Haftreibung und verhindert das sofortige Hochschwimmen der Sanduhr. Erst wenn etwa ein Drit-

SINK- UND STEIGGESCHWINDIGKEIT IN FLÜSSIGKEITEN

Im Wesentlichen hängt die Geschwindigkeit des Sinkens oder Steigens von Kugeln in einer Flüssigkeit vom Dichteunterschied zwischen Kugelmaterial und Flüssigkeit, vom Durchmesser der Kugeln und von der Zähigkeit der Flüssigkeit ab. Die Zähigkeit von Flüssigkeiten ist wiederum stark temperaturabhängig.

Für die Steiggeschwindigkeit v einer Kugel (Radius r; Dichte ρ_k) in einer Flüssigkeit (Dichte ρ_f, Zähigkeit η) unter idealen Bedingungen (laminare Strömung; keine Randeffekte) gilt [2]:

$$v = \frac{2r^2 g(\rho_k - \rho_f)}{9\eta} \qquad g = 10\,\text{ms}^{-2}$$

Die Radien der Kugeln bei der paradoxen Sanduhr variieren zwischen 0,15 und 0,3 mm. Geht man von $\rho_k \approx 1{,}05$ gcm^{-3} (Polystyrol), $\rho_f \approx 1{,}35$ gcm^{-3} (in der paradoxen Sanduhr befindet sich eine Mischung aus $CaCl_2$ und Wasser) und $\eta = 6$ mPas aus, ergibt sich $v \approx -0{,}25$ cms^{-1} bis -1 cms^{-1}; das Minuszeichen bedeutet, dass die Kugeln aufsteigen. Beobachten kann man in der Querstellung der Sanduhr für die kleinen Kugeln Steiggeschwindigkeiten zwischen 0,1 cms^{-1} und 0,5 cms^{-1}. Das ist im Hinblick auf die zum Teil stark schwankenden Werte ein ganz passables Ergebnis.

Die Anwendbarkeit der Formel ist auf Reynolds-Zahlen Re < 1 beschränkt. Für das Beispiel der Kugel mit $r = 0{,}3$ mm ergibt sich Re $= r \cdot \rho_f \cdot v / \eta = 0{,}67$. Das bedeutet tatsächlich laminare Strömungsverhältnisse.

Für die Herstellung der vergesslichen Sanduhr müssen die Maße und die Eigenschaften der verwendeten Teile gut aufeinander abgestimmt werden. Man benötigt eine kleine, zylinderförmige Sanduhr (Eieruhr) und einen länglichen Zylinder, dessen Innendurchmesser größer als der Außendurchmesser der Sanduhr ist. Die mittlere Dichte der Sanduhr muss etwas kleiner als die Dichte der Flüssigkeit im Zylinder sein. Das wird experimentell ermittelt. Löst man Salz in Wasser, kann man die Dichte der Flüssigkeit geringfügig stufenlos vergrößern. Mit Zusatz von Spiritus zu Wasser lässt sich die Dichte entsprechend verkleinern. In einem Gefäß außerhalb des Zylinders kann man ausprobieren, ob die Sanduhr gerade noch schwimmt oder untergeht.

Der Zylinder mit Sanduhr und Flüssigkeit sollte blasenfrei verschlossen werden. Luftblasen können den Vorgang stören, da sie unter der Sand-

uhr Auftrieb verursachen oder an der Sanduhr vorbei gleitend die Haftreibung verändern.

Im Beispiel der Abbildung 5 wurde eine im Baumarkt gekaufte, einfache Eieruhr (3 min; $\varnothing_{außen}$ = 14 mm) in eine mit Wasser gefüllte Plexiglasröhre ($\varnothing_{innen}$ = 28 mm) gesteckt. Damit die Uhr gerade noch schwimmt, wurde in diesem Fall die Engstelle mit einer passenden Menge Kupferdraht umwickelt. Dadurch konnte das Experiment hier mit reinem Wasser realisiert werden.

Ist der Innendurchmesser des Zylinders nur unwesentlich größer als der Außendurchmesser der Sanduhr (1 mm oder weniger), erhält man das Beispiel einer ganz langsam aufsteigenden Sanduhr. Der Zylinder innen und die Sanduhr außen müssen allerdings sehr gut kreiszylindrisch sein. Hier kann man zusätzlich mit Flüssigkeiten größerer Viskosität (beispielsweise klarem Öl) experimentieren.

tel bis die Hälfte des Sandes durchgelaufen ist, liegt der Gesamtschwerpunkt unterhalb der Mitte. Die Haftreibung an den Seitenwänden ist dann aufgehoben, da kein verkippendes Drehmoment mehr auf die Sanduhr wirkt. Die Sanduhr kann aufsteigen.

Bei einem dritten Beispiel einer ungewöhnlichen Sanduhrkonstruktion befindet sich eine zylinderförmig ausgebildete Sanduhr in einem wassergefüllten Zylinder (Abbildung 4). Hier ist jedoch der Außendurchmesser der Sanduhr nur geringfügig kleiner als der Innendurchmesser des Zylinders, so dass die Sanduhr wegen der Viskosität sehr langsam im Zylinder aufsteigt oder niedersinkt, je nachdem, ob die Dichte der Flüssigkeit größer oder kleiner als die mittlere Dichte der Sanduhr ist.

Unter der Bezeichnung Floating Sand Timer war diese Art von Sanduhr vor einiger Zeit im Handel erhältlich. Sie lässt sich auch leicht selbst bauen. Prinzipiell funktioniert auf diese Weise ein spezielles Kugelfallviskosimeter, bei dem aus der Fallzeit einer Kugel in einem Zylinder auf die Viskosität einer Flüssigkeit geschlossen wird. Im Gegensatz zum anfangs beschriebenen Standardexperiment ist hier der Kugeldurchmesser nur wenig kleiner als der Innendurchmesser des Zylinders. Dass in diesem Beispiel eine Sanduhr als fallendes Objekt verwendet wird, ist eigentlich unwichtig. Es betont den langsam ablaufenden Vorgang zusätzlich.

Abb. 5 *Eine selbstgebaute, vergessliche Sanduhr. Das Bild zeigt die Sanduhr kurz vor dem Abheben.*

Literatur

[1] A. Lübke, Das große Uhrenbuch, Verlag Ernst Wasmuth, Tübingen **1977**.

[2] W. Walcher, Praktikum der Physik, Verlag Vieweg + Teubner, Stuttgart **2006**.

[3] X. Wu, X. et al., Phys. Rev. Lett. **1993**, *71* (9), 1363.

[4] R.R.: Rätselecke, Physik und Didaktik **1987**, *15*, 80.

[5] K. Y. Shen, B. L., American Journal of Physics **1985**, *53*, 787.

[6] W. P. Reid, American Journal of Physics **1967**, *35*, 351.

[7] I. H. Redmount, R. H. Price, Physics Teacher **1998**, *36*, 432.

[8] M. Gardner, Scientific American **1966**, *215* (8), 96.

Der Trank aus dem Tantalus-Becher

Flüssigkeiten strömen manchmal bergauf und können auf diese Weise unangenehme Überraschungen auf der einen und viel Spaß auf der anderen Seite hervorrufen. Ungewöhnlich ist das Prinzip jedoch nicht. Jeder von uns hat damit tagtäglich zu tun.

Was uns als Wunder erscheint, ist in Wirklichkeit keines.

Simon Stevin

Abb. 1 *Ein Tantalus-Becher, wie man ihn auf der Insel Samos kaufen kann. Allerdings macht ihn die Erhebung im Innern gleich verdächtig.*

Nach Homer soll Tantalus als Strafe für die Herausforderung der Götter immer durstend im Wasser stehen. Als ich (HJS) vor einiger Zeit bei einem Freund durch großen Durst beflügelt, ein Trinkgefäß mit der für mich zunächst nichtssagenden Aufschrift Tantalus-Becher füllte, wurde mir die Beziehung zwischen diesem äußerlich unscheinbaren, aber innerlich trickreichen Gefäß und der Götterwelt der alten Griechen auf eindrucksvolle und für mich peinliche Weise vor Augen geführt. Das gefüllte Gefäß stand nämlich plötzlich in einer Lache, deren Wachstum direkt mit dem Sinken des Flüssigkeitsspiegels im Gefäß korrespondierte. Ohne dass ich etwas hätte ändern können, lief das Gefäß bis auf einen kläglichen Rest leer. Peinlich war die Angelegenheit insofern, als mir der Gastgeber demonstrierte, dass man den Becher gefahrlos füllen und daraus trinken konnte, wenn man sich nur etwas gemäßigt verhielt und ihn nicht übermäßig voll füllte.

Manchmal wird das hinterhältige Gefäß auch als Becher des Pythagoras- oder Genügsamkeitsbecher bezeichnet, weil Pythagoras angeblich seinen Schülern mit ihm das rechte Maß illustrieren wollte. Nicht nur die Namen verweisen auf die Antike, auch die Erfindung dieses Bechers beschreibt kein Geringerer als Heron von Alexandria (60 v. Chr.), der für allerlei weitere Spielereien mit physikalischem Pfiff bekannt ist [1].

Zurzeit sind zumindest zwei moderne Varianten des Tantalus-Bechers auf dem Markt, ein getöpferter Tonbecher und eine ganz ähnlich aufgebaute gläserne Variante [2]. Letztere wird unter anderem unter dem Namen Pythagoras-Glas (Abbildung 2) vertrieben.

Das der selbsttätigen Entleerung zugrunde liegende Prinzip ist einfach und den meisten Menschen – wenn auch vielleicht nur unbewusst – bekannt. Wer hatte nicht schon einmal ein Gefäß ohne Abfluss auf die folgende Weise entleert! Ein Schlauch wird in die Flüssigkeit eingetaucht, durch Ansaugen vollständig mit der Flüssigkeit gefüllt und mit

dem freien Ende auf ein niedrigeres Niveau als das des Flüssigkeitsspiegels gebracht. Ist das Schlauchende sogar tiefer als der Boden des Gefäßes, wird dieses vollständig leer laufen. Weinbauern in Mittelmeerländern pflegen auf diese Weise Wein aus den höher liegenden Fässern in die Flaschen der Käufer umzufüllen. Eine dem Schlauch vergleichbar gekrümmte Röhre ist das Geheimnis des Tantalus-Bechers.

Die Abbildungen 1 bis 3 zeigen einige Möglichkeiten der Realisierung, wobei es darauf ankommt, den Mechanismus so gut wie möglich zu verstecken. Aber selbst wenn das Kernstück des Kunststücks, die gekrümmte Röhre (auch Siphon oder Heber genannt) identifiziert ist, weicht damit bei Menschen, die dies zum ersten Mal erleben, die Verwunderung, ja Irritation oft noch lange nicht. Offen bleibt nämlich die Frage, wie es möglich ist, dass die Flüssigkeit bergauf fließt und von selbst über den Rand des Gefäßes, also über den Flüssigkeitsspiegel hinaussteigt. Nicht selten geht das Gespenst des Perpetuum Mobile um.

Der Verdacht, dass der Energiesatz verletzt sein könnte, kann in diesem Fall ziemlich schnell ausgeräumt werden. Immerhin lässt sich zeigen, dass der Schwerpunkt und damit die potentielle Energie des Wassers mit der Entleerung sinken und – wenn man so

Abb. 2 *Bei diesem Tantalus-Glas ist der Hebermechanismus in der Mitte erkennbar.*

 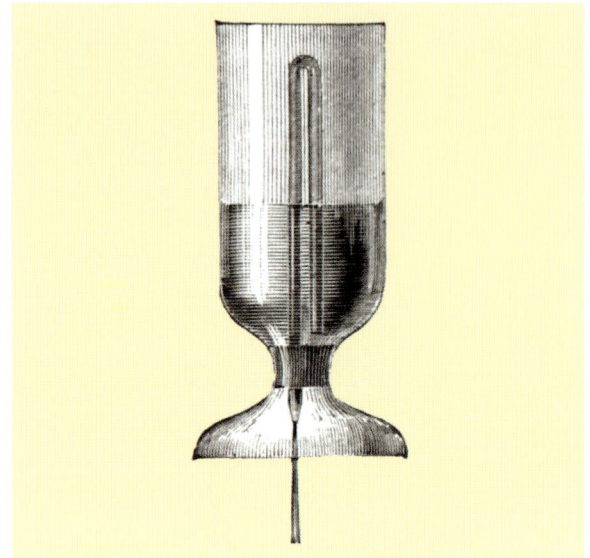

Abb. 3 *Mögliche Realisierungen von Hebern in einer Kanne und einem Becher* (nach [3]).

will – die Entropie der Welt wächst. Bliebe der Mechanismus zu klären, der die Flüssigkeit in der Röhre über das Flüssigkeitsniveau des Gefäßes hinaus zu steigen veranlasst.

Dazu betrachte man die beiden Schenkel des Siphons (Abbildung 4). Es gibt einen kurzen Schenkel, der von der Flüssigkeitsoberfläche zur höchsten Stelle reicht (h_2), und einen langen, der von dort bis zur freien Öffnung reicht (h_1). Die in den Schenkeln befindlichen Wassersäulen unterliegen beide der Schwerkraft und zwar in der Weise, dass sie gegeneinander wirken. Die eine Säule zieht an der anderen und umgekehrt. Klar, die längere und damit schwerere siegt, indem sie die kürzere mit sich zieht, wenn das Wasser aus dem offenen Ende des Rohres ausströmt. Dabei bleibt nicht etwa an der Stelle der abfließenden kürzeren Säule ein Vakuum zurück. Das Wasser aus dem Gefäß fließt so lange nach, wie die Wassersäule im offenen Schenkel eine größere Länge besitzt. Das ist so lange der Fall, wie das Wasserniveau im Gefäß höher steht als die eingetauchte Öffnung des Hebers.

Der Physikdidaktiker Martin Wagenschein schlägt in diesem Zusammenhang vor, das „Wunder" des bergauf laufenden Wassers im Siphon „in Verbindung (zu bringen) mit etwas anderem, das uns vertraut ist", nämlich mit dem „Seil, das sich, überhängend, selber von der Tischplatte herunterschafft, auch über eine kleine Erhöhung hinweg" [4]. Wenn man die Wassersäule im Röhrchen als Seil betrachtet, erkennt man, dass die Bewegung des Wassers wie die des Seils durch die Differenz der beschleunigenden Kräfte bestimmt ist.

Der hier benutzte Vergleich mit dem Seil wird von einigen Wissenschaftlern nicht nur als Analogon gesehen, sondern als fachlich korrekte Beschreibung [5]. Andererseits gibt es zahlreiche experimentell abgesicherte Argumente, die dem Luftdruck eine wesentliche Rolle bei der Erklärung des Phänomens zuerkennen [6]. Auch die Änderung des Querschnitts des Siphons führt zu Schwierigkeiten mit der allein auf der Schwerkraft beruhenden Seilanalogie [7].

Weitere Varianten des Tantalus-Bechers

Eine nicht weniger faszinierende Variante eines Tantalus-Bechers besteht darin, dass man die Krümmung zum Beispiel bei eine Kanne so anbringt, dass der Flüssigkeitsspiegel erst durch eine Neigung etwa beim Einschenken in ein Glas über die Heberkrümmung gelangt. Dann wird die Kanne plötzlich auf ganz andere Weise entleert als man es wünscht und ohne dass man es unterbrechen kann – selbst wenn man die Kanne auf den Tisch stellt.

Ein Siphon ist jedoch alltäglicher als unsere kleine Spielerei zum Ausdruck bringt. Im Waschbecken und Spülklosett hat er weltweite Verbreitung erlangt, die nicht genug gewürdigt werden kann. Seine Funktion besteht vor allem darin, unangenehme Gerüche durch eine Art Gleichrichtung zu exportieren. Bei Betätigung der Spülvorrichtung wird der Flüssigkeitsspiegel über die Krümmung hinweg angehoben und setzt eigentlich erst dadurch die selbsttätige Entleerung in Gang [8].

Selbststartender Siphon

Aus Rache werde ich meinen Freund zum Grog trinken einladen. Dazu werde ich ihm ein sehr originell geformtes Grogstäbchen anbieten, das in das gefüllte Glas getaucht wird (Abbildung 5). Damit dürfte dann das Verhängnis seinen Lauf nehmen. Denn das Stäbchen ist ein Röhrchen, und das Röhrchen beginnt, das Glas zu entleeren, sobald es sich in der Flüssigkeit befindet. In diesem Fall wird auch derjenige überrascht sein, der die Wirkungsweise eines Siphons kennt und entdeckt, dass in dem doppelt gekrümmten Röhrchen ein Siphon enthalten ist. Die Besonderheit besteht darin, dass diese Art von Heber nicht eigens gefüllt werden muss. Er füllt sich von selbst. Wie kommt es zu dieser Eigendynamik?

Sobald beim Eintauchen die zweite Krümmung unter die Wasseroberflache gerät, wird das Wasser wegen des hy-

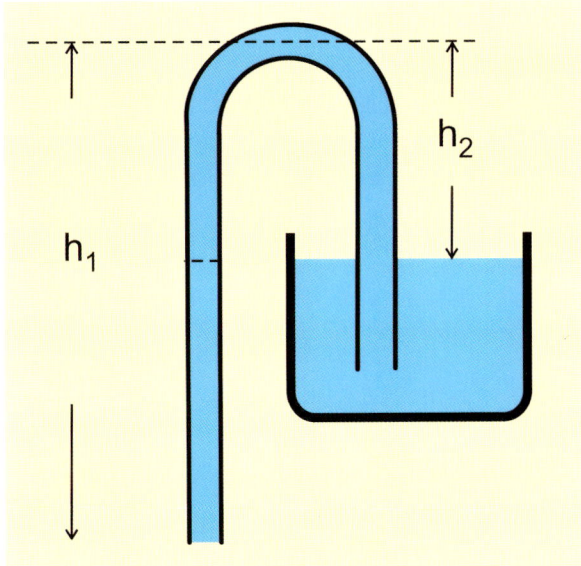

Abb. 4 *Wie ein von der Tischkante rutschendes Seil sinkt der „Flüssigkeitsfaden" aus dem Behälter.*

Abb. 5 *Siphon, der beim Eintauchen in die Flüssigkeit von selbst, anläuft.*

drostatischen Drucks durch das Rohr getrieben, um das Röhrchen bis zur Eintauchtiefe zu füllen (Stichwort: verbundene Gefäße oder kommunizierende Röhren). Aus Trägheit schießt die Wassersäule ein wenig über ihr Ziel hinaus mit dem Ergebnis, dass es auch durch die über den Becherrand gehende Krümmung schwappt. Damit ist aber die Startbedingung eines Siphons erfüllt, und die Entleerung nimmt zwangsläufig ihren Lauf. Der Vorgang kommt auch in diesem Fall erst dann zum Stillstand, wenn der Wasserspiegel unter die untere Öffnung des Hebers gerät.

Das zunächst merkwürdig erscheinende Phänomen einer von selbst ansteigenden Flüssigkeitssäule entpuppt sich als physikalischer Trick. Ausgenutzt wird das schwungvolle Eintauchen des Röhrchens, durch das das trägheitsbedingte Überschwappen initiiert wird. Taucht man das Röhrchen bewusst ganz langsam ein, so kommt es nicht immer zum Selbststart des Siphons.

Selbstbau und Freihandversuch

Die einfachste Version eines Selbstbaus lässt sich mit einem Papp- oder Plastikbecher und einem Trinkhalm mit Gelenk realisieren. Dazu wird mit einem spitzen Gegenstand ein Loch in die Wand des Bechers gestochen, so dass der Trinkhalm stramm hindurch passt. Das reicht meist für eine Wasserdichtigkeit aus. Der Trinkhalm wird vorher am Scharnier zusammengeklappt und das längere Ende abgeschnitten. Die Höhe des Lochs sollte so bemessen sein, dass der Halm bis fast zum Boden reicht. Gibt man jetzt Wasser in den Becher, so passiert so lange nichts wie die Wasserhöhe unterhalb der Höhe des Lochs bleibt. Steigt der Wasserspiegel darüber hinaus, entleert sich der Becher fast vollständig.

Literatur

[1] W. Schmidt, Herons von Alexandria Druckwerke und Automatentheater, Teubner, Leipzig **1899**.

[2] www.geschenke-mit-funktion.eu/ www.wissenschaft-shop.de

[3] L. Pfaundler, Physik des täglichen Lebens, Deutsche Verlagsanstalt, Stuttgart **1922**, 152.

[4] M. Wagenschein, Naturphänomene sehen und verstehen, Klett-Verlag, Stuttgart **1980**, 184.

[5] S. W. A. Hughes, Physics Education **2010**, *45* (2), 162.

[6] A. Richert, P. M. Binder, The Physics Teacher **2011**, *49* (2), 78 .

[7] G. Planinšič, J. Slíško, Phys. Educ. **2010**, *45*, 356.

[8] H. J., Schlichting, Praxis der Naturwissenschaften – Physik **1992**, *41* (2), 27.

Knackige Physik

Nussknacker sind ein Spielfeld von Erfindern, Technikern und Designern. Manche ästhetisch ansprechenden Geräte knacken nicht gut. Manche technisch sehr einfachen und wirkungsvollen Konstruktionen überzeugen ästhetisch nicht.

Abb. 1 *Die klassische Nussknackmethode führt zwar meist zum Ziel, lässt sich aber kaum dosieren.*

Die Primitivmethode unserer Vorfahren zum Knacken von Nüssen bestand vermutlich darin, einen schweren Stein auf eine Nuss fallen zu lassen oder damit auf die Nuss zu hauen. So wirkungsvoll die Methode der Ausnutzung von kinetischer Energie auch war, so hatte sie doch den Nachteil, dass sich die Kräfte nicht sehr gut dosieren ließen. Das Ergebnis mündete häufig genug in eine nur mühsam konsumierbare Mischung aus zersprungenen Schalenteilen und zerquetschtem Inhalt.

Unsere zivilisierte Welt hat den Beruf des Designers hervorgebracht. So ist die steinzeitliche Methode jetzt ästhetisch vervollkommnet. Das Endergebnis der geknackten Nuss überzeugt aber noch immer nicht ganz. Bei dem Modell Steinschlag [1] zertrümmert eine glatt polierte Granitkugel im günstigsten Fall nur die Schale. Das Gerät ist auch unter der eingängigen Bezeichnung Schwerkraft-Nussknacker bekannt und in einer High-Tech-Ausführung mit einer Edelstahlkugel versehen (Abbildung 1).

Der Knackpunkt

Dieses Modell zusammen mit einigen Messungen lässt Abschätzungen über wirksame Energien und Kräfte beim Nussknacken zu. Beispielhaft behandeln wir hier Walnüsse. Zunächst bringt die Kugel mit einer Masse von 420 g beim freien Fall über 20 cm Höhe maximal eine Energie von $E_1 = mgh = 0,84$ J zustande. Damit werden so gut wie alle Nüsse geknackt. Es ist damit auf jeden Fall eine obere Grenze für den Knackpunkt gegeben.

Als nächstes kann man Walnüsse zwischen die Backen eines Schraubstockes klemmen und messen, wie stark Nüs-

se zusammengedrückt werden können, bis sie knacken. Es ergibt sich im Mittel eine Strecke von 1,4 mm mit starken Variationen zwischen 1 mm bis 2,5 mm (bei zehn Nüssen). Das hängt vermutlich vom Alter der Nuss, von der Art (Herkunft) und auch von dem Angriffspunkt der Kraft ab, nämlich auf den verdickten Rändern oder auf der dünneren Schale. Die Nüsse wurden so eingespannt, dass der Wulst der Nüsse parallel zu den Schraubstockbacken lag. Knackt man Nüsse mit den Wülsten an den Schraubstockbacken anliegend, braucht man übrigens erheblich weniger Kraft. Das als kleiner Tipp für die weihnachtliche Zeit.

Experimentell lassen sich Walnüsse mit einer rohen Krafteinwirkung von etwa 300 N knacken. Das kann man mit einer einfachen Personenwaage testen. Die Variationsbreite der Kräfte ist auch hier erheblich. Manche Nüsse geben schon bei 100 N nach, andere halten bis 500 N stand. Im Durchschnitt hat eine Walnuss eine Masse von etwa 11 g. Als Physiker kann man mit diesen Werten einige Rechnungen anstellen, wobei es sich wirklich nur um sehr grobe Überschlagsrechnungen handelt.

Wir gehen davon aus, dass sich die Nuss bis zum Knackpunkt elastisch verhält. Zwischen einer Krafteinwirkung von 0 bis 300 N werde ein linearer Zusammenhang angenommen, das heißt $F(s) = 300$ N$\cdot s/s_0$ mit $s_0 = 1,4$ mm $= 0,0014$ m (s in m). Somit muss bis zum Knackpunkt ($s = 1,4$ mm $= 0,0014$ m) eine Energie von $E_2 = 0,5 \cdot F(s) \cdot s = 0,5 \cdot 300$ N$\cdot 0,0014$ m $= 0,21$ J aufgebracht werden. Das ist erheblich weniger als der obige Wert von 0,84 J, der ja auch eine Obergrenze darstellt.

Die etwas akademisch anmutende Frage, aus welcher Höhe man eine Nuss auf einen (stein-)harten Boden fallen lassen müsste, so dass sie zerschellt, lässt sich ebenfalls abschätzen. Bei einem Fall aus der Höhe h ergibt sich eine Energie $E = m \cdot g \cdot h$. Daraus errechnet sich eine Höhe von $h = E_2/m \cdot g = 0,21$ J$/(0,011$ kg$\cdot 10$ ms$^{-2}) = 1,9$ m mit der Erdbeschleunigung g. Der Luftwiderstand kann auf dieser kurzen Strecke vernachlässigt werden. Experimente ergaben eine grobe Bestätigung dieses Wertes.

Mit Hebel und Schraube

Andere Nussknacker nutzen andere physikalische Prinzipien. Am häufigsten ist das Hebelprinzip im Spiel. Die entwickelten und patentierten Formen sind Legion. Der eminente Vorteil dieses Prinzips ist bei entsprechender Konstruktion die feinfühlig dosierbare Kraft. Damit kann das Zerquetschen des Nussinneren erheblich vermindert werden. Die einfachen Modelle sind so weit verbreitet und einfach zu durchschauen, dass wir darauf hier nicht eingehen.

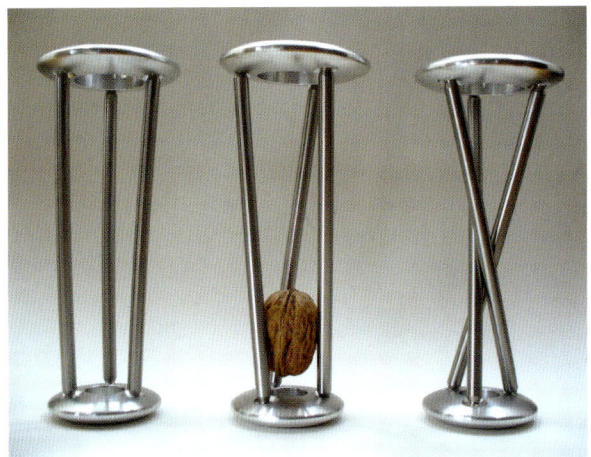

Abb. 2 *Der Nussknacker Twister, links in neutralem Zustand, in der Mitte mit Walnuss, rechts maximal verdreht.*

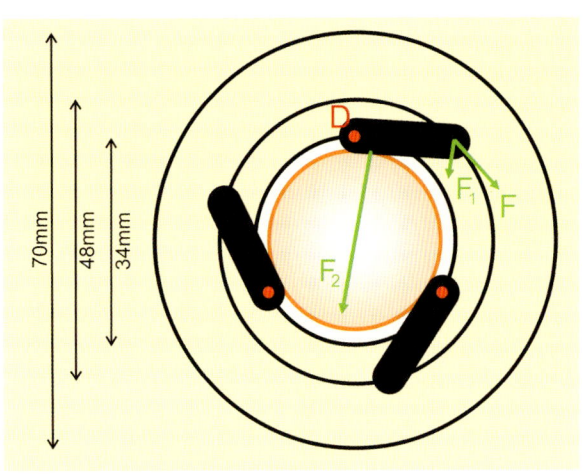

Abb. 3 *Der Nussknacker Twister in einer Aufsicht. Die Nuss befindet sich zwischen den Stäben.*

Eine interessante und komplizierte Variante des Hebelprinzips stellt der seit dem Jahre 2003 auf dem Markt befindliche Nussknacker Twister dar (Abbildung 2) [2]. Zwischen zwei mit Öffnungen versehenen Scheiben befinden sich drei Stäbe, die an ihren Enden in den Scheiben mit frei beweglichen Lagern eingelassen sind. Die Scheiben sind gegeneinander verdrehbar. Befindet sich eine Nuss zwischen den Stäben, wird sie beim Drehen mehr und mehr eingeklemmt und kann so letztlich gefühlvoll geknackt werden. Hiermit können nur Nüsse bis zu einem Durchmesser von etwa 35 mm bearbeitet werden, da größere Exemplare nicht zwischen die Stäbe passen. Harte Nüsse mit einem Durchmesser von weniger als etwa 22 mm sind kaum zu knacken, da sie nur mit einem ungünstigen Hebelarm bearbeitbar sind.

Beim Verschenken dieses Nussknackers empfiehlt es sich deshalb, ihn mit ausgesuchten Nüssen mittlerer bis geringer Härte mit Durchmessern zwischen etwa 25 bis 32 mm in einer Gesamtverpackung zu versehen. Unabhängig von seiner Funktion als Nussknacker ist der Twister ein wunderbarer Handschmeichler, mit dem man auch ohne Nüsse gerne spielt.

Mathematisch gesehen ergeben die Stäbe beim Verdrehen der beiden Scheiben des Twisters ein Hyberboloid, eine der einfachsten mathematischen Flächen, die in vielen Bereichen der Technik bis hin zur Architektur von Kühltürmen bei großen Kraftwerken eine Rolle spielt. Da beim Twister nur drei Verbindungslinien vorhanden sind, ist der hyperbolische Eindruck nicht sehr markant.

Abbildung 3 zeigt eine schematische Aufsicht des Twisters, in dem die Stäbe perspektivisch stark verkürzt erscheinen. Eine Nuss mit 30 mm Durchmesser befinde sich zwischen den Stäben über dem Loch der kleineren Scheibe. Die große Scheibe sei gegenüber der kleinen um etwa 30° verdreht.

Beim Verdrehen der Scheiben gegeneinander kann man mit den Händen ein Drehmoment bis zu 5 Nm erzeugen, wie sich mit einem geeigneten Drehmomentschlüssel er-

mitteln lässt. Bereits zum bloßen Verdrehen der Scheiben gegeneinander ist ein Drehmoment von etwa 0,5 Nm zu überwinden, da die Kugelendteile der Edelstahlstäbe ziemlich fest in Plastiklager eingelassen sind. Unter Lasteinwirkung wird sich die Reibung noch vergrößern, so dass ein wirksames Drehmoment von 4 Nm geschätzt wird.

Die in Abbildung 3 mit F bezeichnete Kraft ergibt sich aus dem Radius von $r = 0,024$ m und dem Drehmoment $M = 4$ Nm zu etwa $F = M/r \approx 170$ N. F greift tangential an der Scheibe an. Wirksam ist jedoch nur die Komponente F_1 parallel zur Richtung des Berührungspunktes des Stabes mit der Nuss zum Nussmittelpunkt (F_2). Der Winkel zwischen F und F_1 variiert je nach Verdrehung der Scheiben gegeneinander. Wir schätzen den Winkel hier zu etwa 60°, womit sich für $F_1 = F \cdot \cos 60° = 85$ N ergibt. (Die Pfeile in Abbildung 3 illustrieren nur grob die Richtung der auf die Nuss ausgeübten Kräfte. Die rückwirkende elastische Kraft der Nuss und andere Kräfte wurden der Übersicht halber weggelassen.) Das Verhältnis des Hebelarms zwischen Angriffspunkt F_1 und dem Drehpunkt D und des Hebelarms vom Berührungspunkt des Stabes mit der Nuss zum Drehpunkt D beträgt etwa 7 zu 1, so dass sich für $F_2 = 7 \cdot F_1 = 600$ N ergibt. Dem sollten sich auch härtere Walnüsse ergeben.

Erheblich ungünstiger werden die möglichen Kräfte, wenn die Nüsse etwa in die Mitte zwischen beiden Scheiben eingespannt werden, da dann das Verhältnis der Hebelarme nur noch 2 zu 1 beträgt. Das ist beispielsweise der Fall für Nüsse mit Durchmessern von weniger als 22 mm oder mehr als 30 mm. Eine ähnliche Betrachtung wie oben ergibt Kräfte von nur noch grob 200 N. Da kann es schon mal passieren, dass man mit dem Twister nicht mehr zum Knackpunkt kommt. Übrigens zeigt die Anleitung des Twisters gerade diesen physikalisch ungünstigen Fall.

Das Prinzip des Twisters ist im Übrigen nicht neu. Schon 1976 ließ sich der Amerikaner Jess Miller sein Modell in den USA patentieren [3]. Ihm folgte 1990 sein Landsmann John W. Hambright mit einem weiteren Patent [3].

Abb. 4 *Der Kugelknacker.*

Abb. 5 *Ein wirklich einfacher Nussknacker* (Foto: mono).

Auf dem Prinzip Schraube beruhen ebenfalls viele Nuss-knacker. Dazu sei das von dem Design-Studenten Christian Marx 1989 entwickelte formschöne Modell seines Kugel-knackers [4] vorgestellt (Abbildung 4). Hier legt man die Nuss zwischen zwei gegeneinander verdrehbare Kugelhälf-ten, die mit einem durch die Drehung sich verjüngenden Spalt versehen sind. Zusätzlich zu der Kraft, die zum ei-gentlichen Nussknacken erforderlich ist, kommen hier die zu überwindende Gleitreibung zwischen dem Holz der Ku-gel und der Nuss sowie die im Drehgelenk unter Belastung auftretende Reibung hinzu.

Auch auf einem Hebelprinzip, aber auf einer gänzlich an-deren und eigentlich viel sinnvolleren Vorgehensweise, be-ruht der Nussknacker Pico [5]. Mit ihm spaltet man die Schalenhälften einer Walnuss (Abbildung 5). Findet man ei-nen Ansatzpunkt, so ist die Chance sehr groß, das Innere der

Nuss unversehrt zu erhalten, da die Schalenhälften nicht nach innen, sondern auseinander gedrückt werden. Mit den Seitenteilen dieses edlen Edelstahlinstruments kann man den Inhalt aus den beiden Schalenhälften herausholen.

Nussknacker ohne Ende lassen sich im Nussknacker-museum [6] ansehen. Mehr als 5000 Stück hat ein begeis-terter Sammler zusammengetragen.

Literatur und Internet

[1] www.take2-design.de
[2] www.odin.de
[3] USA-Patente 3.965.810 (Jess Miller) und 4.944.219 (John W. Ham-bright).
[4] Dieser Nussknacker ist nicht mehr lieferbar. Eine quantitative Betrachtung der Kräfte bei diesem Nussknacker findet sich in W. Bürger, Der Traum des Seglers bei Flaute, Birkhäuser-Verlag, Basel **1998**.
[5] Modell Pico der Firma mono, www.mono.de
[6] www.nussknackermuseum-neuhausen.de

Ausdrücklicher Dank für wertvolle Hilfe geht an die Nussknacker-Zentralkartei von Klaus Peter Rosolleck, Koldeweystr. 4, 38126 Braun-schweig.

Ein Hammer aus Wasser

Schnell bewegtes Wasser kann harte Geräusche erzeugen, die man einer Flüssigkeit nicht unbedingt zutrauen würde. Mit einem als Wasserhammer bekannten Designobjekt und einem einfachen Freihandexperiment kann man dem zugrunde liegenden Phänomen auf den Grund gehen.

W enn die Heizung wieder mal lärmt oder der Teekessel die Erwärmung des Wassers akustisch untermalt, haben wir es mit Effekten zu tun, deren physikalische Ursache sich nicht so ohne Weiteres erschließt. Eine interessante Verbindung zu diesen Vorgängen schafft aber das Designobjekt mit dem Namen Wasserhammer [1] (Abbildung 1). Das ist im Wesentlichen eine verschlossene Glasröhre, die etwa zur Hälfte mit Wasser gefüllt ist.

Auf den ersten Blick erinnert der Behälter an alles Mögliche, bloß nicht an einen Hammer. Das ändert sich aber, sobald man ihn in Aktion erlebt. Dazu hält man das Glas senkrecht und bewegt es nun mit einem kleinen Ruck kurz nach oben und gleich wieder nach unten. Dabei löst sich die Wassersäule durch Trägheit vom Boden und fällt gleich wieder zurück. Beim Zurückfallen des Wassers erklingt ein leicht klirrendes Geräusch, so als würde man mit einem harten Gegenstand, wie einem kleinen Hammer, gegen das Glas stoßen. Dem entspricht auch die Wahrnehmung des Aufpralls, der in seiner Heftigkeit so gar nicht an eine Flüssigkeit erinnert. Wie kommt es zu diesem merkwürdigen Knalleffekt?

Entscheidend ist, dass die herunterfallende Wassersäule nicht, wie man es normalerweise gewohnt ist, durch eine Luftschicht abgepolstert wird. Offenbar fehlt hier die Luft. In dem luftfreien Raum über dem Wasser befindet sich Wasserdampf, der im stationären Gleichgewicht mit dem flüssigen Wasser darunter steht. Wenn man nun die Wassersäule so nach oben bewegt, dass kein Wasserdampf von oberhalb der Säule zum Ausgleich nach unten strömen kann, entsteht unter der Wassersäule ein starker Unterdruck. Der Druckabfall ist so groß, dass ein Teil des Wassers nahezu instantan verdampft und das drohende Vakuum mit Wasserdampf ausfüllt. Denn je niedriger der Druck, desto niedriger der Siedepunkt. Unterschreitet der Druck einen Wert von 23,37 hPa, so verdampft das Wasser bereits bei einer Temperatur von 20°C.

Wenn die Wassersäule dann zurückfällt, vollzieht sich in etwa der umgekehrte Vorgang: Der Wasserdampf konden-

Abb. 1 Wasserhammer als käufliches Designobjekt.

Abb. 2 Einfacher Nachbau des Wasserhammers aus einem Reagenzglas mit Gummistopfen.

siert wieder zu Wasser, und die gerade entstandene Dampfblase implodiert. Dabei können Druckänderungen vom Vielfachen des normalen Atmosphärendrucks (etwa 1000 hpa) auftreten. Als Folge davon knallt das Wasser ungebremst gegen das Glas, was zu dem charakteristischen Geräusch führt.

Mit einem einfachen Freihandexperiment kann man dem vermuteten Ursprung des hämmernden Wassers nachspüren (Abbildung 2). Dazu füllt man in ein Reagenzglas etwas Wasser und bringt es zum Beispiel mit einem Campinggasbrenner zum Sieden. Man lässt es etwa 15 Sekunden lang sieden, bis man den Eindruck hat, dass sich keine Luft mehr oberhalb des Wassers befindet. Nun nimmt man den Brenner weg und verstöpselt das Reagenzglas luftdicht.

Während das Wasser abkühlt, kann man ein weiteres eindrucksvolles Phänomen erleben. Solange das Wasser noch heiß ist, genügen kleine Erschütterungen, um ein oft explosionsartig verlaufendes Sieden hervorzurufen. Wenn die Temperatur sinkt, erreicht man Dasselbe durch eine lokale Abkühlung des dampfgefüllten Teils des Reagenzglases.

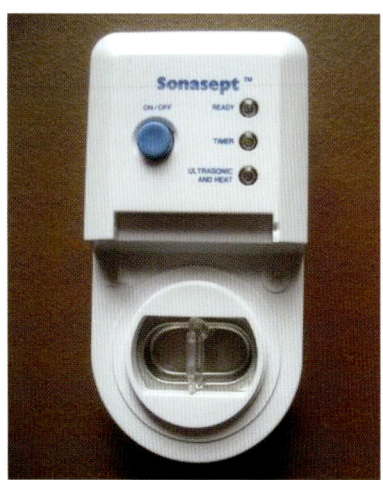

Abb. 3 *Ultraschallreiniger für Kontaktlinsen (Länge 13 cm).*

Dazu genügt es, das Glas zum Beispiel mit feuchten Fingern oder einem feuchten Tuch zu berühren. Bei der Verdunstung der Feuchtigkeit wird dem Glas lokal Wärme entzogen. Diese Abkühlung führt dazu, dass im Glas ein Teil des Dampfes kondensiert, was eine drastische Volumenabnahme des Wasserdampfs im Innern zur Folge hat. Da das Gefäß hermetisch verschlossen ist, fällt der Druck so stark ab, dass das Wasser erneut zu sieden beginnt.

Dabei entstehen manchmal große Blasen im unteren Teil des Wassers, die dieses plötzlich hochschleudern. Beim Rückfall des Wassers vernimmt man das knallende Geräusch, das man – wie oben beschrieben – auch mechanisch hervorrufen kann. Ist das Wasser weit genug abgekühlt, kann man auch diesem Freihand-Wasserhammer wie beim kommerziellen Vorbild durch ruckweises Auf- und Abbewegen die harten Hammergeräusche entlocken – wenn auch nicht bei jedem Versuch und nicht ganz so laut.

Dieses Phänomen des „kalten Siedens" durch lokales Abkühlen der Wasserdampfatmosphäre lässt sich einfach wiederholen. Dazu genügt es, den Wasserhammer leicht zu erwärmen, denn wie gezeigt wurde, funktioniert das kalte Sieden auch weit unterhalb der Siedetemperatur. Eine solche Reaktivierung gelingt so lange, wie das Glas luftdicht verschlossen bleibt. Der gezeigte Prototyp funktionierte auch noch ein halbes Jahr nach seiner Herstellung so gut wie beim ersten Mal.

Kavitation im Alltag

Das Phänomen des Wasserhammers kann auch als Elementarereignis dessen angesehen werden, was in einer Heizungsanlage passiert, wenn diese zu hämmern anfängt. Durch plötzliche Beschleunigungen des luftfreien Wassers (beim Öffnen oder Schließen eines Ventils oder beim Passieren von Rohrverengungen) treten drastische Druckänderungen auf (Bernoulli-Prinzip). Sie haben wie gerade beschrieben abwechselnde Siede- und Kondensationsvorgänge mit den bekannten akustischen Untermalungen zur Folge. Diese oft in schneller Folge auftretenden Geräusche werden durch das Leitungssystem, das als Schallleiter gute Dienste tut, sehr effektiv in alle Räume geleitet, die an der Heizungsanlage angeschlossen sind. Dieses als Kavitation bezeichnete Phänomen tritt beispielsweise auch bei Pumpen, Turbinen und Schiffsschrauben auf. Es kann die Geräte beschädigen oder sogar zerstören.

Es gibt aber auch eine Reihe nützlicher Anwendungen der Kavitation, etwa zum Reinigen. Dabei wird in Flüssigkeitsbädern mit Hilfe von Ultraschall Kavitation erzeugt, die Oberflächenschmutz beispielsweise auf Brillengläsern und Schmuck entfernt (Abbildung 3). Die reinigende Wirkung wird dabei im Prinzip folgendermaßen erzielt. In der Flüs-

sigkeit wird ein Ultraschallfeld erzeugt, wodurch Wellen mit Über- und Unterdruck entstehen. Wenn die Oberfläche des zu reinigenden Gegenstands kurzzeitig dem Unterdruck ausgesetzt ist, bilden sich an den in den Schmutzpartikeln enthaltenen Lufteinschlüssen dampfgefüllte Hohlräume. Denn durch den Unterdruck wird der Siedepunkt unterschritten, so dass etwas Wasser verdampft. Viel ist es nicht, weil unmittelbar darauf der Unterdruck vom Überdruck abgelöst wird, so dass die Dampfbläschen schlagartig (mit Schallgeschwindigkeit) wieder zu Wasser kondensieren und infolgedessen kollabieren. Die Heftigkeit – von der wir uns am Beispiel des Wasserhammers überzeugt haben – mit der sich dieses schnelle Hin und Her des Entstehens und Vergehens der dampfgefüllten Hohlräume vollzieht, zerrt an den Schmutzpartikeln und löst sie von der Oberfläche ab.

Schließlich sei noch einmal auf die charakteristischen Geräusche beim Erwärmen von Wasser in einem Topf oder Kessel verwiesen, die ebenfalls durch Kavitation zustande kommen. Lange bevor das in einem Kessel erhitzte Wasser insgesamt siedet, entstehen bereits am heißen Boden Dampfblasen. Beim Aufsteigen zur Wasseroberfläche müssen sie die kühlere Wasserschicht durchqueren. Dabei kondensieren und implodieren sie und machen sich akustisch bemerkbar. Jedes Gefäß hat sein eigenes Kochgeräusch, weil nur die zu den Abmessungen des Gefäßes passenden Frequenzen der entstehenden Töne durch Resonanz verstärkt werden. Das Geräusch verschwindet beim Sieden, weil dann das gesamte Wasser Siedetemperatur angenommen hat und die Dampfblasen die Oberfläche erreichen. Von da an hört man nur noch das Plätschern des bewegten Wassers [2].

Der Wasserhammer ist übrigens nicht neu. Eine Beschreibung und Bauanleitung findet man bereits in dem berühmten Physikalischen Wörterbuch von Gehler aus dem Jahre 1791. Dort wurde auch die Siedepunkterniedrigung durch Druckminderung beschrieben: *„Ausserdem kan man am Wasserhammer zeigen, daß das Wasser bey weggenommenem Drucke der Luft in sehr geringer Wärme kocht. Wenn er recht luftleer ist, so muß schon eine warme Hand sein Wasser zum Kochen bringen"* [3]. Und Georg Christoph Lichtenberg bringt etwa zur selben Zeit die Siedegeräusche des Teekessels mit dem Phänomen der Kavitation in Verbindung, allerdings nicht ohne auch hier den Bezug zum „Allzumenschlichen" auszusparen: *„Das Pfeifen und Singen des Theekessels läßt sich sehr gut durch das schnelle, oft klingende, Anstoßen des Wasserhammers erklären. Da ich einmahl eine Blase ausdrückte, hörte ich ein ähnliches Getöse. Wo nehmlich ein Dunst verschwindet, nimmt das Wasser die Stelle plötzlich ein, und dieses geschieht mit einem Schlage an das Glas"* [4].

Literatur
[1] www.hg-neumann.de/Produkte/produkte.html
[2] H. J. Schlichting, Physik in der Schule **1995**, *33*, 23.
[3] J. S. T. Gehler, Physicalisches Wörterbuch. Vierter Teil. Leipzig **1791**, 656.
[4] G. C. Lichtenberg, Physikalische und mathematische Schriften, 9. Bd., Heinrich Dieterich, Göttingen **1806**, 221.

„Wie lieb und luftig perlt die Blase"

In einem gefüllten Sektglas steigen wie glitzernde Perlen Gasblasen auf. Sie verleihen dem Getränk eine prickelnde Wirkung und werfen zuweilen trotz des meist geselligen Anlasses Fragen auf, die nur im Rahmen der Physik zu beantworten sind.

Man erlebt es tagtäglich, wenn auch nicht gerade immer beim Sekt, sondern meistens bei Sprudelwasser, Bier oder anderen Getränken, die Kohlenstoffdioxidgas (CO_2) enthalten: Nachdem das Trinkglas mit dem sprudelnden Getränk gefüllt worden ist, steigen wie an Perlenschnüren aufgereiht Blasen auf (Abbildung 1). Warum entledigt sich die Flüssigkeit des gelösten Gases, und warum tut sie es in dieser auffälligen Weise?

Die erste Frage lässt sich mit dem Hinweis beantworten, dass die Flüssigkeit offenbar mehr gelöstes Gas enthält, als dem herrschenden äußeren Luftdruck entspricht. Hergestellt wird solche mit gelöstem Gas übersättigte Flüssigkeit, indem man diese bei einem Druck von 2000 bis 3000 hPa (Atmosphärendruck etwa 1000 hPa) mit dem CO_2-Gas versetzt und anschließend auf Flaschen abzieht. Dabei wird die Tatsache ausgenutzt, dass die Löslichkeit von Gas in Flüssigkeit mit der Stärke des Luftdrucks zunimmt und sich in der verschlossenen Flasche über der Flüssigkeitsoberfläche ein Gleichgewichtsdruck einstellt, bei dem im zeitlichen Mittel genauso viele Gasteilchen die Flüssigkeit verlassen, wie von ihr aufgenommen werden. Nach dem Henry-Daltonschen Gesetz ist die Konzentration eines gelösten Stoffes im Zustand der Sättigung proportional zum Druck. Wie entstehen die Blasen und warum entstehen sie nur an bestimmten Stellen?

Werden und Vergehen einer Perlenkette

Wie man leicht erkennen kann, sammelt sich in der Flüssigkeit Gas in kleinen Bläschen, die sich – nachdem sie eine bestimmte Größe erreicht haben – von ihrem Entstehungsort ablösen, aufsteigen und die Flüssigkeit verlassen. Bei diesem Vorgang ist zunächst die Tatsache interessant, dass die Bläschenentstehung nicht an beliebigen Stellen in der Flüssigkeit erfolgt, sondern an bestimmten, scheinbar wahllos verteilten Stellen an der Glaswandung. Verant-

Abb. 1 *Es muss nicht unbedingt Sekt sein. Auch Bier sendet Perlenketten von Gasbläschen zur Oberfläche. Man erkennt, wie der Abstand zwischen den einzelnen Blasen und deren Größe nach oben zunimmt (rechts: Ausschnitt). Die Linsenform des Glases hat zusätzlich einen vergrößernden Effekt.*

wortlich sind hierfür in der Regel mikroskopisch kleine auf der Glaswand sitzende Verunreinigungen oder Minifissuren, die meist Spuren von Luft enthalten und daher bereits eine Miniblase darstellen. Solche Stellen können als Keime für die ansonsten schwere Geburt der Blasen angesehen werden. Denn der Druck in einer Blase steigt umgekehrt proportional zum Radius. Theoretisch wäre daher ohne vorhandene Keime ein unendlich hoher Druck nötig. In einem sehr groben Bild kann man den Vorgang mit dem Aufblasen eines Luftballons vergleichen. Zu Beginn hat man beim Aufblasen einen sehr hohen Widerstand zu überwinden. Mit zunehmender Größe wird es aber wesentlich leichter.

Dass Verunreinigungen für ein sprudelndes Getränk von Bedeutung sind, zeigt sich auch darin, dass die Bläschenentwicklung in sehr reinen Gläsern unterentwickelt ist. Das lässt manchmal zu Unrecht darauf schließen, dass Getränk sei bereits schal. Mit einem unreinen Glas kann man den Gegenbeweis antreten. Noch deutlicher wird die Bedeutung

Wir gehen davon aus, dass die Rate der an einer Blase vom Radius r abgeschiedenen Zahl N an CO_2-Molekülen proportional zur Blasenoberfläche $A = 4\pi r^2$ ist:

$$\frac{dN}{dt} = \gamma A. \qquad (1)$$

Es wird weiterhin vorausgesetzt, dass CO_2 im Sekt der Zustandsgleichung für ideale Gase

$$PV = NkT$$

gehorcht, wobei P, V, T und k jeweils Druck, Volumen, Temperatur und die Boltzmann-Konstante bezeichnen. Da P und T während des Beobachtungszeitraums als konstant angenommen werden können, liefert die zeitliche Ableitung der Zustandsgleichung:

$$\frac{dN}{dd} = \frac{P}{kT}\frac{dV}{dt} = \frac{4\pi P}{kT}\,r^2\,\frac{dr}{dt} \qquad (2)$$

mit $V = \frac{4\pi}{3}\,r^3$.

Mit Gleichung (1) ergibt dies

$$\frac{\gamma kT}{P} = \frac{dr}{dt}.$$

Die Differentialgleichung hat die Lösung

$$r = r_0 + ut. \qquad (3)$$

Dabei ist γ_0 der Anfangsradius sowie

$$u = \gamma k\,T/P = const.$$

die Geschwindigkeit, mit der der Blasenradius r wächst.

Die Blasen steigen wegen des Größenwachstums beschleunigt auf. Ein quantitativer Zusammenhang zwischen Blasengröße und Steiggeschwindigkeit ist daher nur schwer zu gewinnen [2]. Für eine gegebene Blasengröße lässt sich die Steiggeschwindigkeit jedoch größenordnungsmäßig leicht abschätzen:

Eine kugelförmige Blase unterliegt der folgenden Auftriebskraft

$$F = V(\rho_F - \rho_G)g \cong V\rho_F g \qquad (4)$$

Hierin bezeichnen V, ρ_F, ρ_G und g das Volumen der Blase, die Dichte der Flüssigkeit, die Dichte des CO_2-Gases und die Erdbeschleunigung. Es wurde unterstellt, dass die Dichte des Gases im Verhältnis zur Flüssigkeit vernachlässigt werden kann. Die Blase ist im Allgemeinen so klein und steigt so langsam, dass sie ihre Kugelgestalt beibehält. Wir gehen davon aus, dass die Auftriebskraft F durch eine Stokesche Reibungskraft

$$F_R = 6\pi\eta rv \qquad (5)$$

kompensiert wird. $\eta\,(20\,^\circ C) = 10^{-3}$ kg m^{-1} s^{-1} ist die Viskosität der Flüssigkeit (Wasser), $r = 0,1$ mm ist ein typischer Radius der Blasen kurz nach ihrer Ablösung und v die Geschwindigkeit, mit der die Blase aufsteigt. Durch Gleichsetzen von (4) und (5) und Auflösen nach v erhält man:

$$v = 2g\rho r^2/9\eta \approx 2 \text{ cm/s}.$$

Dieser Wert befindet sich größenordnungsmäßig in Übereinstimmung mit der Beobachtung.

von Keimen, wenn man beispielsweise etwas Salz in das kaum (noch) sprudelnde Getränk schüttet. Es kommt dann zu einem wahren „Rausch" von Blasenkaskaden schon während des Absinkens des Salzes inmitten der Flüssigkeit. Denn die unregelmäßig gebrochenen Partikel enthalten kleinste Lufteinschlüsse. Daraus folgt, dass bereits bestehende Blasen selbst ideale Keime darstellen und eine selbstverstärkende Wirkung auf die Blasenbildung ausüben.

Zu einer Ablösung der Blase von der Wand kommt es jedoch nicht sofort, sondern erst, wenn sie eine kritische Größe erreicht hat, bei der die Auftriebskraft größer wird als die Adhäsionskraft, mit der sie an der Glaswand haftet. Das geschieht allerdings in sehr kurzer Zeit, weil die Auftriebskraft proportional mit dem Volumen, die Adhäsions-

kraft aber allenfalls nur proportional mit der Oberfläche, auf jeden Fall aber „langsamer" wächst.

Der Ablösevorgang erinnert ein wenig an einen regelmäßig tropfenden Wasserhahn, nur dass aufgrund der vertauschten Dichten auch die „Fallrichtung" vertauscht ist. Ebenso wie der fallende Tropfen einen winzigen Resttropfen zurücklässt, der sofort wieder zu einem neuen Tropfen heranwächst, hinterlässt auch die abgelöste Blase einen Gasrest, aus dem sofort die nächste Blase heranwächst. Da sich die Blasen jeweils nach Erreichen der kritischen Größe ablösen, folgen die Blasen einander meist nach gleichen Zeitabständen, was in gleicher Blasengröße und gleichem räumlichen Abständen zum Ausdruck kommen.

Die Größengleichheit der sich ablösenden Blasen und der gleich bleibende Abstand zwischen einer sich gerade ablösenden Blase und ihrer Vorgängerin reflektiert die während der Beobachtungszeit gleich bleibenden Randbedingungen des Vorgangs insbesondere die konstante Diffusionsrate, mit der sich die gelösten Gasteilchen zur Blase begeben. Dieser Sachverhalt lässt sich auch leicht quantitativ abschätzen (siehe Infokasten „Perlende Dynamik").

Ein sorgfältiger Beobachter wird auch erkennen, dass die Abstände zwischen je zwei benachbarten Blasen im Verlaufe des Aufstiegs stetig größer werden. Sollte darin die beschleunigende Wirkung zum Ausdruck kommen, die aufgrund der Auftriebskraft auf die Blasen gegebener Größe ausübt?

Zur Beantwortung dieser Frage sollte man sich zunächst klarmachen, dass die Blasen sehr schnell ihre Grenzgeschwindigkeit erreichen. Auf der einen Seite ist die mit dem Blasenvolumen variierende Auftriebskraft bei konstanter Blasengröße konstant. Auf der anderen Seite wächst die entgegenwirkende Reibungskraft aber proportional zur Aufstiegsgeschwindigkeit. Deshalb nimmt die Reibungskraft – wegen der Winzigkeit der Blasen und der damit verbundenen verhältnismäßig großen Oberfläche sehr schnell – den Wert der Auftriebskraft an, und die Blase steigt mit konstanter Endgeschwindigkeit (siehe Infokasten „Perlende Dynamik"). Die Abstände zwischen den Blasen sollten so gesehen gleich bleiben.

Bei genauer Beobachtung erkennt man jedoch, dass nicht nur der Abstand zwischen den Blasen, sondern auch deren Größe mit der Aufstiegshöhe zunimmt. Beides hängt sogar unmittelbar miteinander zusammen. Denn jede Volumenvergrößerung der Blasen hat eine Vergrößerung des Auftriebs und damit eine Beschleunigung zur Folge. Daran kann auch die Tatsache nichts ändern, dass die der Bewegung der Blasen entgegenstellende Reibungskraft fast augenblicklich den Wert der Auftriebskraft erreicht. Doch wie kommt es zu diesem Blasenwachstum?

Auf den ersten Blick naheliegend erscheint eine auch in der Literatur [1] angegebene Erklärung, wonach der mit der Höhe abnehmende hydrostatische Druck im Sprudelwasser dafür verantwortlich sei. Denn bei idealen Gasen (wovon hier näherungsweise ausgegangen werden soll) kann das Produkt aus Volumen und Druck bei gleich bleibender

Temperatur als konstant angesehen werden (Gesetz von Boyle-Mariotte). Eine Verdoppelung der Blasengröße (Radius) – ein typischer Wert, der sich durch Beobachtung leicht feststellen lässt – hätte immerhin eine Verachtfachung des Volumens zur Folge, was eine Druckabnahme um das Achtfache nach sich ziehen würde. Doch gemessen an dem dominierenden äußeren Luftdruck, der einer Wassersäule von etwa 10 m entspricht, würde eine Wassersäule im Trinkglas von etwa 10 cm nur eine Druckabnahme von 1/100 bedingen. Diese macht sich aber kaum bemerkbar.

Ausschlaggebend für das Blasenwachsturn während des Aufstiegs ist vielmehr die Tatsache, dass eine Blase auch nach dem Ablösen von der Störstelle, also während des Aufstiegs zur Oberfläche, keinen Grund hat, nicht auch weiterhin Gas aus der Flüssigkeit aufzunehmen und den Wachstumsprozess bis zum bitteren Ende fortzusetzen. Das Blasenwachstum während des Aufstiegs beruht also auf einer Zunahme der Gasmenge in der Blase.

Hat die Blase die Oberfläche erreicht, so platzt sie in der Regel nach kurzer Zeit, weil kleinste Störungen ausreichen, die durch die Oberflächenspannung bedingte „Flüssigkeitshaut" zu zerstören. Wegen des relativ hohen Gasdrucks in der Blase werden dann kleine Sekttröpfchen weggeschleudert, akustisch untermalt von dem Geräusch des Plat-

zens, das sich als feines Knistern bemerkbar macht. Dieses Geräusch mag Wilhelm Busch in der Frommen Helene zu dem Spruch animiert haben mag, den wir diesem Beitrag als Titel vorangestellt haben.

Das Platzen der Bläschen gehört ebenso zum Ambiente des Sektgenusses wie die erfrischenden Piekser der auf der Haut landenden Tröpfchen und das dabei ebenfalls freigesetzte Aroma. Die piekende Wirkung kommt durch die lokal begrenzte Abkühlung der Haut zustande. Die platzende Blase hinterlässt nämlich einen kleinen Flüssigkeitsfleck, der sofort verdunstet und der Haut die dazu nötige verhältnismäßig große Verdunstungswärme entzieht.

Wer sich von der Bedeutung der Bläschen in sprudelnden Getränken ein ausführlicheres Bild verschaffen will, dem sei das Buch „Entkorkt!" empfohlen, in dem viele weitere Aspekte der sich bildenden, steigenden und platzenden Bläschen auf unterhaltsame, aber gleichzeitig wissenschaftlich solide Weise diskutiert werden [3].

Literatur

[1] J. Walker, Spektrum der Wissenschaft, **1982**, Heft 2, 115.
[2] N. E. Schafer, R. N. Zare, Physics Today **1991**, Heft 10, 48.
[3] G. Liger-Belair, Entkorkt! Wissenschaft im Champagnerglas, Elsevier, München, **2006**.

Atomix – handliche Festkörperphysik

Atomix ist ein kinetisches Kunstobjekt, das zugleich ästhetisch ansprechend und lehrreich ist. Es ermöglicht eine Anschauung des frappierenden Verhaltens der Selbstordnung von vielen Kügelchen als Analogie des atomaren Aufbaus und wesentlicher Aspekte des Umordnungsverhaltens von Festkörpern und Flüssigkeiten.

Abb. 1 *Atomix 2009.*

Abb. 2 *Hexagonale Struktur mit Leerstellen.*

Wenn Kunstobjekte auch noch eine didaktische Funktion erfüllen, dann ist das meist ein Zufall. Atomix ist hingegen von dem franko-kanadischen Künstler François Dallegret mit der erklärten Absicht entworfen worden, als Anschauungshilfe im Physikunterricht eingesetzt zu werden. Dabei geht es darum, eine Analogie dazu herzustellen, wie sich Atome „mixen." Atomix lädt dazu ein, durch spielerische Handhabung ein Ensemble von winzigen Kugeln wie von ordnender Hand geführt zu kollektiven An- und Umordnungsvorgängen zu bewegen, ohne direkten Zugriff auf die Kugeln zu haben. Man erhält dadurch zumindest per Analogie einen direkten Einblick „ins innere Walten der Natur." Physik, Kunst und sinnliches Erleben erscheinen hier in kreativer Weise miteinander verbunden.

François Dallegret [1] entwarf 1966 ein Modell, in dem zwischen zwei etwa 12 mm dicken Plexiglasplatten an die 6000 kleine Edelstahlkugeln so eingeschlossen waren, dass sie sich in zwei Dimensionen frei bewegen konnten. 1996 entwickelte er ein erweitertes Modell, bei dem man manuell (durch einen von außen geführten Stab) in die Ebene der Kugeln eingreifen konnte. 2009 kam das ursprüngliche Modell in einer etwas abgespeckten Fassung mit etwa 3000 Ku-

geln wieder auf den Markt (Abbildung 1) [2]. Es besteht aus drei Schichten, zwei dicken Plexiglasblöcken und einem zwischen den beiden Blöcken befindlichen, 1,55 mm dicken Abstandhalter ebenfalls aus Plexiglas. Dieser ist im Innern ausgehöhlt und bildet so den quadratischen Hohlraum für die Kugeln mit einem Durchmesser von 1,41 mm. Es dient uns im Folgenden als Modell eines Festkörpers im Maßstab von etwa eins zu zehn Millionen.

Atomare Strukturen mit Atomix

In liegender Position bietet Atomix ein relativ ungeordnetes Bild der Kugeln. Dreht man es hingegen in eine senkrechte Position, so ordnen diese sich unter dem Einfluss der Schwerkraft zu bestimmten Teilstrukturen an (Abbildung 1). Durch Drehen, Schwenken, Rütteln, aber auch durch vorsichtiges Anstoßen von der Seite initiiert man dynamische Umordnungen, mit denen grundlegende Eigenschaften und Verhaltensweisen von Kristallgittern veranschaulicht und erfahren werden können [3].

Natürlich gibt es wichtige Unterschiede. In der Realität wechselwirken Atome oder Moleküle untereinander und das in drei Dimensionen (Van-der-Waals-Kräfte). Bei Atomix gibt es außer der Abstoßung bei direkter Berührung keine Wechselwirkungskräfte zwischen den Kugeln, die sich zudem fast ausschließlich in zwei Dimensionen bewegen. (Weiter unten gehen wir noch auf elektrostatische Wirkungen ein.) Da die Tiefe des Abstandhalters zwischen den Platten etwas größer als der Durchmesser der Kugeln sein muss, gibt es geringfügige Abweichungen aus der Zweidimensionalität, die sich in kleinen Unregelmäßigkeiten äußern. Man kann das bei schräg auffallender Beleuchtung erkennen.

Abbildung 2 zeigt einen Ausschnitt in einer Ecke. Auffallend ist die hexagonale Struktur, die sich immer dann ergibt, wenn sich (gleich große) Kugeln in einer Ebene alle gegenseitig berühren und jede Kugel von sechs nächsten Nachbarn umgeben ist. Das ist eine der Basisstrukturen in der Natur. Sie zeigt sich im Mikroskopischen bei vielen Kristalloberflächen und zum Beispiel auch bei Bienenwaben oder bei Ansammlungen von gleich großen Blasen. Im Dreidimensionalen, wo jede Kugel von zwölf nächsten Nachbarn umgeben ist, findet man im atomaren Bereich die hexagonal dichteste Kugelpackung bei zahlreichen Festkörpern vor. Sie ist besonders stabil.

Hierzu gibt es ein Rätselspiel (Abbildung 3): Kann man in einem Rahmen, in dem 24 in einem kubischen Gitter an-

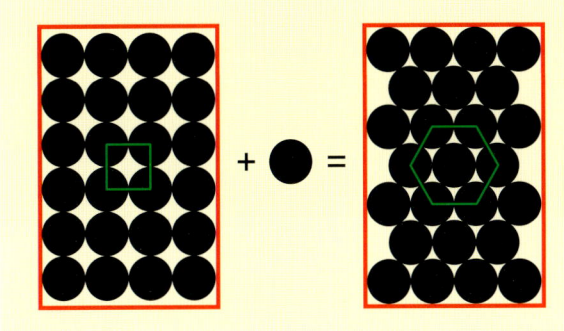

Abb. 3 *Ein Spiel mit Münzen, das den größeren Flächenbedarf eines quadratischen im Vergleich zum hexagonalen Gitter beweist.*

geordnete, gleich große Münzen Platz haben, eine weitere Münze unterbringen? Des Rätsels Lösung lautet, dass man zu einer hexagonalen Anordnung übergehen muss, in der wegen des Platzgewinns die zusätzliche Münze eingebaut werden kann.

Bei sehr genauer Inspektion von Atomix erkennt man, dass die Breite des inneren Hohlteils etwas größer ist als ein ganzzahliges Vielfaches des Kugeldurchmessers. Das bedeutet, dass sich bei senkrecht gehaltenem Atomix die Kugeln irgendwo in diesem Gitter im Innern nicht alle gegenseitig berühren können. Es gibt geringfügige Abstände. Diese wirken sich in weniger deutlich sichtbaren, langkettigen Versetzungen auf die hexagonale Struktur aus (in Abbildung 1 erkennbar).

Da der Hohlraum rechtwinklig ist, können die Kugeln mit der hexagonalen Anordnung nicht an allen Rändern glatt anliegen. Das wäre der Fall, wenn dieser Hohlraum mit Winkeln von 120 ° konstruiert wäre. In einer Erweiterung von 1996 hat Dallegret das auch so realisiert [1].

Mit einer quadratischen (im Dreidimensionalen kubischen) Grundstruktur könnten die Kugeln an allen Rändern eines rechtwinkligen Hohlteils glatt anliegen (Abbildung 4). Diese Struktur ist mit Atomix schwer und nur in Teilbereichen zu verwirklichen, da sie sehr instabil ist. Bei leichtem Schütteln geht sie schnell in die hexagonale Struktur über. Hier kommt auf einfache Weise die allgemeine Tendenz der Natur zum Ausdruck, unter den gegebenen Umständen so viel Energie wie möglich zu dissipieren (Zweiter Hauptsatz der Thermodynamik).

Leerstellen oder Gitterlücken sind Fehlstellen im Kristallgitter, die von keinem Atom besetzt sind. Fehlt nur das Atom in der Mitte eines Sechserrings, so sind die Fehlstellen gegen Erschütterungen sehr stabil, da keine der umgebenden Kugeln ausweichen kann. In den Abbildungen 2 und 6 sind derartige Fehlstellen vorhanden, bei denen genau eine Kugel in der hexagonalen Struktur fehlt. Seltener tauchen Leerstellen mit mehr als einem Atom auf. Die sind gegen Erschütterungen (Energiezufuhr) relativ instabil, da Nachbarkugeln in die Leerstelle eindringen können. In diesem Fall kann die Leerstelle sogar wandern.

Abb. 4 *Quadratische und hexagonale Struktur.*

Auch Stapelfehler treten auf. Das sind Unterbrechungen in der regelmäßigen Anordnung von Atomen, die zur Bildung von Korngrenzen führen. In Abbildung 5 ist die Reihe der Kugeln am unteren Rand unterbrochen. Die darüber befindlichen Kugeln setzen diese Unterbrechung versetzt in einem Winkel von 60 ° gegen die Waagerechte fort. In diesem Fall ist die Korngrenze eine klar begrenzte Linie (im Dreidimensionalen eine Fläche) zwischen zwei gleich orientierten Kristallen. Andere Winkel können auch vorkommen. Derartige Korngrenzen können sich durch Anstoßen (Energiezufuhr) verändern.

Es können auch zwei verschieden orientierte Kristalle aneinander grenzen (Abbildung 6). Die hexagonale Struk-

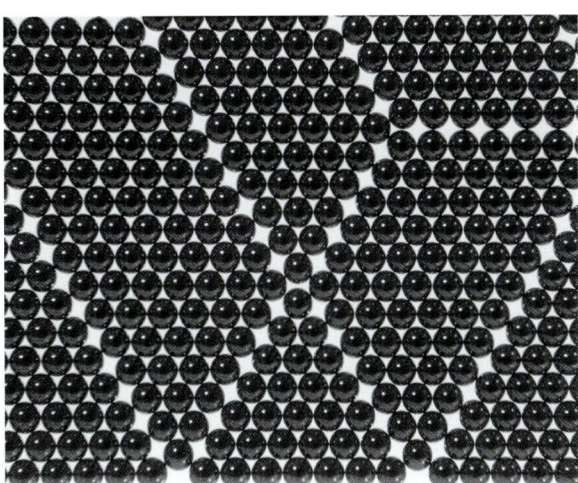

Abb. 5 *Stapelfehler und Korngrenzen.*

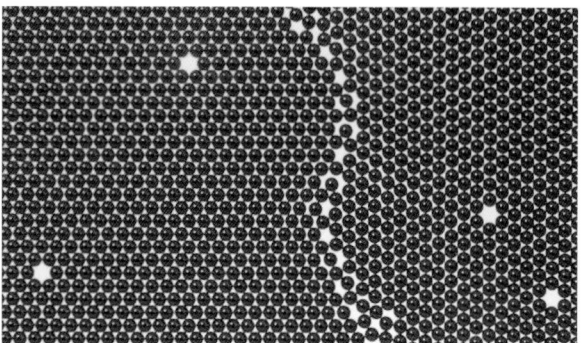

Abb. 6 *Korngrenzen mit unterschiedlich orientierten Bereichen.*

Abb. 7 *Bei einem selbst gebauten Atomix lassen sich auch andere Geometrien realisieren.*

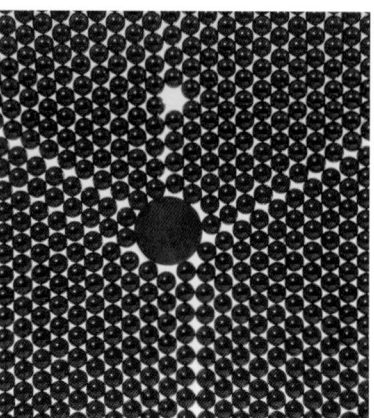

Abb. 8 *Fremdatom mit Versetzungen.*

tur ist in den beiden Bereichen um einen Winkel von 30 ° gegeneinander verdreht. Deutlich erkennbar ist dies auch an den Leerstellen.

Korngrenzen verhindern in der Realität die Bildung von Einkristallen, die durchgehend regelmäßig aufgebaut sind. Es bedarf einiger Geduld, um mit den Kugeln von Atomix einen Einkristall zu erzeugen. Der ermöglicht es dann allerdings auch sehr leicht, die genaue Gesamtanzahl der Kugeln zu ermitteln. Im vorliegenden Beispiel sind es genau 2697.

Elektrostatische Aufladung

Bei dem senkrecht gehaltenen Atomix befinden sich fast immer einige Kugeln scheinbar schwebend über der „Oberfläche" (Abbildung 1). Dies stellt für sich genommen ein Modell einer Flüssigkeitsoberfläche oder eines Festkörpers und der darüber als Dampf vorhandenen Phase dar.

Die schwebenden Kugeln sind elektrostatisch durch Reibung aufgeladen. Das ist bei den Bewegungen im Atomix nicht zu vermeiden. Die geladenen Kugeln stoßen sich gegenseitig ab. Da Luft und Plexiglas sehr gute Isolatoren sind, bleibt die Ladung an den Kugeln auch sehr gut haften und erhalten. Nur durch längeres Stehenlassen entladen sich die Kugeln langsam von selbst. Mit ionisierender Strahlung kann man das schneller erreichen. Aber wer hat schon derartige Strahlungsquellen präsent?

Hat man sich selbst elektrostatisch aufgeladen und berührt mit einem Finger die Oberfläche des flach liegenden Atomix, so bewegen sich die Kugeln deutlich um die Fingerspitze herum. Die elektrische Spannung von typischerweise einigen tausend bis zehntausend Volt reicht aus, um durch das Plexiglas Einfluss auszuüben.

Eigenbau

Mit nicht allzu großem Aufwand kann man ein eigenes Atomix bauen – und damit auch andere Geometrien verwirklichen. In Abbildung 7 befindet sich zwischen zwei 100 mm mal 100 mm großen und 10 mm dicken Plexiglasplatten ei-

ne 1,6 mm dicke Plexiglasplatte mit vier Eckschrauben. Im inneren Hohlteil wurde auf einer Seite ein Winkel von 120 ° realisiert. Die Zwischenschicht wurde mit einer Dekupiersäge innen ausgehöhlt. Etwa 1500 Stahlkugeln mit 1,5 mm Durchmesser ermöglichen die beschriebenen und weitere Experimente. Deutlich erkennbar ist hier eine stufenförmige Versetzung an der eindimensionalen „Oberfläche." Man kann auch beispielsweise eine oder mehrere Verunreinigungen oder „Fremdatome" mit anderen Durchmessern einbauen und sehen, wie sich darum Kristallbereiche formen. Fremdatome können Ausgangspunkt für Versetzungen sein (Abbildung 8), wenn sie nicht in die ursprüngliche Basisstruktur hineinpassen.

Es gibt in der Literatur eine Reihe von Vorschlägen für die Herstellung von Modellen mit Kugeln aus Stahl, Glas oder Kunststoff und Veranschaulichung von Kristallisationsvorgängen. Robert Pohl schlug derartige Experimente schon 1952 vor [4]. Gerd Koppelmann hat sehr praxisnahe Demonstrationen für die Lehre dargestellt [5]. David Turnbull konzentriert sich besonders auf dynamische Vorgänge [6]. Eine sehr einfach zu realisierende Idee, bei der eine Plastikhülle für CDs und Stahlkugeln benutzt wird, findet man unter [7]. Aufwendiger ist ein Aufbau mit 45 000 Kunststoffkugeln mit einem Durchmesser von 3,2 mm. Ein daran montierter exzentrisch laufender Rüttelmotor ermöglicht das Studium dynamischer Aspekte der Rekristallisation, die ein Film sehr eindrucksvoll zeigt [8].

Literatur und Internet

[1] www.arteria.ca
[2] www.areaware.com/proddetail.asp?prod=fdat
[3] W. A. Miller, G. C. Weatherly, Metals and Materials **1972**, *6*,158.
[4] R. W. Pohl, Naturwissenschaften **1952**, *39*, 9.
[5] G. Koppelmann, Praxis der Naturwissenschaften – Physik **1990**, *39* (6), 5.
[6] D. Turnbull et al., Journal of applied Physics **1960**, *31*, 674.
[7] www.youtube.com/watch?v=JTNS26izFB8 und www.arvindguptatoys.com/toys/structure.html
[8] www.youtube.com/watch?v=VLsLS74AM9o

Die Energie der Musik

*Bunte Kugeln verleihen dem Weihnachts-
baum erst sein festliches Aussehen. Überra-
schenderweise lässt sich mit ihnen aber auch
ein akustomechanisch getriebenes Adventsrad basteln.*

Die Adventszeit ist eine Phase der Besinnung und der Ruhe. Zumindest sollte sie es sein. Aus dem Radio er-
klingen Weihnachtslieder, und auf dem Tisch dreht sich eine Weihnachtspyramide (siehe den Beitrag „Die Weihnachtspyramide als Aufwindkraftwerk") in der heißen Luft
der Kerzen. Wäre es nicht möglich, so stellen wir die ungewöhnliche Frage, die akustische Energie der Musik auszunutzen, um ein solches Adventsrad anzutreiben? Ja man
kann (Abbildung 1) und spart damit nicht nur Kerzen, sondern verringert auch das von der Flamme ausgehende Ge-
fahrenpotenzial.

Eine besondere „Empfänglichkeit" für Schall zeigen die
in der besinnlichen Zeit fast allgegenwärtigen Weihnachtskugeln. Bläst man vorsichtig über die Öffnung einer solchen Kugel, aus der man zuvor den Aufhänger herausgezogen hat, so kann man ihr einen satten Ton entlocken. Wie
bei Blasinstrumenten hängt auch bei den Weihnachtskugeln
die Tonhöhe von den äußeren Abmessungen ab. Schon Hermann von Helmholtz hat die theoretischen Grundlagen des
akustomechanischen Verhaltens gelegt, indem er äußerlich
ganz ähnliche, meist ebenfalls aus dünnem Glas gefertigte,
Kugeln untersuchte. Man nennt sie deshalb auch Helmholtz-
Resonatoren (Abbildung 2).

Abb. 1 *Das drehbar über einer Lautsprecherbox angebrachte
Weihnachtskugelrad wird von unten beschallt und mit
akustischer Energie versorgt.*

Helmholtz ermittelte mit diesen
Kugeln die im „musikalischen Klang"
enthaltenen Obertöne und machte sie
für jedermann wahrnehmbar. Wenn
durch die Öffnung Schallwellen passender Frequenz in die Kugel gelangen, bilden sich stehende Wellen aus.
Zur physikalischen Beschreibung dieses Phänomens fasste Helmholtz die
Luft in der Kugel und im Hals als eine
Art Feder-Masse-System auf, bei dem
die Masse des Luftpfropfens im Hals

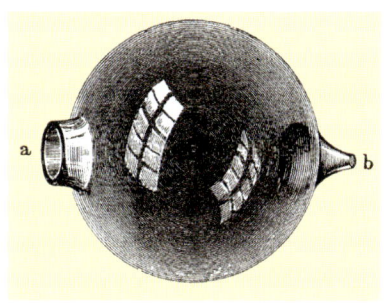

Abb. 2 *Ein Helmholtz-Resonator mit
einer Art Schalltrichter.*

an der elastischen Feder der Luft im
Innern der Kugel „hängt" und durch die äußere Schallwel-
le zum Mitschwingen angeregt wird. Dies führt allerdings
nur dann zu einem nennenswerten Effekt, wenn das Schall-
feld, in dem sich die Kugel befindet, Eigenfrequenzen des
Feder-Luft-Systems enthält, es also zur Resonanz kommt (siehe Infokasten „Messung der Resonanzfrequenz").

Das lässt sich auf einfache Weise demonstrieren, indem
man die Kugel mit einem von einem Frequenzgenerator ver-
sorgten Lautsprecher beschallt und die Frequenz variiert.
Immer dann, wenn man die Eigenfrequenz erreicht, kommt
es zu einer deutlichen Verstärkung des jeweiligen Tones. Mit
einer vor die Kugelöffnung gehaltenen Kerzenflamme kann
man die Luftbewegung sichtbar machen. Bei höheren
Schallintensitäten wird die Flamme sogar ausgeblasen, denn
durch die Öffnung der Kugel geraten nicht nur Schallwellen hinein, sondern Luftjets schießen auch wie aus einer
Düse heraus.

Unter der Voraussetzung, dass man der Kugel entsprechende Bewegungsfreiheit verleiht, lässt sich die in den Jets
steckende kinetische Energie zur Fortbewegung ausnutzen.
Da die Schallquelle stationär ist, kommen dafür nur periodische Bewegungen, wie Rotationen oder Schwingungen
in Frage: An einem Faden aufgehängt, wird die Kugel durch
den akustischen Energie- und Impulsstrom mehr oder weniger weit ausgelenkt, bis die rücktreibende Kraft (unterstützt durch die entfernungsbedingte Abnahme der Schall-
intensität) zu einer Rückbewegung führt.

Im Falle einer drehbar gelagerten Kugel kommt auch
noch die bei der Rückschwingung ungenutzt bleibende
Energie der Bewegung zugute. Warum kommt es überhaupt
zu dem Vortrieb?

Da der Luftpfropfen mit der Eigenfrequenz des Reso-
nators durch die Öffnung ein- und austritt, wäre doch vielmehr eine (aufgrund der verhältnismäßig großen Trägheit
der Kugel) unmerkliche Hin- und Herbewegung zu erwarten. Diese Überlegung übersieht die Asymmetrie zwischen

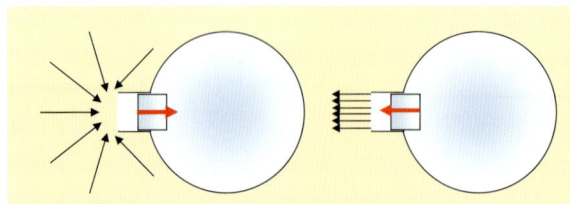

Abb. 3 *Die Luft strömt aus allen Richtungen auf die Kugel ein und schießt als gerichteter Jet wieder heraus. Hierdurch wird Impuls auf die Kugel übertragen.*

dem gerichteten Ausstoßen und dem ungerichteten Einsaugen der Luft von allen Seiten. Denn die ausgestoßenen Luftteilchen bewegen sich jetartig hauptsächlich in einer Richtung und übertragen ihren Impuls in dieser Richtung auf die umgebende Luft. Hierdurch entsteht ein Rückstoß auf die Kugel. Beim Einsaugen der Luft prallen hingegen die auf die Öffnung zuströmenden Luftteilchen von allen Richtungen radial aufeinander und heben ihre Impulse zum großen Teil gegenseitig auf (Abbildung 3). Aus einem ähnlichen Grund kann man beispielsweise eine Kerze aus verhältnismäßig großer Distanz ausblasen, wohingegen es nahezu unmöglich ist, sie selbst aus geringer Entfernung „auszusaugen" (dasselbe Prinzip wird beim Dampfjetboot [1] ausgenutzt).

In der vorliegenden Konstruktion (Abbildung 1) haben wir drei gleichartige Weihnachtsbaumkugeln drehbar spitzengelagert über der Öffnung einer leistungsstarken Lautsprecherbox angebracht. Wird dieses Weihnachtskugelrad vom Lautsprecher mit einer pas-

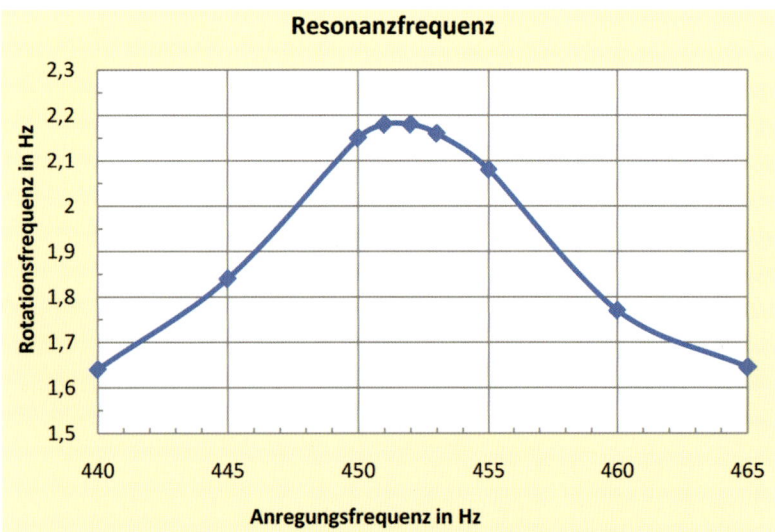

Abb. 4 *Lange vor unserem Weihnachtskugelrad gab es eine entsprechende Erfindung* (aus [2]).

senden Resonanzfrequenz beschallt, so setzt es sich je nach der Intensität des antreibenden Tons und je nach der Lautstärke, die man zu akzeptieren bereit ist, in mehr oder weniger schnelle Drehbewegung.

Auch wenn die Anregungsfrequenz nur näherungsweise der Resonanzfrequenz entspricht, dreht sich das Rad. Allerdings muss die Abweichung mit einer Steigerung der Lautstärke erkauft werden. Dieser Sachverhalt versetzt uns überhaupt erst in die Lage, unser Ziel zu verwirklichen, Weihnachtsmusik und nicht bloß langweilige Töne des Sinusgenerators zum Antrieb unseres Rads auszunutzen. Es genügt, eine Weihnachts-CD (am besten mit lautstarker Tenoreinlage) abzuspielen, um das Rad in Bewegung zu halten. Bei Musikpassagen, die in der passenden Tonhöhe liegen, nimmt das Rad in eindrucksvoller Weise Fahrt auf. Über weniger passende Passagen hilft die Trägheit des Rads hinweg. Bei den von uns benutzten Kugeln mit einer Resonanzfrequenz von 451 Hz waren Weihnachtlieder mit frequenzgerechtem Sologesang besonders wirkungsvoll.

Für diejenigen, die unserer Idee folgend ihr Weihnachtsfest durch eine originelle akustomechanische Einlage stimmungsvoll vertiefen wollen, sollten wir nicht unerwähnt lassen, dass die lautstarke Aktion des Weihnachtskugelrades jede Unterhaltung im Keim erstickt. Notfalls kann man aber vorübergehend auf den altbekannten Wärmekraftantrieb der Weihnachtspyramide zurückgreifen. Eher der Discomusik zugetane Jugendliche kommen zumindest von der Lautstärke her auf ihre Kosten.

MESSUNG DER RESONANZFREQUENZ

Nach der Helmholtzschen Modellvorstellung eines Feder-Masse-Systems leitet man eine Resonanzfrequenz von

$$f_{Resonanz} = \frac{c}{2\pi} \sqrt{\frac{A}{Vl}}$$

ab, wobei c die Schallgeschwindigkeit in der Luft, A der Querschnitt der Öffnung, l die Länge des in der Öffnung schwingenden Luftpfropfens und V das in der Kugel enthaltene schwingende Luftvolumen ist. Da man realistischerweise davon ausgehen muss, dass der Luftpfropfen in Abhängigkeit vom Halsdurchmesser in die umgebende Luft hineinragt, ist die Länge l der Öffnung mit einem Korrekturfaktor zu versehen. Dazu gibt es in der Literatur verschiedene Ansätze. Helmholtz schlug vor, l durch $l_{eff} = l + 2s$ zu ersetzen, wobei $s = \frac{1}{4}\pi R$ und R der Radius des Halses ist.

Unsere Kugeln besaßen einen Radius $r = 3,25$ cm sowie $l = 0,6$ cm und $R = 0,75$ cm. Hieraus ergibt sich theoretisch eine Resonanzfrequenz von 453,8 Hz. Gemessen wurde eine Frequenz von 451,3 Hz (Abbildung). Die Übereinstimmung ist also überraschend gut.

Resonanzfrequenz

(Diagramm: x-Achse "Anregungsfrequenz in Hz" von 440 bis 465; y-Achse "Rotationsfrequenz in Hz" von 1,5 bis 2,3)

Abb. 5 *Experimentell ermittelter Zusammenhang zwischen der Rotationsfrequenz des Kugelrades und der von der Schallquelle gelieferten Anregungsfrequenz.*

Literatur

[1] H.J. Schlichting, B. Rodewald, Physikalische Phänomene am Dampf-Jet-Boot, Praxis der Naturwissenschaften – Physik **1990**, 39 (8), 19.

[2] Müller-Pouillets Lehrbuch der Physik und Meteorologie, Vieweg, Braunschweig **1906**, 790.

Es tönen die Gläser

„Jede Glocke hat ihren Klöppel", heißt es in einem deutschen Sprichwort. Einem Weinglas entlockt man auch ohne Klöppel einen glockenartigen Ton, wenn man mit dem feuchten Finger über den Rand des Glases fährt. Wie kommt dieser Ton zustande?

Ich bin des trockenen Tons nun satt.

Johann Wolfgang von Goethe

Wie eine Glocke klingt das mit einem Löffel leicht angeschlagene Weinglas. Mit dem feinen, aber durchdringenden Ton hat schon so mancher Festredner die Aufmerksamkeit auf sich gelenkt. Weniger festlich, dafür aber physikalisch und haptisch umso faszinierender, wird der Ton des Weinglases empfunden, wenn er nicht durch trockenes Anschlagen, sondern durch den feuchten Finger hervorgerufen wird, mit dem man leicht über den Glasrand fährt. Was spricht uns hier an? Ist es die Konstanz des Tons, der so lange nicht verhallt, wie der Finger über das Glas gleitet? Oder ist es die Art und Weise, auf die ein relativ lauter Ton aufgrund einer auffällig leichten Berührung des Glases entsteht?

Diese ungewöhnliche Art, Töne zu erzeugen, ist nicht neu. Schon Galileo Galilei bewundert in seinem „Saggiatore" (1623) jemanden, „der, mit der Fingerkuppe den Rand eines Glases reibend, ihm einen wunderbar zarten Ton entlockte" [1], und Benjamin Franklin erfand sogar ein Musikinstrument, das aus rotierenden Gläsern unterschiedlicher Größe bestand, deren Rand automatisch feucht gehalten wurde. Es genügte, die verschiedenen Gläser dieser Harmonica zu berühren, um Töne zu erzeugen und ganze Melodien einer feinen „Glasmusik" zu spielen [5].

Tönen heißt schwingen

Wenn man dies nicht schon wüsste, könnte man es zum Beispiel daran feststellen, dass ein an den Rand des tönenden Glases gehaltener Löffel fühlbar und hörbar zum Mitschwingen angeregt wird. Einen sichtbaren Ausdruck findet der Ton des vollgefüllten Weinglases auf der Oberfläche der Flüssigkeit. Solange das Glas tönt, erscheinen dort feine Kräuselungen der Flüssigkeit, die besonders deutlich als senkrecht zum Glasrand orientierte kurzwellige Randwellen in Erscheinung treten (Abbildung 1). Sie ähneln den „Flüstergalerie"-Wellen, die bereits Lord Rayleigh 1904 in der St. Paul's Cathedral in London beobachtete [2].

Die Randwellen ordnen sich in einem karreeartigen Muster an, in dem sich Bereiche relativer Ruhe mit solchen

Abb. 1 Karreeartig auftretende Randwellen auf der Oberfläche der Flüssigkeit

stark ausgeprägten Wellen abwechseln. Dieses Randwellenmuster ist allerdings nicht feststehend, sondern folgt dem über den Glasrand streichenden Finger. Es liegt nahe, diese Erscheinung so zu deuten, dass das Glas an den Stellen hin- und herschwingt, an denen diese Wellen auftreten und dazwischen in Ruhe bleibt (Abbildung 2). Die Schwingung des Glases teilt sich nicht nur dem Wein, sondern auch der Luft mit und gelangt auf diese Weise als feiner Ton an unser Ohr.

Übliche (leere) Weingläser lassen sich in einem weiten Bereich um 1000 Hz anregen, wie man beispielsweise durch Vergleich mit einem entsprechenden Klavierton leicht feststellen kann (Quantitative Abschätzung siehe Infokasten: „Resonanzfrequenz").

Diese Weinglasschwingung, die übrigens schon aufgrund der Form des Glases der Schwingung einer Glocke sehr ähnlich ist, lässt sich im Falle des Anschlagens mit ei-

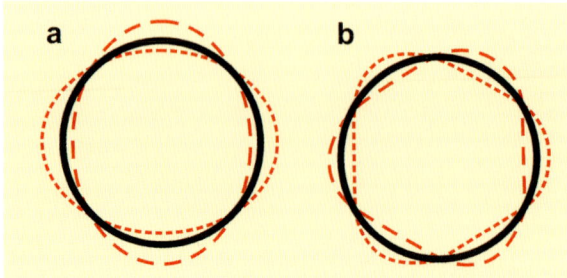

Abb. 2 *Schwingungsmoden des Glases (stark übertrieben gezeichnet. a) Grundschwingung, b) Oberschwingung*

nem Löffel leicht erklären: Das Glas wird an einer Stelle etwas „eingedellt". Elastische Rückstellkräfte veranlassen die Glaswand, in die Ausgangslage zurückzuschwingen. Dabei schießt sie – aus Trägheit – etwas über das Ziel hinaus, führt zu einer Auslenkung des Glases nach außen, bewegt sich wieder zurück usw. Obwohl man kaum in der Lage sein dürfte, das Glas immer wieder auf dieselbe Weise anzuschlagen, entsteht doch jedes Mal derselbe Ton. Zwar werden beim Anschlagen unterschiedliche Verformungen hervorgerufen, die jeweils wellenförmig über die Oberfläche des Glases laufen; aber nur Wellen passender Länge können zu einer (quasi-) stationären Schwingung der Glaswand beitragen. Diese Wellen werden durch Resonanz verstärkt, alle anderen werden gedämpft und verschwinden.

Das einfachste Muster einer solchen stationären Schwingung hat die Form eines Karrees, bei der der Rand des Glases abwechselnd zueinander senkrechte, elliptische Verformungen durchläuft (Abbildung 2a). Natürlich sind weitere auf den Glasrand passende Schwingungsmuster denkbar und treten insbesondere beim Anschlagen des Glases auch tatsächlich auf (Abbildung 2b, Oberschwingung). Diese stationären Schwingungen bleiben natürlich nicht an einer bestimmten Stelle, sondern laufen dem über den Rand streichenden, die Schwingung anregenden Finger hinterher, wie an den Wellen auf der Flüssigkeitsoberfläche gut zu sehen ist.

Schwieriger ist die Tonerzeugung im Falle des sanften Reibens zu verstehen. Setzt man den feuchten Finger auf den glatten Glasrand und versucht, ihn unter leichtem Druck in Bewegung zu versetzen, so bemerkt man, wie der Finger wegen der Haftreibung zwischen Glas und Finger zunächst „hängenbleibt" und eventuell das Glas ein wenig tangential auslenkt. Mit zunehmender Zugkraft wird die Haftreibungskraft überwunden. Der Finger beginnt zu gleiten, und das ausgelenkte Glas schwingt aufgrund der elastischen Rückstellkraft zurück. Dadurch wird der Wert der Haftreibungskraft unterschritten, der Finger bleibt erneut „hängen", und der Vorgang kann sich wiederholen: In einem subtilen Wechselspiel von Haften und Gleiten (Slip and Stick) [3] gerät der über den Glasrand geschobene Finger gewissermaßen ins „Stottern" und ruft Schwingungen hervor, die sich wellenartig über die Glaswand ausbreiten. Obwohl das System stottert, vermag es sich auf eindrucks-

volle Weise verständlich zu machen: Wie beim Anschlagen des Weinglases werden durch Resonanz nur jene Frequenzen ausgesondert, die zu den Abmessungen des Weinglases passen und sich als charakteristischer Weinglaston Gehör verschaffen. Interessanterweise ist der Ton weitgehend unabhängig von der Geschwindigkeit, mit der der Finger über den Rand streicht.

Im Falle der reibungsbedingten Tonerzeugung bleibt der Ton solange ungedämpft erhalten, wie man durch den „stotternden" Finger Energie in die Glaswand einspeist. Sobald der Ton erklingt, spürt man diese Energieübertragung gewissermaßen körperlich: Irgendwie „rastet" der über den Glasrand fahrende Finger ein und erfährt einen gleichbleibenden Widerstand, so lange der Ton erklingt.

Es sei in diesem Zusammenhang erwähnt, dass sich das von Schülern so gefürchtete Quietschen von Kreide auf der Wandtafel, das Knarren und Quietschen nicht geölter Türangeln, aber auch das Anstreichen der Geigensaiten mit dem Geigenbogen demselben Mechanismus verdanken. Auch wenn es sich nach unseren Erfahrungen nicht gerade empfiehlt, dies an einem weinseligen Abend zu tun, reizt

---

RESONANZFREQUENZ

Zu einer groben quantitativen Abschätzung der Resonanzfrequenz f eines Grogglases kommt man, wenn man sich dieses als einen Zylinder vom Radius r vorstellt, der aus einer Platte gebogen wurde (Die Zylinderform wird durch ein Grogglas besser erfüllt als durch ein Weinglas.) In einer Platte pflanzt sich die Biegewelle näherungsweise mit einer Geschwindigkeit von

$$v = f\lambda = \sqrt{\frac{\pi ufd}{\sqrt{3}}}$$

fort, wobei f und λ Frequenz und Wellenlänge, u die Schallgeschwindigkeit in der Platte und d die Dicke der Platte darstellen. Im Falle der Grundschwingung beträgt der Umfang des Glases gerade zwei Wellenlängen, $2\lambda = 2\pi r$.

Setzt man dies in die obige Gleichung ein und löst nach f auf, so erhält man

$$f = \frac{ud}{3\pi r^2}$$

Für das von uns benutzte Glas ergibt sich mit $d = 1$ mm, $2r = 61$ mm und der Schallgeschwindigkeit in Glas $u = 5300$ m/s *eine* Resonanzfrequenz

$$f = 1047 \text{ Hz.}$$

Mit Hilfe des Klaviers stellen wir eine perfekte Übereinstimmung des Weinglastons mit dem dreifach gestrichenen Cis, also einer Frequenz von 1109 Hz fest. Im Rahmen der groben Abschätzung erhalten wir also gute Übereinstimmung.

French hat vor einigen Jahren eine detaillierte Ableitung der Theorie für Weingläser gegeben, die „mit einigem Erfolg auf reale Weingläser und andere derartige Gefäße" [4] angewandt werden können.

Sind gleichartige Gläser mit einer Flüssigkeit gefüllt, so klingen sie umso tiefer, je mehr Flüssigkeit sie enthalten. Da mit der Wandschwingung des Glases Flüssigkeit mitbewegt werden muss, wird durch sie die Trägheit erhöht. Dem Glas fällt es „schwerer", den Auslenkungen zu folgen. Die Frequenz wird also erniedrigt.

Merkwürdigerweise klingen Gläser gleichen Durchmessers (ohne Flüssigkeit oder mit gleicher Füllhöhe) aber unterschiedlicher Wanddicke umso höher, je dicker sie sind. Man könnte meinen, mit wachsender Dicke nehme ähnlich wie bei der Füllung mit einer Flüssigkeit die Trägheit zu. Dies ist auch gewiss der Fall. Außerdem nimmt aber mit der Dicke die Steifheit des Glases zu. Zunehmende Steifheit erhöht aber, ähnlich wie die zunehmende Spannung einer schwingenden Saite, die Frequenz. Dieser Effekt der Frequenzerhöhung durch zunehmende Steifheit überwiegt offenbar den Effekt der Frequenzabnahme durch zunehmende Trägheit.

An entsprechenden Experimenten scheint es auch in der Vergangenheit nicht gefehlt zu haben. Bereits der Herausgeber eines „Natürlichen Zauberbuches" aus dem Jahre 1745 sagt: „ *Dieses ist ein sehr gemeines Experiment und wird hin und wieder von denen Gästen auf Gastereyen und Hochzeiten exerciret, welches auch um so viel lustiger fället, als viele zugleich mit mehrer Gläsern solches öffters zu probiren pflegen*" [6].

Literatur und Internet

[1] G. Galileo, Il Saggiatore" 1623, capitolo 21 (kann über it.wikisource.org/wiki/Il Saggiatore/21 direkt eingesehen werden)
[2] R. E. Apfel, American Journal of Physics **1985**, *53*, 1070.
[3] E. Rabinowicz, Scientific American **1956**, 109.
[4] A. P. French, American Journal of Physics **1983**, *51*, 628.
[5] Ein Video demonstriert eine einfache Melodie mit Weingläsern www.myvideo.de/watch/3562719/Musik_mit_Weinglaesern. Klassische Stücke mit einer ‚Glasharfe' werden angeboten unter: www.glasharfe.de
[6] S. Witgeest, Natürliches Zauber-Buch, Nürnberg **1745** (kann über books.google.de direkt eingesehen werden).

Abb. 3 *Beschreibung des Phänomens in „Natürliches Zauberbuch", Nürnberg 1745 (S. 89).*

es, den Glockenklang des Weinglases systematisch zu untersuchen.

Vergleicht man Gläser mit etwa gleicher Wandstärke, so stellt man fest, dass sie umso höher tönen, je kleiner ihr Durchmesser ist. Die Glasrandhöhe spielt dabei kaum eine Rolle. Vergleicht man den Umfang des Glasrandes mit der Länge einer schwingenden Saite, so wird dieses Verhalten verständlich.

Thermodynamik

Das Liebesthermometer

Auch Temperamentsmesser oder gar baromètre d'amour wird dieses Spielzeug genannt. Jedoch weder Temperament noch Temperatur können damit bestimmt werden.

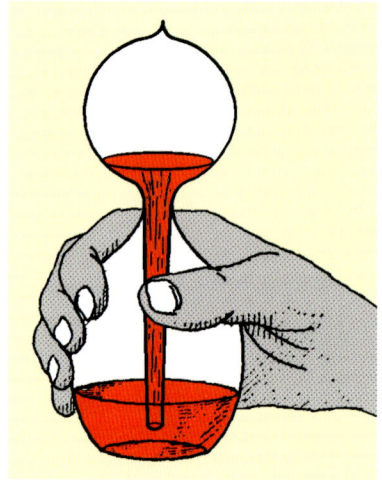

Abb. 1 *Aufbau eines einfachen Liebes-thermometers.*

Ein klassisches Liebesthermometer besteht rein äußerlich aus zwei gläsernen Hohlkugeln, die mit einem kleinen Röhrchen verbunden sind (Abbildung 1). Umfasst man den unteren Teil des abgebildeten Glasgefäßes mit der Hand, steigt die meist deutlich angefärbte Flüssigkeit im zentralen Röhrchen hoch, brodelt im oberen Teil und bleibt darin. Je wärmer die Hand, umso schneller steigt die Flüssigkeit. Wird dann der obere Teil höheren Temperaturen ausgesetzt als der untere, fließt die Flüssigkeit wieder zurück.

Naturgemäß reizt es besonders Kinder auszuprobieren, wer wärmere Hände hat. Die Gefahr des Glasbruchs ist dann gegeben. Aus Sicherheitsgründen ist das Spielzeug in dieser Form heute im Handel in Deutschland häufig nicht erhältlich. Es enthielt früher Diethylether, Freon oder Methylenchlorid, jetzt meist das weniger kritische Methanol. Es gibt alle möglichen Variationen dieses Spielzeugs, mit geradem, spiralförmig oder herzförmig hochlaufenden Röhrchen. Wenn man Glück hat, findet man auch heute noch in Zauber- oder Scherzartikelladen Exemplare.

Das Spielzeug ist vom physikalischen her sehr interessant und hat den Physikdidaktiker Richard Kluge veranlasst, es beispielhaft und ausführlich in einer zwar schon älteren aber noch immer richtungsweisenden Publikation zu untersuchen [1]. Das Thema ist immer wieder aktuell, wie eine Veröffentlichung aus dem Jahr 2001 beweist [2].

Das Glasgefäß besteht aus zwei Teilen. Vom oberen Teil ragt ein schmales Röhrchen bis fast zum Boden des unteren Teils und taucht in die Flüssigkeit ein (Abbildung 1). Die Flüssigkeit im Innern weist eine starke Abhängigkeit des Dampfdrucks von der Temperatur auf (siehe „Der Dampfdruck"). Sie steht nur mit ihrem eigenen Dampfdruck im Gleichgewicht, es ist keine oder nur sehr wenig Luft enthalten. Wird der untere Teil durch Umfassen mit der Hand oder durch eine andere Quelle erwärmt, nähert sich die Temperatur der Flüssigkeit dem Siedepunkt oder siedet sogar. Dadurch erhöht sich der Dampfdruck. Die Flüssigkeit kann nur durch das Röhrchen ausweichen und steigt nach oben. Da sich die Flüssigkeit auch im oberen, kühleren Teil mit ihrem Dampfdruck im Gleichgewicht befindet, entsteht dort kein Überdruck, sondern Dampf kondensiert. Es kann nur solange Flüssigkeit hochsteigen, wie eine genügend große Temperaturdifferenz zwischen oberem und unterem Teil besteht. Wie man aus der Tabelle im Infokasten „Der Dampfdruck" entnimmt, reichen bei den üblicherweise verwendeten Flüssigkeiten dazu schon Temperaturunterschiede von 1 °C aus. Deswegen schafft man es normalerweise auch noch mit kalten Händen (etwa 25 °C) bei normaler Raumtemperatur um 20 °C die Flüssigkeit steigen zu lassen. Ein Thermometer im üblichen Sinn ist dieses Gerät nicht, da es höchstens grob qualitative Aussagen über die Temperatur erlaubt.

Stellt man das ganze Gefäß für einige Zeit in den Kühlschrank und umfasst es dann unten mit der warmen Hand, spritzt die Flüssigkeit geradezu hoch. Hat sich das ganze Gefäß etwa in der Sonne gleichmäßig bis etwa Handtemperatur erwärmt, passiert beim Umfassen eventuell gar nichts.

Aus dem Vorhergehenden ergibt sich, dass die Flüssigkeit auch durch Abkühlen des oberen Gefäßteils (beispielsweise mit Kältespray) hochgezogen werden kann. Dadurch kondensiert nämlich oben Flüssigkeit, und der entstehende Unterdruck bewirkt das Hochziehen der Flüssigkeit beziehungsweise der dann unten vorhandene größere Druck bewirkt das Steigen.

Herrscht im unteren und oberen Teil gleiche Temperatur, fließt die Flüssigkeit unter dem Einfluss der Schwerkraft in den unteren Teil. Im ganzen System herrscht im Übrigen im Normalfall Unterdruck im Vergleich mit dem außen herrschenden Luftdruck, denn der Siedepunkt der heu-

BAUANLEITUNG

Mit wenigen Bauteilen aus einem Chemielabor lässt sich ein Liebesthermometer selbst zusammenstellen (Abbildung 2). Über einen Dreiwegehahn und durchbohrte Gummistopfen verbinde man mit einem Glasröhrchen luftdicht zwei 50-ml-Rundkolben. In einem Kolben muss das Röhrchen bis fast zum Boden reichen. Füllt man einen Kolben etwa halbvoll mit Spiritus (Ethanol) und evakuiert vorsichtig mit Hilfe einer Wasserstrahlpumpe das Gesamtgefäß, hat man nach dem Schließen des Dreiwegehahnes schon das fertige Liebesthermometer.

Der Spiritus ist zur Verdeutlichung mit Kaliumpermanganat angefärbt. Man kann auch andere Flüssigkeiten ausprobieren.

DER DAMPFDRUCK

Bei vielen Flüssigkeiten lässt sich innerhalb kleiner Temperaturintervalle der Dampfdruck p ganz gut mit folgender Formel beschreiben:

$$\log p = -\frac{A}{T} + B \quad \text{bzw.} \quad p = 10^{-\frac{A}{T}+B}$$

Hierin sind p der Dampfdruck in Pa, T die Temperatur in K, A und B sind charakteristische Konstanten.

Für Wasser gilt ein komplizierterer Zusammenhang. Dafür lässt sich der Dampfdruck von Wasser in Abhängigkeit von der Temperatur in vielen Tabellenwerken direkt auffinden.

Aus der Formel lässt sich dp/dT berechnen. Bei einer geeigneten Anordnung, wie sie in den Liebesthermometern vorliegt, vermag eine Druckzunahme Δp die Flüssigkeit um $\Delta h = \Delta p / \rho \cdot g$ anzuheben (ρ Dichte, g Erdbeschleunigung). Daraus ergibt sich die maximal pro Temperaturdifferenz ΔT erzielbare Höhe Δh. In der Tabelle ist dies für zwei Temperaturen (Raumtemperatur von $T = 20\,°C$, Handtemperatur $T = 30\,°C$) berechnet. Man ersieht die starke Abhängigkeit von der Temperatur.

Am günstigsten wäre gemäß der Tabelle Diethylether. Das ist aber wegen Explosionsgefahr und als Narkotikum zu gefährlich. Methylenchlorid wurde früher verwendet, gilt jedoch heute als gesundheitsschädlich. Methanol ist jetzt die Wahl für dieses Spielzeug. Ethanol (Spiritus) ist nur halb so gut wie Methanol, Wasser noch schlechter geeignet.

Flüssigkeit	A [K]	B	$T = 20\,°C$ ρ [g/cm³]	$T = 20\,°C$ $\Delta h/\Delta T$ [cm/K]	$T = 30\,°C$ $\Delta h/\Delta T$ [cm/K]	Siedetemperatur [ºC]
Diethylether (C_2H_6O)	1657	10,492	0,71	43,0	61,8	34,5
Methylenchlorid (CH_2Cl_2)	1698	10,497	1,33	17,2	25,0	40,2
Methanol (CH_4O)	2077	11,206	0,79	9,2	14,8	68,7
Ethanol (C_2H_6O)	2257	11,461	0,79	4,4	7,4	78,3
Wasser (H_2O)			1,00	1,5	2,5	100,0

Die Werte der Tabelle sind entnommen aus: Landolt-Börnstein: Zahlenwerte und Funktionen, II.Band, 2.Teil, 6. Aufl. 1960, umgerechnet auf SI-Einheiten.

te verwendeten Flüssigkeiten liegt über der Temperatur der Hände oder der Luft.

Eine sehr enge Verwandtschaft dieses Spielzeugs besteht mit der bekannten trinkenden Ente. Sie ist im Inneren praktisch identisch aufgebaut. Bei ihr wird durch einen befeuchteten Überzug am Oberteil eine Verdunstungskühlung bewirkt. Mit einer geeigneten Anordnung und der Halterung, in der sich die Ente bewegen kann, wird dann der Kippeffekt erreicht (siehe den Beitrag „Der trinkende Storch").

Literatur und Internet

[1] R. Kluge, Spielzeuge als Zugang zur Physik, Verlag M. Diesterweg, Frankfurt am Main, 1973.

[2] L. Hogue, Praxis der Naturwissenschaften – Chemie 2001, 50 (5), 22.

Mit folgenden Stichwörtern findet man Videos bei YouTube : love meter, hand boiler

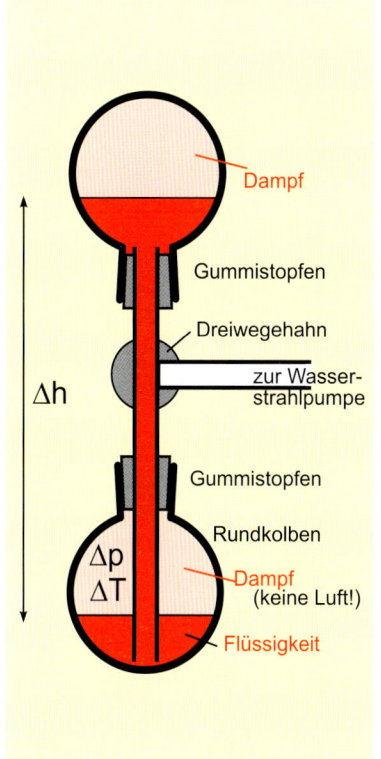
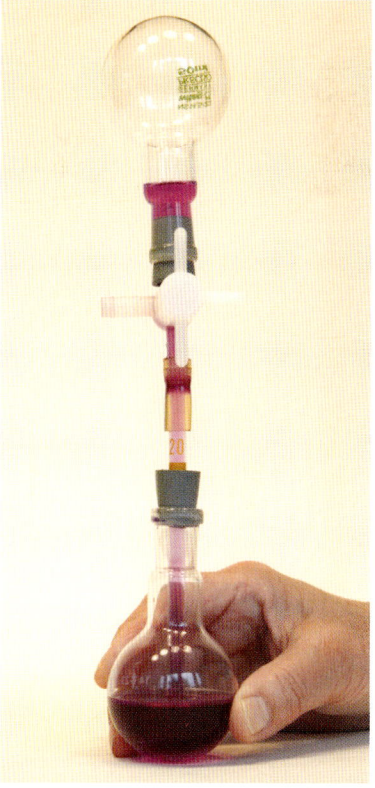

Abb. 2 *Selbstbau eines Liebesthermometers aus Rundkolben und Dreiwegehahn*

Der trinkende Storch

Wenn Wasser verdunstet, dann entzieht es seiner Umgebung Energie. Dadurch können Temperaturdifferenzen entstehen. Im trinkenden Storch wird eine solche Temperaturdifferenz auf intelligente Weise genutzt, um eine periodische Bewegung hervorzurufen. Auf diese Weise wird das kaum für möglich gehaltene Kunststück realisiert, thermische Energie der Umgebung in einer Wärmekraftmaschine zu nutzen.

... denn das Erscheinen des Vogels warf unsere ganze bisherige Denkweise über den Haufen.

Italo Calvino

Ein gläserner Vogel steht vor uns und schickt sich an, es einem lebenden Vogel gleich zu tun. Langsam taucht er seinen Schnabel in das vor ihm stehende Wasserglas, richtet sich danach ganz artgerecht wieder auf und schwingt von der Wirkung des Getränks animiert einige Male hin und her, als ob er es nicht abwarten kann, einen weiteren Schluck zu nehmen. So ist es dann auch. Die Schwingungen werden allmählich wieder kleiner, der Vogel beugt sich abermals vor und taucht den Schnabel erneut ins Wasser (Abbildung 1).

Abb. 1 *Trinkender Storch in Aktion. Nach einigen Schwingungen taucht der Storch den Schnabel ins Wasser ein.*

Dieser Spielzeugvogel ist unter verschiedenen Namen, wie Trinkente, Trinkspecht, Schluckspecht oder trinkender Storch seit langem bekannt und kann als Evergreen des physikalischen Spielzeugs angesehen werden [1–8].

Wer dem Vogel zum ersten Mal beim Trinken zusieht, wird spätestens dann unruhig, wenn abzusehen ist, dass er offenbar einen unendlichen Durst zu stillen hat: So lange man auch wartet, er macht keine Anstalten, das Trinken einzustellen. Er kann damit stundenlang, ja tagelang fortfahren, sofern für genügend Flüssigkeit gesorgt ist. Er ist eben ein wahrer Schluckspecht!

Seltsames Verhalten

Dieser Eindruck wird dadurch noch verstärkt, dass er dem Getränk noch häufiger zuspricht, wenn ihm statt Wasser Alkohol angeboten wird. Während er im vorliegenden Fall bei Wasser den Schnabel nur etwa zweimal pro Minute eintaucht, steigert er seine Schluckfrequenz mit Alkohol auf fast 13-mal pro Minute.

Auch durch ein leichtes seitliches Anblasen des Kopfes (eine mechanische Beeinflussung durch den Luftstrom muss vermieden werden) spornt man den Vogel zu größerer Eile an. Ja, sogar das Bestrahlen mit Licht oder Wärme lässt den Vogel nicht kalt. Er reagiert jedoch unterschiedlich, je nach dem, ob man den Kopf oder das Hinterteil bestrahlt. Richtet man die Lichtquelle auf den Kopf, so wird der Storch träge und stellt seine Trinkbewegungen schließlich ganz ein. Hingegen treibt man ihn zu noch größerer Aktivität an, wenn das Hinterteil erwärmt wird.

Schließlich stellt der Vogel nach einiger Zeit seine Aktivitäten ein, wenn man ihn samt Trinkgefäß von der Außenwelt abschließt, also beispielsweise unter eine Glasglocke stellt. Es scheint, als lebte er nicht von Flüssigkeit allein, sondern – wie andere Lebewesen – auch von Luft, und müsste ersticken, wenn der Luftaustausch mit der Umgebung unterbrochen wird.

Wovon lebt der Vogel?

Diese Frage stellt sich insbesondere angesichts der Schwierigkeit, eine äußere Energiequelle auszumachen, welche die Aktivitäten des Vogels aufrecht erhält. Denn ohne ständige Energiezufuhr würde die in der Schwingung zum Ausdruck kommende Bewegungsenergie schnell entwertet werden, also als Wärme an die Umgebung übergehen.

Letztlich kann die Energie nur aus der Umgebung stammen. Eine solche Aufwertung von thermischer Energie der Umgebung in mechanische Energie würde jedoch dem 2. Hauptsatz der Thermodynamik widersprechen, wenn nicht gleichzeitig ein irreversibler Prozess mit einer mindestens gleich großen Entwertung von Energie abliefe [9, 10]. Einen solchen Prozess erkennt man unschwer in der Verdunstung des Wassers, das im filzüberzogenen Kopf des Vogels gespeichert ist und durch das Eintauchen des Schnabels in das Wasserglas ständig nachgeliefert wird.

Rein anschaulich besteht die Entwertung durch Verdunstung darin, dass Wasser über ein großes Volumen gewissermaßen unauffindbar verteilt wird. Voraussetzung dafür ist allerdings das Vorhandensein einer genügend geringen Luftfeuchte. Sie ist in offenen Systemen vorhanden, weil die Sonnenstrahlung für ein Aufsteigen der Feuchtigkeit in größere Höhen sorgt, wo sie schließlich wieder kondensiert und als Niederschlag zur Erde zurückkommt. Deshalb „erstickt" der Vogel auch unter einer Glasglocke: Durch die ständige Verdunstung wird das nunmehr begrenzte Luftvolumen feuchtigkeitsgesättigt. Dann verdunstet im zeitlichen Mittel genauso viel Wasser wie wieder auskondensiert und es kommt zu keiner Abkühlung. Letztlich haben wir es also bei unserem Storch mit einer besonders raffinierten Form eines Solarantriebs zu tun (Abbildung 2).

Antriebsmechanismen

Diese rein thermodynamische Betrachtung verrät noch nichts über die im Innern des Storchs ablaufenden Mechanismen. Im Unterschied zu realen Lebewesen ist unser Vogel durchsichtig; und „so blickt man denn wie selten nur ins Innere Walten der Natur" (Wilhelm Busch).

Man erkennt im Körper des Vogels eine farbige Flüssigkeit, die langsam im gläsernen Hals aufsteigt und dadurch den Schwerpunkt des Körpers allmählich nach oben und unter der Drehachse hindurch verschiebt (Abbildung 3a). Infolgedessen neigt er sich nach vorn, bis der Schnabel schließlich in das bereit stehende Wasser eintaucht (Abbildung 3b). Dabei hebt sich schließlich die „Speiseröhre" im Hinterteil des Vogels aus der Flüssigkeit heraus, so dass die aufgestiegene Flüssigkeit wieder zurückströmen kann. Mit der Entleerung der Speiseröhre verschiebt sich auch wieder der Schwerpunkt zurück und nach unten. Der Storch kippt in seine ursprüngliche nahezu senkrechte Lage zurück, schwingt trägheitsbedingt einige Male hin und her, und der Vorgang beginnt von vorn.

Es bleibt noch zu klären, auf welche Weise die Verdunstung das Aufsteigen der Flüssigkeit betreibt. Durch die Verdunstung wird der Umgebung, also vor allem dem benetzten Kopf des Storchs, Wärme entzogen, die zur Trennung und Fortbewegung der Wasserteilchen benötigt wird. Da das Gleichgewichtsbestreben, das sich in der Verteilung der Wasserteilchen über ein größeres Volumen manifestiert, offenbar größer ist als das Temperaturausgleichsbestreben, kühlt sich der Kopf auf eine Temperatur unterhalb der Umgebungstemperatur ab.

Im Innern des Storchs befindet sich eine leicht verdampfende Flüssigkeit im Gleichgewicht mit ihrem Dampf, der unter einem der jeweiligen Temperatur entsprechendem Druck steht. Durch die Abkühlung des Kopfes wird dieses Gleichgewicht (lokal) gestört, ein Teil des Dampfes kondensiert an der abgekühlten Wand aus. Infolgedessen sinkt der Dampfdruck im Kopf unter den Dampfdruck der Flüssigkeit im Hinterteil des Storchs. Ein Druckausgleich ist aber nur dadurch möglich, dass Flüssigkeit durch die „Speiseröhre" hochgedrückt wird.

Da wegen des Druckausgleichs jetzt auch im Hinterteil des Storchs der Druck abnimmt, kommt es hier zu einer der Druckerniedrigung entsprechenden Verdampfung von Flüssigkeit. Die dafür benötigte Wärme wird vornehmlich der

Flüssigkeit entzogen, die auf diese Weise unter die Umgebungstemperatur abkühlt. Die Temperaturausgleichstendenz setzt daraufhin einen Wärmestrom von der Umgebung in den Körper des Storchs in Gang.

Letztlich bedingt also die Abkühlung des Kopfes auch einen die Temperaturdifferenz ausgleichenden Wärmestrom von der Umgebung über den Umweg des Hinterteils zum Kopf. Da dies nicht ohne ein Heben und Senken von Flüssigkeit im Körper möglich ist, kommt es zu einer Aufwertung eines Teils der aufgenommenen Energie in mechanische Bewegungsenergie.

Die Temperaturdifferenzen sind naturgemäß sehr gering und kaum direkt zu beobachten. Mit Hilfe einer Wärmebildkamera lassen sie sich aber eindrucksvoll visualisieren (Abbildung 4). Die Falschfarben einer Aufnahme des aktiven Storchs zeigen deutlich, dass die Temperatur innerhalb des Vogels niedriger ist als die der Umgebung. Außerdem erkennt man ein deutliches Temperaturgefälle zwischen Kopf und Hinterteil.

Eine Kombination aus Wärmepumpe und Wärmekraftmaschine

In thermodynamischer Sprechweise ist der Storch also eine Kombination aus Wärmepumpe und Wärmekraftmaschine. Wie in einer Wärmepumpe (beispielsweise einem Kühlschrank) wird durch einen Verdunstungs- oder Verdampfungsvorgang ein Körper, hier der Kopf des Storchs, unter Umgebungstemperatur abgekühlt. Die dadurch hervorgerufene Temperaturdifferenz zwischen kaltem Kopf und warmem Hinterteil wird nunmehr wie in einer Wärmekraftmaschine dazu genutzt, die thermische Energie in mechanische Energie umzuwandeln. Diese manifestiert sich in der Bewegung des Vogels.

Damit lassen sich auch die eingangs skizzierten Experimente verstehen. Eine direkte Heizung des Hinterteils macht natürlich den Umweg über den Verdunstungsmechanismus überflüssig. Die Intensivierung der Verdunstung durch Anblasen des Kopfes oder durch Ersetzen des Wassers durch den wesentlich flüchtigeren Alkohol beschleunigen die Abküh-

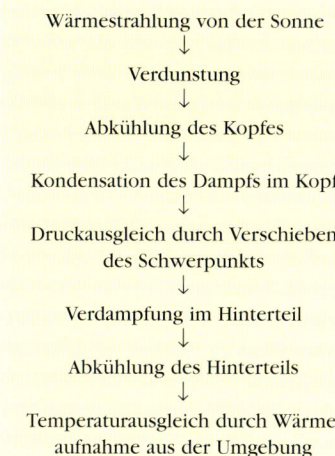

Wärmestrahlung von der Sonne
↓
Verdunstung
↓
Abkühlung des Kopfes
↓
Kondensation des Dampfs im Kopf
↓
Druckausgleich durch Verschieben des Schwerpunkts
↓
Verdampfung im Hinterteil
↓
Abkühlung des Hinterteils
↓
Temperaturausgleich durch Wärmeaufnahme aus der Umgebung

Abb. 2 *Der Storch lebt letztlich wie andere Lebewesen auch von der Sonne. Thermodynamische Vorgänge während eines Trinkzyklus.*

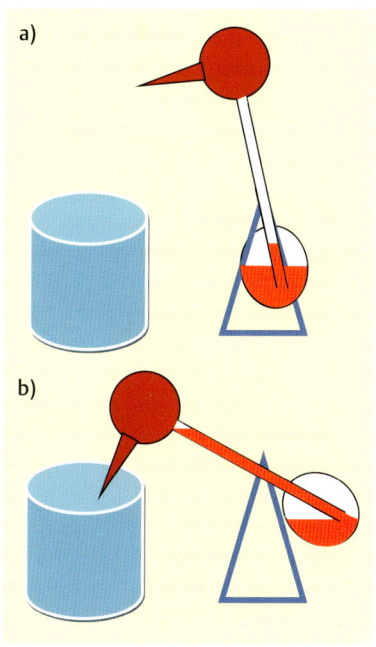

Abb. 3 *Während der Storch hin und her schwingt, steigt ihm eine Flüssigkeit zu Kopf a). Infolgedessen wandert der Schwerpunkt unter der Drehachse hindurch, und der Storch neigt sich nach vorn. Während der Schnabel ins Wasser eintaucht, wird die „Speiseröhre" aus der Flüssigkeit im Hinterteil herausgehoben, so dass die Flüssigkeit aus der Röhre zurückfließen kann b).*

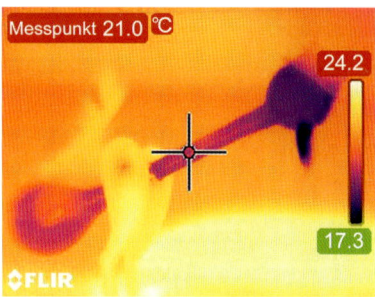

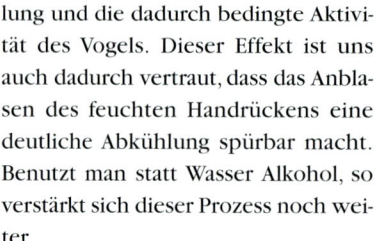

Abb. 4 *Die Falschfarben des mit einer Wärmebildkamera aufgenommenen Bildes zeigen, dass die „Körpertemperatur" des Storchs niedriger ist als die der Umgebung und dass der Kopf noch kühler ist als das Hinterteil.*

Abb. 5 *Vorläufer des Storchs: das Maximum-Thermometer von Bernoulli.*

lung und die dadurch bedingte Aktivität des Vogels. Dieser Effekt ist uns auch dadurch vertraut, dass das Anblasen des feuchten Handrückens eine deutliche Abkühlung spürbar macht. Benutzt man statt Wasser Alkohol, so verstärkt sich dieser Prozess noch weiter.

Vor- und Nachfahren des Storchs

Das Prinzip des trinkenden Storchs ist keine Erfindung unserer Tage. Zum ersten Mal erwähnt wird eine dem Storch ähnliche Vorrichtung von Johann Bernoulli in einem Brief an Gottfried Wilhelm Leibniz im Jahre 1698 [11]. Bernoulli hatte jedoch keine Kraftmaschine, sondern ein Thermometer im Sinn, das geeignet war, sich die in einem bestimmten Zeitraum erreichten maximalen Temperaturen zu „merken" (Abbildung 5). Dabei wurde indes nicht die Verdunstung ausgenutzt, sondern der Wärmeaustausch mit der Umgebung aufgrund von Temperaturschwankungen. Dieses Thermometer ist damit gleichzeitig als Vorläufer des heutigen Minimax-Thermometers anzusehen, dem allerdings ein völlig anderes Prinzip zugrundeliegt. Eine Variante dieses Thermometers ist ein unter den Bezeichnungen Temperamentsmesser oder Liebesthermometer erhältliches Spielzeug (siehe Beitrag „Das Liebesthermometer" in diesem Buch).

Die mechanischen Wirkungen des obigen Prinzips wurden spätestens im Jahre 1874 erkannt. Bernardi [12] beschreibt unter der Bezeichnung thermometrische Schaukel eine Verdunstungskraftmaschine, die unserem Storch schon sehr ähnlich ist. Er dachte auch bereits an eine technische Ausnutzung dieses raffinierten Antriebstricks, indem er durch Verbinden dreier solcher Schaukeln ein thermomotorisches Rad (Abbildung 6) konstruierte. Darin befindet sich jeweils eine der beiden verbundenen Kugeln im Wasser und die andere in der Luft. Das im saugfähigen Überzug der Kugeln enthaltene Wasser verdunstet, sobald sie sich in der Luft befinden. Dadurch kühlen sie sich ab, der Flüssigkeitsdampf in ihnen kondensiert und sammelt sich als Flüssigkeit an. Die in Luft befindlichen Kugeln werden immer schwerer und die im Wasser befindlichen immer leichter. Dies hat zur Folge, dass das Rad in Drehung versetzt wird. Nun werden die abgekühlten, schweren Kugeln ins Wasser und die leichten, befeuchteten Kugeln aus dem Wasser heraus in die Luft befördert. Anschließend vertauschen sie ihre Rollen und erhalten die Drehung aufrecht.

Wie das Beispiel des trinkenden Storches verdeutlicht, kann der Verdunstungsantrieb auch dadurch unterstützt oder sogar ersetzt werden, dass dem System direkt Wärme zugeführt wird. Erwärmt man nämlich die Glaskugeln des Rades, indem man sie durch ein warmes Wasserbad gehen

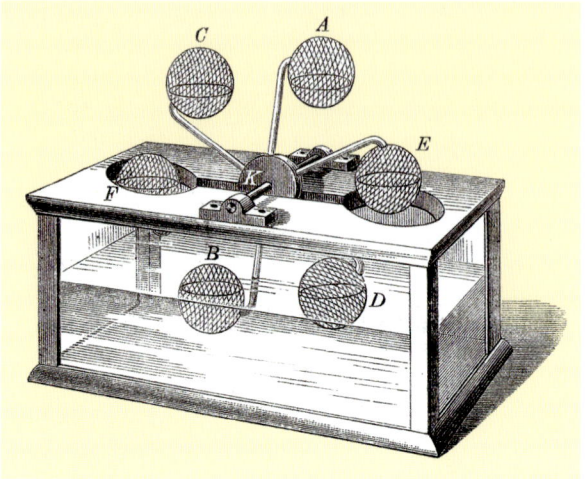

Abb. 6 *Thermometrisches Rad – eine durch Verdunstung betriebene Wärmekraftmaschine (aus [12]).*

lässt, so kann man auf die Verdunstung von Wasser aus einem saugfähigen Überzug verzichten und erhält trotzdem eine Drehung Rades. Denn weil die Flüssigkeit in den Kugeln nunmehr durch das warme Wasser erwärmt wird, verdampft sie teilweise und steigt in die gegenüberliegenden Kugeln, die sich im Kontakt mit der kühleren Umgebung befinden. Dadurch kondensiert in ihnen die Flüssigkeit, sie werden schwerer und das Rad insgesamt kopflastig. Es dreht sich infolgedessen in die Flüssigkeit hinein, wodurch die leichter gewordenen Kugeln aus der Flüssigkeit herausgedreht werden und so weiter.

Diese Variante des thermometrischen Rades ist vor einigen Jahren [13] zur Nutzung der in vielfältiger Form in der Natur vorliegenden und aufgrund technischer Vorgänge anfallenden Niedertemperaturwärme vorgeschlagen worden.

Fazit

Der trinkende Storch erinnert auf den ersten Blick an ein Perpetuum Mobile. Bei näherer Betrachtung wird jedoch klar, dass ein äußerst interessanter thermodynamischer Vorgang die Energetik des Vogels bestimmt. Die Irreversibilität der Verdunstung von Wasser auf dem feuchten Kopf des Storchs ist so stark, dass dabei in voller Übereinstimmung mit dem 2. Hauptsatz der Thermodynamik eine Temperaturdifferenz zur Umgebung entsteht. Der dadurch in Gang gesetzte Wärmestrom von der Umgebung durch den Körper des Storchs führt zwangsläufig zu dessen Schwingung, in der nicht nur die Umwandlung von Wärme in mechanische Energie zum Ausdruck kommt. Darüber hinaus wird der Kopf des Storchs immer wieder mit Wasser benetzt – eine Voraussetzung dafür, dass der Verdunstungsantrieb aufrecht erhalten bleibt.

Quantitative Abschätzungen

Der trinkende Storch und die auf demselben Prinzip beruhenden Vorrichtungen zur Gewinnung von Energie aus Verdunstungsvorgängen oder geringen Temperaturdifferenzen erscheinen auf den ersten Blick verlockend. Allerdings zeigt bereits die Schwierigkeit, den Vogel dazu zu bringen, einen Teil der Bewegungsenergie für nützliche Zwecke abzuzweigen, dass der Nutzen nicht viel größer als der Aufwand sein dürfte. Mit anderen Worten: Es ist zu erwarten, dass der Wirkungsgrad als Quotient aus Nutzen und Aufwand sehr klein ist. Um diese Erwartung auch quantitativ zu untermauern, schätzen wir den Wirkungsgrad grob ab.

Dazu ermitteln wir zunächst die Verdunstungsrate des Wassers, das beim „Trinken" durch den Filzüberzug des Kopfes aufgenommen wird. Hierzu messen wir mit einer Laborwaage den Massenverlust des Glases, aus dem der Storch das Wasser entnimmt, indem wir den Gesamtmassenverlust des Wasserglases über einen genügend großen Zeitraum (etwa 24 Stunden) feststellen. Davon wird dann der Massenverlust aufgrund der direkten Verdunstung aus dem Glas subtrahiert. Diesen erhalten wir durch Wägung eines zweiten Glases mit Wasser.

Aufgrund einer solchen Messung haben wir für den feuchten Kopf des Storchs bei einer Zimmertemperatur von $\vartheta = 21$ °C und einer relativen Luftfeuchte $f_{rel} = 48$ % eine Verdunstungsrate von $I = 10$ mg/min ermittelt.

Als nächstes bestimmen wir, welche Abkühlung unter diesen Bedingungen erreichbar ist. Auf den ersten Blick erscheint es plausibel, dabei folgendermaßen vorzugehen. Die Abkühlung durch Verdunstung wird begrenzt durch den Taupunkt des Wassers. Das ist die Temperatur, bei der die absolute Luftfeuchte gleich der maximalen wird beziehungsweise das Verhältnis aus beiden, die relative Luftfeuchte f_{rel}, einen Wert von 100 % annimmt. Dann nämlich halten sich die Verdunstungstendenz und der dieser entgegenwirkende Dampfdruck genau die Waage. Aus der Kenntnis der aktuellen relativen Luftfeuchte f_{rel}, die wir an einem Hygrometer ablesen, und dem Dampfdruck P_w bei der jeweils herrschenden Temperatur, den wir einem Tabellenwerk [14] entnehmen, schätzen wir den Taupunkt und damit die Temperaturabnahme aufgrund der Verdunstung ab. Bei einer Temperatur $\vartheta = 21$ °C beträgt der Dampfdruck von Wasser $P_w = 2{,}486$ kPa. Bei einer tatsächlich herrschenden relativen Luftfeuchte $f_{rel} = 48$ % beträgt der Teildruck P des Dampfes in Luft demnach $P = P_w \cdot 0{,}48 = 1{,}193$ kPa, was gemäß Tabelle einem Dampfdruck von Wasser bei einer Temperatur von 9,5 °C entspricht.

Auf den zweiten Blick wird jedoch klar, dass diese Temperaturabnahme selbst unter idealen Bedingungen nicht erreicht werden kann. Denn die Temperatur des feuchten Kopfes sinkt natürlich nur so lange, bis die Wärmezufuhr aus der Luft (die mit zunehmender Temperaturdifferenz zwischen Kopf und Umgebung steigt), den Wärmeverlust durch Verdunstung gerade kompensiert. Wir haben daher die Temperaturabnahme mit einem Psychrometer gemessen. Das

stellt im Prinzip ein Thermometer dar, dessen Vorratsgefäß mit einem feuchten Tuch umgeben ist. Die die Verdunstung und damit die Abkühlung fördernde Bewegung des Storchs kann durch eine entsprechende Bewegung des Psychrometers simuliert werden. Auf diese Weise haben wir unter den gegebenen Bedingungen eine Abkühlung des Kopfes von $\vartheta = 21$ °C auf $\vartheta_k = 16{,}5$ °C ermittelt.

Würde der Vogel wie eine ideale Wärmekraftmaschine zwischen Zimmertemperatur ϑ und der Temperatur ϑ_k des feuchten Kopfes arbeiten, so könnte er dies mit einem maximalen Wirkungsgrad von

$$\eta = 1 - \frac{T_k}{T} = 0{,}015 = 1{,}5\%$$

tun. Hierin sind T und T_k die entsprechenden absoluten Temperaturen.

Um eine Verdunstungsrate $I = 10$ mg/min zu erreichen, muss bei einer spezifischen Verdampfungswärme von 2461 kJ/kg (genommen bei ϑ_k) eine Leistung

$$P_v = 2461 \text{ kJ/kg} \cdot 0{,}010 \text{ g/min} = 0{,}41 \text{ W}$$

aufgenommen werden. Legt man den obigen Wirkungsgrad zugrunde, so könnte aus P_v maximal eine mechanische Leistung $P_m = \eta \cdot P_v = 0{,}006$ W gewonnen werden.

Die so verführerisch aussehende Idee, mit Millionen von trinkenden Enten eine ansehnliche Menge von Energie zu gewinnen, ist mit einem derart geringen Wirkungsgrad kaum rentabel zu verwirklichen.

Literatur und Internet
[1] Erhältlich z.B. bei www.hund-hersbruck.de/
[2] H. A. Bent, J. J. Teague, J. College Science Teaching **1978**, *8*, 18.
[3] J. L. Gaines, Am. J. Phys. **1959**, *27*, 189.
[4] K. B. Kolb, Physics Teacher **1966**, *4*, 121.
[5] R. Kluge, Erkenntniswege im Physikunterricht, Klett, Stuttgart **1970**.
[6] J. S. Miller, Am. J. Phys. **1958**, *26*, 42.
[7] R. C. Plumb, J. Chem. Education **1973**, *50*, 213.
[8] J. Sauer, Phys. Bl. **1966**, *22* (3), 118.
[9] H. J. Schlichting, Praxis der Naturwissenschaften – Physik **2000**, *49* (2), 2.
[10] H. J. Schlichting, Praxis der Naturwissenschaften – Physik **2000**, *49* (2),7.
[11] zit. nach [2].
[12] zit. nach: P. Reis, Lehrbuch der Physik. Leipzig: Quandt & Händel **1876**, S. 436.
[13] W. Minto, The Minto Wheel and Wheel Supplement, San Power Systems, Inc. 1121 Lewes Ave, Sarasota 33577 USA, **1975**.
[14] R. C. Weast, M. J. Astle, Handbook of Chemistry and Physics. CRC Press, Boca Raton **1981**.

Mit folgenden Stichwörtern kann man videos bei YouTube finden:
trinkende Ente, Einsteins trinkende Ente, drinking duck, dippy bird.

Das Goethe-Barometer

Barometer sind seit jeher Gegenstand künstlerischer Ausgestaltung. Früher dominierten Quecksilber- und Dosenbarometer, heutzutage überwiegen digital ablesbare Geräte. Auch wenn das Goethe-Barometer als Messinstrument eigentlich ungeeignet ist, kann man es heute noch immer in ästhetischen Ausführungen kaufen.

Im Besitz des deutschen Dichters und – weniger bekannt – Naturforschers Johann Wolfgang von Goethe befand sich ein dekorativer Wandschmuck (Abbildung 1), der in Deutschland seither Goethe-Barometer, Goethe-Glas, Goethe-Wetterglas oder auch einfach Wetterglas genannt wird. Unter dieser Bezeichnung findet es sich in manchen Einrichtungsgeschäften und wird im Versandhandel vertrieben [1]. Entgegen einiger Werbeanpreisungen hat es aber nicht Goethe selbst erfunden.

Abb. 1 *Typisches Goethe-Barometer. Im bauchigen Gefäß befindet sich Wasser. Die Höhe des Wasserspiegels im Schnabel zeigt Veränderungen des Luftdrucks an.*

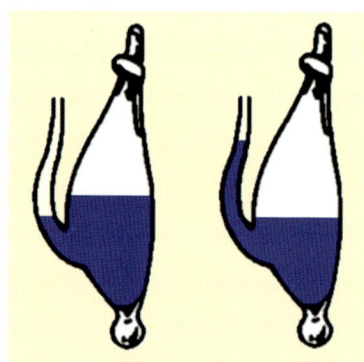

Abb. 2 *Wenn die Temperatur konstant ist, steht der Wasserspiegel im Schnabel des Goethe-Barometers bei hohem Luftdruck tief, bei tiefem Luftdruck hoch.*

Speziell in den Niederlanden ist dieses Gerät seit 1619 sicher bekannt und verbreitet und wird dort als Donner- oder Wetterglas bezeichnet [2]. Seefahrer verwendeten ebenfalls eine derartige Konstruktion. Den Pilgrimfathers wird nachgesagt, sie hätten dieses Instrument bereits 1620 von Holland nach Amerika mitgenommen.

Eine ungeeignete Konstruktion

Aus Abbildung 1 ist ersichtlich, dass es sich um ein abgeschlossenes, bauchiges Glasgefäß mit einer langen Ausgussöffnung handelt. Diese nennen wir wie bei einer Teekanne Schnabel.

Man füllt das leere Gefäß bei einem mittleren Luftdruck mit abgekochtem oder destilliertem Wasser etwa halbvoll. Dadurch vermeidet man Blasenbildung und Verkalkung im schlecht zugänglichen Inneren. Im Gefäß und Schnabel soll das Wasser bei einem normalen Luftdruck gleich hoch stehen. Durch Anfärben des Wassers, zum Beispiel mit Lebensmittelfarben, lassen sich zusätzliche dekorative Wirkungen erzielen.

Bei hohem Luftdruck sinkt der Flüssigkeitsspiegel im Schnabel, bei niedrigem steigt er (Abbildung 2). Wegen dieses scheinbar gegensätzlichen Verhaltens heißt das Gerät auch Goethes Kontrabarometer [3]. Vorausgesetzt wird dabei eine konstante Temperatur. Luftdruckänderungen sind auf diese Weise messbar, der absolute Luftdruck nicht.

Allerdings bewirkt auch eine Temperaturänderung eine Änderung des Flüssigkeitsspiegels. Meist hat sie sogar eine viel stärkere Auswirkung. Da sich üblicherweise sowohl Luftdruck als auch Temperatur ändern, ist das Gerät als Messinstrument praktisch ungeeignet. Aus diesem Grund wurde es im 19. Jahrhundert ganz aufgegeben. Als ästhetisch-historisches Relikt hat es sich erhalten. Und wenn heute die Werbung sagt, dass das Wetterglas genauer als so manche amtliche Vorhersage sei, so ist das nicht mehr als ein netter Gag.

Selbstbau eines Goethe-Barometers

Ein funktionierendes Wetterglas kann man sich mit einfachen Hilfsmitteln selbst bauen [3, 4, 5] (Abbildung 3). Die Ästhetik der kommerziellen Glasinstrumente ist dabei allerdings nicht vorhanden. Hierzu nehme man eine größere, durchsichtige Plastikflasche üblicher Getränkefirmen. Der Plastikschraubverschluss oder ein gut sitzender Korken wird mit eine durchgehenden Bohrung (8 mm bis 10 mm hat sich bewährt) versehen, in die ein transparenter und flexibler PVC-Schlauch mit genügender Wanddicke (1mm) gesteckt werden kann. Wenn die Bohrung so knapp gewählt wird, dass der Schlauch beim Einschieben einigermaßen fest sitzt, hält das System meist schon dicht. Die Flasche wird zur Hälfte mit Wasser gefüllt und dann verschlossen. Den Schlauch führt man an der umgedrehten Flasche selbst wieder hoch und befestigt ihn beispielsweise mit einem transparenten Klebeband. Ein seitwärts angebrachter Maßstab erlaubt quantitative Messungen.

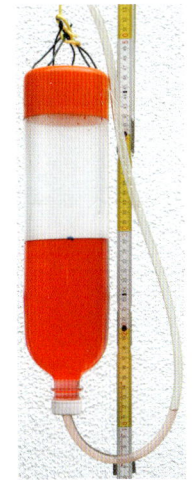

Diese Vorrichtung lässt sich direkt als Wetterglas verwenden. Man kann damit aber leichter Experimente durchführen als mit dem fertigen Glasgerät, da keine Bruchgefahr besteht und die für eine Berechnung erforderlichen Werte viel besser zu ermitteln sind. In dem Beispiel der Abbildung 3 gilt für das Luftvolumen in der Flasche $V_0 = 1035\ cm^3$. Der Innenquerschnitt des Schlauches beträgt $0,5\ cm^2$, der der Flasche $57\ cm^2$.

Noch einfacher ist ein bloßes Zusammenstecken eines im Medizinbereich üblichen Schlauches an eine Einwegspritze (Abbildung 3). Zwar sind damit nicht sehr genaue Messungen möglich, dafür ist die gesamte Vorrichtung sehr bequem handhabbar und sogar unter einer Vakuumglocke nutzbar.

Empfindlichkeit des Goethe-Barometers

Die im Infokasten „Ideales Gasgesetz – Ableitung der exakten Formel" abgeleitete Näherungsformel gibt den Zusammenhang zwischen Druckänderung Δp, Temperaturänderung ΔT und Änderung des Wasserspiegels Δh wieder. Aus ihr lassen sich mehrere Folgerungen und Abschätzungen ableiten

$$\Delta p = \left[\frac{\Delta T}{T_0} - \frac{A}{V_0} \cdot \Delta h \right] \cdot p_a - g \cdot \rho \cdot \Delta h$$

IDEALES GASGESETZ – ABLEITUNG DER EXAKTEN FORMEL [6]

Zu Beginn seien die Zustandsgrößen im Inneren des Gefäßes p_0, V_0 und T_0, nach Veränderung p_1, V_1 und T_1 (Temperaturangaben in Kelvin). Mit der Zustandsgleichung idealer Gase gilt allgemein

$$\frac{p_0 \cdot V_0}{T_0} = \frac{p_1 \cdot V_1}{T_1}$$

Nimmt man das Beispiel der Abbildung 4. Anfangs herrscht im Gefäß ein Überdruck p_0, der sich aus dem äußeren Luftdruck p_a und dem durch die erhöhte Wassersäule im Schnabel bedingten hydrostatischen Druck $p_h = g \cdot \rho \cdot h$ zusammensetzt (g Erdbeschleunigung, ρ Dichte von Wasser, dunkelblaue Situation)

$$p_0 = p_a + p_h$$

Die Höhe h wird gegenüber dem im Gefäß vorhandenen Wasserspiegel gemessen. Sie ist entsprechend dem an der Seite ersichtlichen Pfeil mit einem Vorzeichen versehen. Ist der Wasserspiegel im Schnabel unterhalb desjenigen im Gefäß, ist h negativ.

Ändert sich der äußere Luftdruck zu $p'_a = p_a + \Delta p$, dann verändert sich die Wassersäule im Schnabel (hellblaue Situation). Im Beispiel der Abbildung 4 erniedrigt sich der äußere Luftdruck um Δp, die Wassersäule im Schnabel steigt um Δh, im Inneren sinkt der Wasserspiegel um Δh_1 (Δh_1 ist negativ) und das Volumen steigt um ΔV_0, das heißt $V_1 = V_0 + \Delta V_0$. Der Druck p_1 im Innern setzt sich dann zusammen aus dem äußeren Luftdruck p'_a und dem neuen hydrostatischen Druck p'_h

$$p_1 = p'_a + p'_h = p_a + \Delta p + p_h + g \cdot \rho \cdot \Delta h - g \cdot \rho \cdot \Delta h_1$$

ΔV_0 und Δh_1 hängen über die Querschnittsfläche A_1 im Inneren des Gefäßes zusammen: $\Delta V_0 = -A_1 \cdot \Delta h_1$. Gleiches gilt für ΔV, Δh und A im Schnabel: $\Delta V = A \cdot \Delta h$. Hier werden für Gefäß wie Schnabel zylindrische Querschnitte vorausgesetzt.

Falls sich auch noch die Temperatur um ΔT ändert, d.h. $T_1 = T_0 + \Delta T$, dann lautet die obige Zustandsgleichung

$$\frac{(p_a + p_h) \cdot V_0}{T_0} = \frac{(p_a + \Delta p + p_h + g \cdot \rho \cdot \Delta h - g \cdot \rho \cdot \Delta h_1) \cdot V_0 + A \cdot \Delta h}{T_0 + \Delta T}$$

Löst man diese Formel nach Δp auf, ergibt sich nach einigen Umformungen

$$\Delta p = \left[\frac{1 + \frac{\Delta T}{T_0}}{1 + \frac{A}{V_0} \cdot \Delta h} - 1 \right] \cdot (p_a + p_h) - g \cdot \rho \cdot \Delta h \left(1 - \frac{A}{A_1} \right)$$

Diese Formel ist für eine Anwendung bei den üblichen, kommerziellen Wettergläsern wenig praktikabel. Es ist mühsam, das Volumen V_0 und die Querschnitte A und A_1 im Gefäß und Schnabel zu messen. Zusätzlich ändert sich der Querschnitt A des Schnabels noch meist mit der Höhe h, das heißt es ist kein zylindrischer Querschnitt vorhanden.

Bei einem Selbstbau wie in Abbildung 3 hingegen sind diese Größen leicht zu ermitteln und zu optimieren. Unter derartigen Voraussetzungen ist ein Wetterglas sogar passabel zur Messung von Veränderungen des Luftdrucks geeignet, insbesondere, wenn sich das Gerät bei einigermaßen konstanter Temperatur in Innenräumen befindet. Nicht geeignet ist es zur Ermittlung des absoluten Luftdrucks.

Mit einigen Näherungen lässt sich die Formel erheblich vereinfachen. Das Verhältnis A/A_1 ist meist kleiner als 0,01, man kann also den Bruch ohne wesentlichen Fehler vernachlässigen. Ähnliches gilt für den hydrostatischen Druck p_h. Bei einer Wassersäule von 10 cm beträgt er 10 hPa. Im Vergleich zum Normaldruck von 1000 hPa ebenfalls vernachlässigbar. Beim konkreten Experiment kann man p_h zu Beginn zusätzlich kein oder sogar zu Null machen.

Das Verhältnis A/V_0 ist im Allgemeinen auch relativ klein. Typische Werte liegen um 0,01cm^{-1}. Wenn $\Delta h < 10$ cm ist, dann kann man mit einem Fehler von maximal 1% $1/(1 + A\Delta h/V_0) = 1 - A\Delta h/V_0$ setzen.

Als Näherung ergibt sich die wesentlich einfachere Formel

$$\Delta p = \left[\frac{\Delta T}{T_0} - \frac{A}{V_0} \cdot \Delta h \right] \cdot p_a - g \cdot \rho \cdot \Delta h$$

Diese Formel ist besonders für selbstgebaute Goethe-Barometer mit zylindrischen Querschnitten nützlich. Sie ist sogar für kommerzielle Goethe-Barometer anwendbar, falls der Schnabel näherungsweise zylindrisch ist. Das Gefäß braucht hingegen nicht zylindrisch zu sein, da sich der Wasserspiegel darin vernachlässigbar wenig ändert.

Beim Rechnen mit konkreten Werten ist besondere Vorsicht bei der Umrechnung der Einheiten empfehlenswert. Wer sich noch weitergehend mit Handhabbarkeit und Fehlerbetrachtung des Goethe-Barometers beschäftigen möchte, sei auf die Analyse von Helmut Jena verwiesen [6].

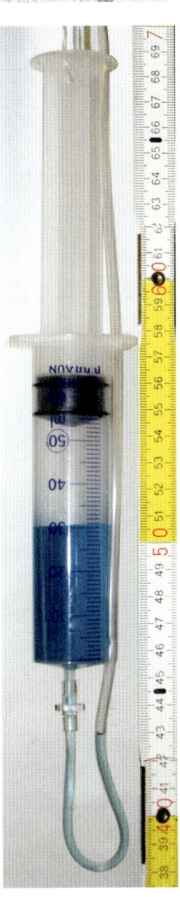

Abb. 3 *Selbstbau eines Wetterglases aus Getränkeflasche und Plastikschlauch (oben) sowie aus Spritze und Schlauch, gefüllt mit angefärbtem Wasser*

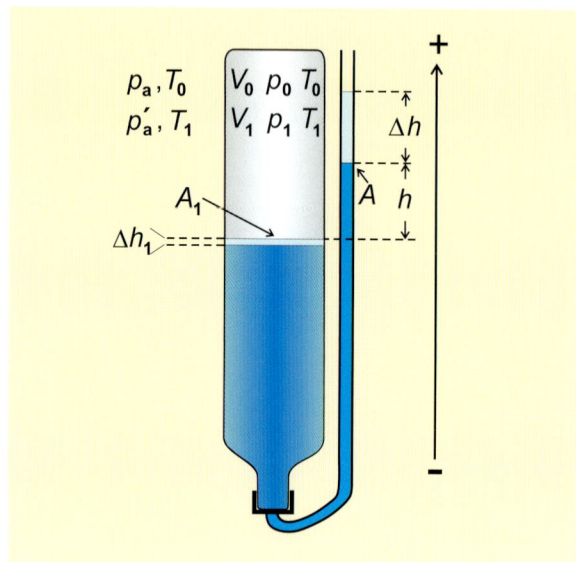

Abb. 4 *Zur Ableitung der exakten Formel.*

$$p(b) = p_a e^{-\frac{b}{7990}}$$

Höhe b in m. Einer Höhe von 10 m entspricht ein Luftdruck von $p = 998{,}75$ hPa. Geht man mit dem selbst gebauten Wetterglas nur etwa vier Stockwerke eines Hauses (etwa 10 m) hinauf, verändert sich die Anzeige im Schnabel schon um etwa 0,83 cm – konstante Temperatur vorausgesetzt. Das ist schon relativ empfindlich. Spektakulärer ist eine Fahrt in einem Hochhausfahrstuhl, wobei da allerdings die Temperatur häufig nicht konstant bleibt.

Eine dritte Abschätzung zeigt die Empfindlichkeit für die Temperatur. Hier werde nun angenommen, dass der Luftdruck konstant bleibt ($\Delta p = 0$ hPa). Löst man die Näherungsformel nach Δb auf, ergibt sich

$$\Delta b = \frac{\dfrac{\Delta T}{T_0}}{\dfrac{A}{V_0} + \dfrac{g \cdot \rho}{p_a}}$$

Geht man von einer Temperaturdifferenz von $\Delta T = 1$ K ($= 1$ °C) bei einer Temperatur von $T_0 = 293$ K (20 °C) aus und setzt den vorher schon benutzten Wert ein ($A/V_0 = 0{,}0005$ cm^{-1}), ergibt sich $\Delta b = 2{,}3$ cm. Für Temperaturänderungen ist das selbst gebaute Wetterglas also ziemlich empfindlich. Kommerzielle Goethe-Barometer weisen eine geringere Empfindlichkeit auf, da das im Nenner stehende Verhältnis A/V_0 größer ist.

Die Temperaturempfindlichkeit von Wettergläsern kann man gut beobachten, wenn man den oberen, luftgefüllten Gefäßteil mit der Hand umfasst. Das Wasser kann dabei sogar leicht aus dem Schnabel heraus laufen. Bei diesem Experiment kann man auch ein Gefühl dafür bekommen, wie groß die Zeit für den Temperaturausgleich nach dem Loslassen der Hand ist.

Das letztgenannte Beispiel, bei dem die Temperatur variiert wird, ist im Prinzip als Gasthermometer bekannt. Die konkrete Ausführung unterscheidet sich natürlich. Weniger bekannt ist das sogenannte Gasmanometer, bei dem der Druck verändert wird.

($T_0 = 293$ K, $p_a = 1000$ hPa, $g = 10$ ms^{-2}, $\rho = 1$ gcm^{-3} (Wasser), $A/V_0 \approx 0{,}01$ cm^{-1})

Betrachten wir den Fall konstanter Temperatur ($\Delta T = 0$). Wenn die Flüssigkeitsspiegel im Gefäß und im Schnabel gleich hoch sind, ist der Innendruck gleich dem Außendruck. Hier sei die Annahme gemacht, dass dies bei Normalluftdruck der Fall ist. Sinkt der Außendruck, steigt der Spiegel im Schnabel. Der Spiegel im Gefäß sinkt kaum, da sich die Querschnitte von Gefäß und Schnabel um den Faktor 100 und mehr unterscheiden ($A/A_1 < 0{,}01$).

Wenn der Wasserspiegel im Schnabel 1 cm höher steht als im Gefäß, ergibt sich bei einem Luftdruck von 1000 hPa mit $A/V_0 = 0{,}01$ cm^{-1} gemäß obiger Näherungsformel $\Delta p = -11$ hPa (exakte Formel $-10{,}9$ hPa). Da der Luftdruck zwischen einem normalen Hoch und Tief um ± 20 hPa schwankt, würde sich beim Goethe-Barometer nur eine Schwankung der Höhenunterschiede um etwa ± 2 cm ergeben. Übliche Goethe-Barometer sind also nicht sehr empfindlich gegenüber Druckänderungen.

Aus der Näherungsformel folgt, dass diese Empfindlichkeit stark von dem Verhältnis A/V_0 abhängt. Macht man dieses Verhältnis sehr klein, kann man die Empfindlichkeit des Instrumentes erheblich steigern. Bei dem beschriebenen Eigenbau beträgt es beispielsweise 0,0005 cm^{-1}. Damit ergibt sich bei einem Zentimeter Höhenunterunterschied im Schnabel ein Druckunterschied von $\Delta p = 1{,}5$ hPa.

Eine weitere Abschätzung betrifft die Empfindlichkeit des Goethe-Barometers in Abhängigkeit von der Höhe. Der Luftdruck hängt mit der Höhe gemäß der barometrischen Formel zusammen

Literatur und Internet

[1] www.tomlom.de/flasche/flasche1.htm
[2] B. Bolle, Alte Barometer, Verlag Callwey, München **1980**.
[3] K. Dietrich, Praxis der Naturwissenschaften **1984**, *33*, 239.
[4] A. Krause, H.-J. Wilke, Physik in der Schule **1992**, *30*, 304.
[5] leifiphysik.de/web_ph08_g8/heimversuche/ 11druck/ goethebaro/goethebaro.htm
[6] www.hjena.de/goethe-barometer/Goethe-Barometer.pdf

Mit folgenden Stichwörtern findet man Videos bei YouTube: weather glass barometer.

Das Galileo-Thermometer – Termometro Lento

Träge bewegen sich farbige Glaskugeln in einem schlanken Zylinder und zeigen die Temperatur an. Schon seit über 300 Jahren bewährt sich das Konstruktionsprinzip dieses ästhetisch ansprechenden Thermometers.

Unter dem Namen Galileo-Thermometer findet man in Geschenkboutiquen und ähnlichen Läden ein schlankes, zylindrisches Gefäß, das mit einer Flüssigkeit gefüllt ist, in der Kugeln schweben. Die Verwendung des Vornamens von Galilei für dieses Thermometer ist weit verbreitet. Manchmal findet man jedoch auch Galilei-Thermometer. Die italienische Bezeichnung *Termometro Lento* ist in Deutschland ebenfalls gebräuchlich. Sie weist schon auf das Verhalten hin: Die Temperaturanzeige folgt nur träge einer Veränderung. Auf Galilei scheint dieses Thermometer aber gar nicht zurückzugehen. In einem Standardwerk über Thermometer [1] wird festgestellt, dass kein geringerer als der Großherzog der Toskana, Ferdinand II. aus der Familie der Medici, etwa um 1641 in Florenz dieses Thermometer erfunden habe. Im Museo di Storia della Scienza [2] in Florenz sind einige sehr aparte und vermutlich sogar auf den erwähnten Großherzog zurückgehende Exemplare derartiger Thermometer unter dem Namen *Termometri infingardi* (infingardo = langsam) ausgestellt.

In dem sehenswerten Glasmuseum in Wertheim [3] gibt es eine wunderschöne Ausführung als tragbares, kleines Thermometer. Es wurde in langwieriger Handarbeit einem Fieberthermometer aus Florenz nachgebaut. Solche Stücke sind heute unbezahlbar.

Die Funktionsweise des Thermometers ist prinzipiell recht einfach. Die Flüssigkeit im Zylinder dehnt sich mit steigender Temperatur aus und verringert dabei ihre Dichte. In der Flüssigkeit schweben mehrere, ihrerseits wieder mit einer anderen, farbigen Flüssigkeit gefüllte Glaskugeln. An ihnen ist eine Plombe befestigt, auf der eine Temperatur vermerkt ist.

Der Ausdehnungskoeffizient von Glas beträgt nur ein Zehntel von dem der Flüssigkeit. Deshalb kann man die Glaskugeln mit ihrem Volumen und ihrer Masse, das heißt ihrer mittleren Dichte, so einstellen, dass sie bei der angegebenen Temperatur gerade noch oben schwimmen und bei höherer Temperatur sinken (siehe Infokasten „Ausdehnung von Flüssigkeiten").

In einem breiten Glaszylinder würden nun allerdings alle Kugeln an der Flüssigkeitsoberfläche schwimmen, deren mittlere Dichte kleiner als die der Flüssigkeit ist. Alle anderen Kugeln würden am Boden verbleiben. Das Ermitteln der Temperatur wäre mühsam, da man bei den nebeneinander und oben schwimmenden Kugeln die Kugel mit der niedrigsten Temperatur suchen müsste. Damit die Temperatur schnell und eindeutig erkennbar wird, sind die Durchmesser der Glaskugeln etwas größer als der halbe Innendurchmesser des Glaszylinders. Dadurch lässt sich erreichen, dass die unterste der oben schwimmenden Glaskugeln die Flüssigkeitstemperatur charakterisiert. Auch die bei manchen Ausführungen farblich unterschiedlich gefüllten Glaskugeln erlauben eine schnelle Differenzierung. In den schon erwähnten Museen gibt es weitere Ausführungen, bei denen für jede Kugel ein eigener Zylinder angesetzt ist.

Übrigens handelt es sich in gewisser Hinsicht um ein frühes Exemplar eines digitalen Thermometers. Üblich sind bei diesen Thermometern Schritte von 1 °C; bei einfacheren Ausführungen sogar nur 2 °C.

Wichtig ist ferner der gasgefüllte Hohlraum oberhalb der Flüssigkeit und zwar sowohl bei dem Glaszylinder selbst als auch in den flüssigkeitsgefüllten Glaskugeln. Da sich die Flüssigkeit schneller ausdehnt als das Glas, könnte das Glasgefäß ohne diesen Hohlraum als Reserve-Ausdehnungsraum

Abb. 1 *Ein klassisches Galileo-Thermometer.*

BAUANLEITUNG

Mit etwas Aufwand lässt sich ein einfaches Galileo-Thermometer selbst bauen. Wer etwas glasbläserisches Geschick hat, kann sich Glashohlkörper formen, die – eventuell mit angehängten Gewichten – etwa bei 20 °C noch an der Oberfläche von Wasser schwimmen und bei Temperaturen darüber untergehen. Leichter kann man kleine, wasserdicht verschließbare Fläschchen verwenden, in die man Wasser zur Regulierung der mittleren Dichte einfüllt. Es empfiehlt sich dabei möglichst die Verwendung von destilliertem, blasenfreiem Wasser. Eine vom Ausdehnungskoeffi-

zienten (Tabelle) sehr viel geeignetere und noch mit passablem Aufwand handhabbare und erhältliche Flüssigkeit ist Isopropylalkohol (Isopropanol).

In jedem Falle ist das Ganze eine zeitlich ziemlich beanspruchende Fummelei, da es auf Milligramm-Genauigkeit ankommt. Es ist aber sehr befriedigend zu beobachten, wie sich das oben beschriebene Experiment der Temperaturschichtung mit der Hand realisieren lässt. Man kann auch versuchen, das warme Wasser in einem umgebenden, kälteren Bad kalt zu unterschichten oder Eiswürfel zu verwenden.

AUSDEHNUNG VON FLÜSSIGKEITEN

Ist $\rho_f(T_0)$ die Dichte einer Flüssigkeit bei der Temperatur T_0, kann man für viele Flüssigkeiten in einem nicht allzu großen Temperaturbereich für die Dichte $\rho_f(T)$ linear in Abhängigkeit von der Temperatur T ansetzen:

$$\rho_f(T) = \rho_f(T_0) \, [1-\beta(T-T_0)]$$

Hierin ist β der kubische Ausdehnungskoeffizient.

Für Wasser gilt das nicht gut. Wegen des Dichtemaximums bei 4 °C ist ein quadratischer Ansatz angebrachter. Für die reale Konstruktion eines Galileo-Thermometers ist aber die Art der Abhängigkeit unerheblich, so lange man nicht ein Dichteminimum oder -maximum überschreitet.

Die Glaskugeln mögen das Volumen V_k und die Masse m_k besitzen. Ihre mittlere Dichte beträgt $\rho_k = m_k/V_k$. Da der kubische Ausdehnungskoeffizient von Glas erheblich kleiner als der der Flüssigkeiten ist, kann man ρ_k hinreichend genau als konstant ansetzen. Falls $\rho_k > \rho_f$ sinken die Kugeln nach unten.

Für die von einer Glaskugel verdrängte Flüssigkeitsmasse ergibt sich

$$m_f = \rho_f(T) \cdot V_k = \rho_f(T_0) \, [1-\beta(T-T_0)] \cdot V_k$$

Daraus folgt bei einer Temperaturänderung ΔT

$$\Delta m_f = \rho_f(T_0) \cdot \beta \cdot \Delta T \cdot V_k$$

Das tatsächliche Volumen der Glaskugeln in Galileo-Thermometern beträgt $V_k \approx 10 \text{ cm}^3$. Nimmt man für die Füllflüssigkeit beispielhaft Ethanol, ergibt sich für ein $\Delta T = 1K$

$$\Delta m_f = 0{,}79 \text{ gcm}^{-3} \cdot 1{,}10 \cdot 10^{-3} \text{ K}^{-1} \cdot 1 \text{ K} \cdot 10 \text{ cm}^3 = 0{,}00869 \text{ g}$$
$$\approx 9 \text{ mg}$$

In dieser Größenordnung liegt also der Massenunterschied (bei konstantem Volumen) zweier um 1°C unterschiedlichen Glaskugeln.

Die Fertigung der Glaskugeln muss aber noch viel genauer sein, nämlich auf 1 bis 2 mg, damit die an der Plombe angezeigte Temperatur einigermaßen der realen Temperatur entspricht. In Wirklichkeit werden die Glaskugeln nicht so exakt mit der Masse abgestimmt, denn auch das Volumen unterliegt ja glasbläserisch herstellungsbedingt Schwankungen. Vielmehr werden sehr genau temperaturstabilisierte Bäder verwendet, um die mittlere Dichte der Glaskugeln dann experimentell zu ermitteln.

Werden Flüssigkeiten mit höherer Dichte und größerem kubischen Ausdehnungskoeffizienten benutzt, ergeben sich in der obigen Rechnung auch größere Massendifferenzen und damit günstigere Herstellungsbedingungen. Solche Flüssigkeiten werden von den Herstellern geheim gehalten und sogar patentiert. Sie unterliegen heute erhöhten Sicherheits- und Gesundheitsanforderungen. Früher hat man Weingeist (das ist Ethanol oder Äthylalkohol) genommen, zwischendurch wohl auch unangenehmere Chlorverbindungen. Wasser ist übrigens als Füllflüssigkeit wegen des relativ kleinen Ausdehnungskoeffizienten ziemlich ungeeignet. Auch bestünde die Gefahr des Einfrierens.

Dichte und kubischer Ausdehnungskoeffizient einiger Flüssigkeiten bei 20°C:

Bezeichnung	Dichte ρ [gcm^{-3}]	kubischer Ausdehnungs-koeffizient $10^3 \cdot \beta$ [K^{-1}]
Wasser	0,998	0,207
Ethanol (=Weingeist)	0,789	1,10
Isopropylalkohol	0,785	1,06
Tetrachlorkohlenstoff	1,594	1,23
technische Gläser	2,2–2,6	0,01–0,03

bersten. Prinzipiell würde das Galilei-Thermometer auch mit einem oben offenen Zylinder funktionieren. Alle geeigneten Flüssigkeiten weisen jedoch einen niedrigen Siedepunkt auf, würden also schnell verdunsten. Da sie nicht immer sehr angenehm riechen, ja eventuell sogar gesundheitsschädlich sind, ist der Glaszylinder verschlossen. So hält sich das Thermometer unter Umständen Jahrhunderte.

Eine genauere Betrachtung des Galileo-Thermometers könnte noch die Abhängigkeit der Dichte der Füllflüssigkeit vom Druck, das heißt von der Höhe der Flüssigkeitssäule einbeziehen [4]. Wegen der geringen Kompressibilität von Flüssigkeiten hat das hier aber keine praktische Bedeutung. Viel wichtiger sind Temperaturschichtungen. Umfasst man den Zylinder nur oben mit den Händen, so erwärmt sich die Flüssigkeit auch nur oben. Eine entsprechende Kugel sinkt dann bis zur Grenze der Temperaturschicht und hält sich dort sogar längere Zeit frei schwebend. Bei diesem Experiment ist es naturgemäß wichtig, den Zylinder nicht zu bewegen, so dass keine Strömungen oder Verwirbelungen auftreten.

Eine gewisse Verwandtschaft des Galileo-Thermometers besteht zum Kartesischen Taucher. Zwar steht da die Temperaturabhängigkeit nicht im Mittelpunkt, das Schweben und Sinken der Tauchkörper passiert mit vergleichbarer Empfindlichkeit. Auch Temperaturschichtungen spielen da eine Rolle.

Literatur und Internet
[1] W. E. K. Middleton, A History of the Thermometer, Johns Hopkins Press, Baltimore **1966**.
[2] www.museogalileo.it
[3] Glasmuseum Wertheim, www.glasmuseum-wertheim.de
[4] G. D. Nickas, American Journal of Physics **1989**, 57, 845; R. Geballe, Am. J. Phys. **1991**, 59, 90.

Mit folgendem Stichwort findet man zum Thema Videos bei YouTube: galileo thermometer, galilei thermometer.

Lavalampen

Nostalgie der sechziger Jahre ist bei dem psychedelischen Farb- und Bewegungsspiel von Lavalampen angesagt. Bei gedämpftem Licht steigen neonfarbene Blubberblasen auf. Hinter dieser Leuchte steckt einiges an Physik und Chemie. Das zeigte sich beim Bau einer Riesenlavalampe an der Technischen Universität München.

Craven Walker, Offizier der Royal Air Force im Ruhestand, saß etwas angesäuselt beim x-ten Bier in einer Pinte neben einer Lampe, die er selbst als ein „komisches Gerät, bestehend aus einer Mischung von Cocktail Shaker, Konservendose und noch weiteren Dingen" beschrieb. Den flüssigkeitsgefüllten Walker faszinierte dieser flüssigkeitsgefüllte Dekorationsgegenstand, über dessen Aufbau nichts weiter bekannt ist. Jedenfalls war diese Leuchte der Ausgangspunkt für die Entwicklung seiner eigenen Lampe. Allerdings brauchte Walker an die fünfzehn Jahre, bis sein Produkt schließlich 1963 unter dem Namen Astrolampe (Englisch: Astro Light) produziert und verkauft wurde. Sie kam bei der damaligen Jugend sehr gut an. Walker selbst erklärte gar: „Wer meine Lampe kauft, braucht keine Drogen mehr". Das Auf und Ab der Blasen in seiner Lampe verglich Walker mit dem Rhythmus des Lebens. Er starb im Jahre 2000.

1965 kaufte die amerikanische Firma Lava Manufacturing Corporation die Vertriebsrechte für den amerikanischen Markt. Sie vermarktete die Lampe unter der Bezeichnung Lava Lite Lamp [1] und verkaufte Millionen davon. Außerhalb der USA vertreibt die Firma Mathmos [2] die psychedelische Leuchte. Ausführlicher ist die Geschichte und Entwicklung der Lavalampe bei Wikipedia dargestellt [3].

Abb. 1 *Klassische Lavalampe mit elektrischer Glühlampe im Fuß (links), neuere Version mit Teelicht (rechts, etwa gleicher Maßstab).*

Beständiges Auf und Ab

Eine Lavalampe beinhaltet zwei nicht mischbare Flüssigkeiten unterschiedlicher Dichte und unterschiedlicher Wärmeausdehnung. Die Zusammensetzung der Flüssigkeiten wird von den kommerziellen Anbietern streng geheim gehalten. Im Internet kursieren diverse Anleitungen zum Selbstbau derartiger Lavalampen. Dabei ist in jedem Falle Vorsicht angebracht, da die Flüssigkeiten teilweise giftig oder brennbar sind.

Zur besseren Unterscheidung sei die transparente Trägerflüssigkeit als Matrix und die wachsartig anmutende Tropfensubstanz als Lava bezeichnet. Im kalten Zustand ist die Lava dichter als die umgebende Matrix und bleibt somit am Boden der Lampe. Schaltet man sie ein, erwärmt eine Glühlampe im Fuß der Lampe den Boden, wodurch sich auch die Lava erwärmt und dabei ihre Dichte verringert. Hier ist sogar die Farbe der Lava wichtig, da von ihr die Absorption der eingestrahlten Energie abhängt. Wenn schließlich die Dichte der Lava geringer ist als die der Matrix, bildet sich eine kegelförmige Erhöhung aus Lava an der Grenzfläche zwischen den beiden Flüssigkeiten (Abbildung 2, links). Diese steigt auf und bildet im unteren Bereich eine

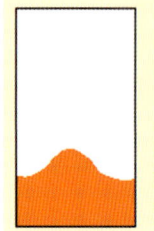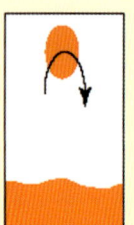

Abb. 2 *Schema der auf- und absteigenden Lava*

Verjüngung, die letztendlich abreißt. Grenzflächenspannung zur Matrix hin und Viskosität der Lava sind hier wichtige Größen, welche die Tropfengröße bestimmen.

Schließlich löst sich der Tropfen ab und steigt in der kälteren Matrix auf. Wegen des Temperaturgefälles zur Matrix kühlt der Tropfen ab, wodurch seine Dichte wieder ansteigt. Wenn der Lavatropfen so weit abgekühlt ist, dass seine Dichte gleich der Matrixdichte ist, kommt die Aufstiegsbewegung zum Erliegen. Zu diesem Zeitpunkt hat der Tropfen aber immer noch eine höhere Temperatur als seine Umgebung, was eine weitere Abkühlung der Lava bewirkt. Somit steigt die Dichte der Lava weiter, und der Tropfen sinkt wieder zum Boden, wo er sich mit der dort verbliebenen Lavamasse vereinigt.

Die auf- und absteigenden Lavatropfen geben also beständig Wärme an die Matrix ab, wodurch deren Temperatur steigt. Befände sich die Matrix in einem ideal wärmeisolierten Behälter, würde sie sich im Langzeitbetrieb derart erwärmen, dass schließlich kein Temperaturunterschied mehr zwischen Lavatropfen und Matrixfluid vorhanden wäre. Dann würde die gesamte Lava aufsteigen, könnte sich nicht mehr an der Matrix abkühlen, und der Prozess käme zum Erliegen. In realen Lavalampen wird aber die Temperatur der Matrix größtenteils über den Glaszylinder an die Umgebungsluft abgeführt, weshalb sich nach einiger Zeit ein stationärer Betrieb mit annähernd konstanter mittlerer Matrixtemperatur einstellt. Lokal betrachtet kann diese Temperatur natürlich nicht als konstant angesehen werden, da sowohl eine permanente Erwärmung an der Lavaoberfläche als auch eine Abkühlung an der Behälterwand stattfindet und die Bewegung der Lavatropfen die Matrix „umrührt".

Bau einer Riesenlavalampe

Am Lehrstuhl für Thermodynamik der Technischen Universität München entstanden im Jahre 2002 auf Anregung

Abb. 3 *Die Riesenlavalampe der Technischen Universität München.*

einer Münchener Firma mehrere Semesterarbeiten, deren Ergebnis die Konstruktion einer Lavalampe von etwa zwei Metern Höhe war. Fernziel war sogar eine noch größere Ausgabe mit bis zu 20 Meter Höhe. Dabei sollten nicht nur die geometrischen Maße des Behälters vergrößert, sondern auch die entstehenden Tropfen in ähnlichem Maßstab mitskaliert werden. Bei einer handelsüblichen Lavalampe misst ein Tropfen in etwa ein Drittel des Behälterdurchmessers. Wird dieses Verhältnis zu stark unterschritten, verschiebt sich der Eindruck von einer langsamen, fließenden und beruhigenden Bewegung hin zu einem hektisch sprudelnden Wasserkocher. Eine einfache lineare Vergrößerung aller Bauteile führt dabei auf gar keinen Fall zum Ziel.

Die Untersuchungen zeigten, dass die Heizleistung der entscheidende Parameter zur Bildung großer Tropfen ist. Sie bestimmt die Ausgangstemperatur eines Lavatropfens vor der Ablösung. Eine höhere Temperatur bringt eine geringere Lavadichte und – bei als konstant angesehener Matrixtemperatur – einen höheren Dichteunterschied zwischen den beiden Flüssigkeiten mit sich. Dieser ist direkt für die Auftriebskraft verantwortlich, die auf den Tropfen wirkt. Ein Tropfen, der stärker beschleunigt wird, steigt schneller auf und löst sich somit schneller vom Rest der Lava ab, der am Boden des Behälters verbleibt. Das bedeutet, dass dem Tropfen weniger Zeit bleibt, durch die oben beschriebene Verjüngung (Abbildung 2, Mitte links) Lava aufzunehmen. Folg-

BAUANLEITUNG

Wir geben hier nur zwei links zum Bau von Lavalampen an.
www.robf.de/Lavalamps/Bauplan.html
http://howstuffworks.com/lava-lamp.htm

In einer amerikanischen Publikation wird über die positiven Erfahrungen des Baus einer Lavalampe mit einer Gruppe von Collegestudenten berichtet:
T. R. Leif, Physics Teacher **2008**, *46*, 219.

lich ist das Volumen des schließlich aufsteigenden Tropfens kleiner als bei geringerer Heizleistung.

Der erstellte Versuchsträger (Abbildung 3) bestand aus einem Acrylglaszylinder von etwa zwei Metern Höhe und 40 cm Durchmesser, einer Edelstahlbasis mit integrierter Heizung, einer Kühleinrichtung am oberen Ende des Zylinders und Peripheriegeräten zur Steuerung der Heiz- und Kühlleistung sowie zur Überwachung der Temperatur an verschiedenen Stellen im Behälter. Die Heizleistung variierte zwischen 1 kW und 2 kW. Dabei bildeten sich Tropfen mit 5 bis 15 cm Durchmesser, wobei die größten Tropfen bei 1 kW entstanden. Bei kleineren Leistungen lösten sich die Tropfen nicht mehr vollständig aus dem Lavasumpf.

Die Variation der Heizleistung ist auch relativ einfach mit einer käuflichen Lavalampe nachzuahmen, wobei eine passende Glühlampe mit höherer Leistung als die mitgelieferte notwendig ist, um kleinere Tropfen zu erzeugen. Durch Herunterfahren eines Regeltrafos oder teilweises Abdecken der Glühlampe mit einer Aluminiumfolie kann man in der Folge die Tropfengröße wieder steigern. Während der Aufheizphase sollte allerdings von der Verwendung der leistungsstärkeren Lampe abgesehen werden, um die Lava-bestandteile thermisch nicht zu überlasten. Aus demselben Grund sollte die Lampe auch nicht langfristig (mehr als sechs bis acht Stunden) mit höherer Leistung als der Nennleistung betrieben werden.

Bei größer werdenden Lavalampen verringert sich das Verhältnis von abkühlender Oberfläche zum Volumen der hochgeheizten Materialmenge. Bei gleicher Wärmeleitfähigkeit und gleicher Intensität der Wärmezufuhr ist deswegen eine große Lavalampe eher vom „Wärmetod" bedroht. Die Matrixtemperatur steigt zu schnell, und ein annähernd stationärer Prozess ist nicht möglich. Zu dieser grundsätzlichen Problematik kam bei dem hier konstruierten Modell verschärfend hinzu, dass das verwendete Acrylglas eine etwa um den Faktor zehn geringere Wärmeleitfähigkeit als das üblicherweise benutzte Mineralglas aufweist. Aus diesen Gründen wurde deshalb eine zusätzliche Kühleinrichtung oben an dem Versuchsträger installiert.

Der Bau einer 20 Meter hohen Riesenlavalampe würde weitere Untersuchungen erfordern, deren Funktion wegen der Oberflächen-Volumen-Relation noch einmal deutlich ungünstiger würde und deren Kosten kaum abzuschätzen wären.

Literatur und Internet
[1] www.lavalamp.com
[2] www.mathmos.de
[3] de.wikipedia.org/wiki/Lavalampe

Mit folgenden Stichwörtern finden sich viele Videos bei YouTube: Lavalampe, lava lamp.

Dieser Beitrag wurde von Christian Ucke zusammen mit Markus Eisen verfasst.

Die Weihnachtspyramide als Aufwindkraftwerk

Alle Jahre wieder werden zur Adventszeit die Weihnachtspyramiden entstaubt und im feierlichen Schein der Kerze in gemächliche Drehungen versetzt. Dabei können physikalisch motivierte Gedanken kommen.

In der Adventszeit drehen sich in vielen Wohnzimmern kunstfertige Weihnachtspyramiden (Abbildung 1). Dieser traditionsreiche Weihnachtsschmuck sorgt jedoch mit seinen geschnitzten Engeln und anderen symbolträchtigen Figuren sowie dem warmen Kerzenlicht nicht nur für ein festliches Ambiente. Auch aus physikalischer Sicht hat er durchaus etwas zu bieten.

Die Kerzen verbreiten warmes Licht, wohlige Wärme und besorgen zudem den Antrieb. Man kann daher eine Weihnachtspyramide durchaus als einfache Variante einer Wärmekraftmaschine ansehen. Bei der Pyramide wird Gas durch Erwärmen in Bewegung gesetzt, während in einer Wärmekraftmaschine heißer Dampf eine Turbine durchströmt und sie dadurch antreibt. Die Form der windmühlenflügelartigen Turbine legt auch einen Vergleich mit einem Windrad nahe. In diesem Fall nimmt man das bewegte Gas als gegeben und zapft daraus Bewegungsenergie für das Windrad ab. Macht man sich jedoch klar, dass auch der Wind letztlich ein Ergebnis von Lufterwärmungen aufgrund der Einstrahlung von Sonnenenergie darstellt, so lässt sich aus einer etwas globaleren Perspektive das Windrad sogar als Teil einer natürlichen Wärmekraftmaschine auffassen.

Eine pfiffige, auf den ersten Blick ungewöhnliche Variante der Weihnachtpyramide zeigt Abbildung 2. Sie basiert auf einer karussellartigen Konstruktion, die jedoch keine himmlischen Heerscharen, sondern lediglich die brennenden Kerzen auf einer Kreisbahn herumführt. Die Kerzen sorgen also für ihren eigenen Antrieb (Abbildung 2 links). Obwohl dieses Karussell völlig ohne Turbine auskommt, nutzt es auch die Energie des durch die Kerzen erzeugten

Abb. 2 *Moderne Form einer Weihnachtspyramide. Der tangential zum Radkranz abgelenkte heiße Luftstrom führt zu einer Bewegung in entgegengesetzter Richtung.*

Stroms heißer Luft. Diese strömt gegen ein segelförmiges, schräg zum Luftstrom aufgestelltes Metalldach, das fest mit dem jeweiligen Kerzenhalter verbunden ist (Abbildung 2 rechts). Der eine oder andere fühlt sich vielleicht an den kleinen Häwelmann von Theodor Storm erinnert, der sich ebenfalls durch einen selbst erzeugten Luftstrom fortbewegt: *„Da lag der kleine Häwelmann mit offenen Augen in seinem Rollenbett und hielt das eine Beinchen wie einen Mastbaum in die Höhe. Sein kleines Hemd hatte er ausgezogen und hing es wie ein Segel an seiner kleinen Zehe auf; dann nahm er ein Hemdzipfelchen in jede Hand und fing mit beiden Backen an zu blasen. Und allmählich, leise, leise, fing es an zu rollen..."* [1].

Selbst die Form des als Segel benutzten Hemdes erinnert an die konkav gerundete Metallschürze. Gegen sie strömen die heißen Abgase der Kerze und werden dort seitlich abgelenkt. Dabei muss nach dem Trägheitssatz eine Kraft von der Metallschürze auf den Gasstrom ausgeübt werden, die eine gleich große Gegenkraft hervorruft. Die horizontale Komponente dieser Gegenkraft bewirkt ein Drehmoment auf den drehbar gelagerten Kranz des Karussells, auf dem sich die Kerzen befinden und führt zu der beobachteten Drehung.

Während der Luftstrom der Kerze senkrecht zur Bewegungsrichtung der Gondeln erfolgt, bläst der kleine Häwelmann in Bewegungsrichtung, so dass man vielleicht an den Baron von Münchhausen erinnert wird, der sich am eigenen Schopfe aus dem Sumpf gezogen haben will. Doch auch

Abb. 1 *Eine klassische Weihnachtspyramide aus dem Erzgebirge.*

Häwelmanns Antrieb könnte wenigstens im Prinzip – einen hinreichend kräftigen Luftstrom vorausgesetzt – funktionieren: Zwar wird er beim Blasen einer bestimmten Luftportion mit dem Impuls p gegen sein Segelhemd den Impuls $-p$ auf sich und sein Gefährt übertragen was – allein genommen – eine Rückwärtsbewegung zur Folge hätte. Durch die Reflexion am Segel wird der Impuls p der Luftportion jedoch nach $-p$ umgekehrt, so dass das Gefährt dadurch den Vorwärtsimpuls $+2p$ und damit insgesamt $-p + 2p = p$ gewinnt und sich vorwärts bewegt. Entscheidend ist nur, dass die reflektierte Luft den Impuls p wegtransportiert.

Quantitative Abschätzung

Die Größen, welche die Antriebskraft bestimmen, lassen sich leicht abschätzen (Abbildung 3). Der Luftstrom, der auf die schräg angestellte Fläche auftrifft, wird zur Seite abgelenkt. Der Geschwindigkeitsvektor v des Luftstroms ändert sich dadurch in seiner Richtung um Δv, was einer Beschleunigung $\Delta v / \Delta t$ entspricht. Während der Zeitspanne Δt wird eine Luftsäule der Länge $\Delta l = v \Delta t$ und einer effektiven Querschnittsfläche A_{eff} abgelenkt. A_{eff} weicht je nach der Form des angeströmten Segels von der geometrischen Querschnittsfläche A ab. Es ist üblich $A_{eff} = 1/2\, c_W\, A$ zu setzen, wobei der Widerstandsbeiwert c_W eine empirisch zu bestimmende Konstante ist. Im vorliegenden Fall eines leicht konkaven Profils ist c_W etwas größer als 1. Der Luftsäule entspricht eine Masse $\Delta m = \rho A_{eff} v \Delta t$, die umso größer ist, je schneller sie strömt (ρ ist die Dichte der *heißen* Luft). Eine gleich große, aber entgegengesetzt gerichtete Kraft wirkt (gemäß *actio = reactio*) auf den Körper zurück und macht sich im erwünschten Auftrieb bemerkbar. Für dessen Betrag gilt

$$F_A = \Delta m\ \Delta v / \Delta t = \rho\ A_{eff}\ v\ \Delta v = 1/2 c_W\ \rho A\ v^2 \qquad (1)$$

Beim letzten Gleichheitszeichen wurde die Proportionalität $\Delta v \sim v$ ausgenutzt. Entscheidend sind also die Abhängigkeit des Auftriebs und damit des Antriebs von der effektiven Querschnittsfläche des heißen Luftstroms und vom Qua-

drat der Geschwindigkeit der Strömung. Letztere ist im Wesentlichen durch die Temperaturdifferenz zwischen Flamme und Umgebung bestimmt.

Vom Spiel zur technischen Nutzung

Vielleicht hat die Weihnachtspyramide Pate gestanden bei der Entwicklung moderner Aufwindkraftwerke. Jedenfalls werden dort ebenfalls heiße, aufsteigende Luftströme genutzt, um Turbinen in Bewegung zu setzen und damit elektrische Energie zu produzieren.

Aber auch der Künstler, Wissenschaftler und Techniker Leonardo da Vinci könnte bei der Erfindung des Aufwindkraftwerks Pate gestanden haben. Er hat eine Zeichnung aus dem Jahre 1480 hinterlassen, die stark an ein Aufwindkraftwerk erinnert. Da Vinci hatte damals allerdings eine ganz andere Verwendung im Sinn, die er nach eigenen Bekundungen auch in der eigenen Küche umgesetzt hat. Im Codex Atlanticus beschreibt er, dass die auf-

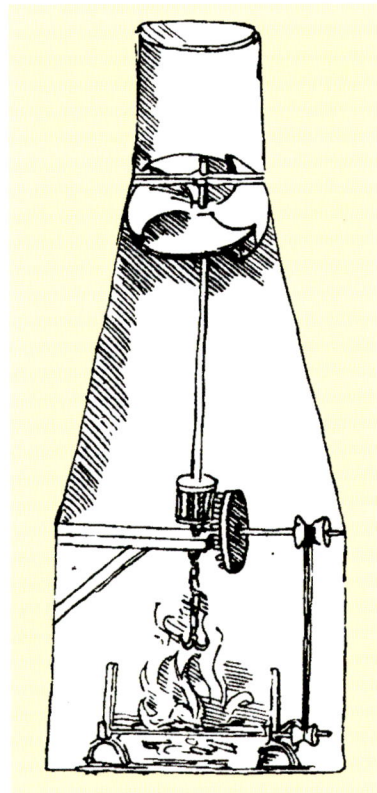

Abb. 4 *Konstruktionszeichnung einer durch aufsteigende Gase betriebenen Luftschraube von Leonardo da Vinci.*

steigenden Verbrennungsgase die Luftschraube oben im Kamin in Drehung versetzen und damit gleichzeitig einen mit einer Achse verbundenen Bratspieß über dem Feuer betreiben. Im Übrigen zeigt dies die erste bekannte Verwendung einer echten Luftschraube.

Im Unterschied zur Weihnachtspyramide und zu da Vincis Erfindung wird jedoch in einem Aufwindkraftwerk die Luft nicht durch Verbrennung von Rohstoffen hervorgerufen, sondern – ganz umweltfreundlich – durch eine solare Heizung. Ein Aufwindkraftwerk besteht aus einem großen,

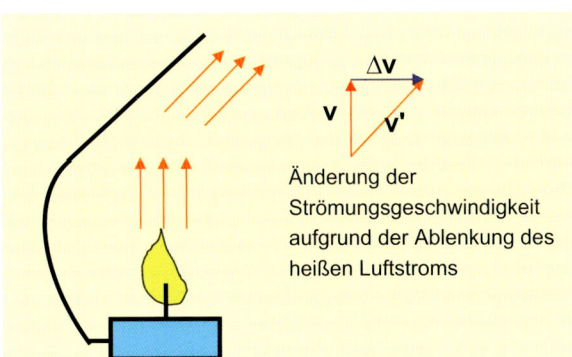

Änderung der Strömungsgeschwindigkeit aufgrund der Ablenkung des heißen Luftstroms

Abb. 3 *Schematische Darstellung des Antriebs. Rechts die Änderung der Strömungsgeschwindigkeit bei der Ablenkung des Luftstroms.*

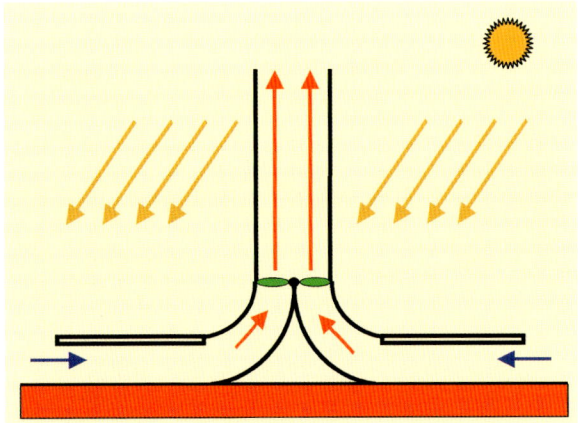

Abb. 5 *Schematisierte Darstellung der Beschleunigung der aufsteigenden warmen Luft in einem Aufwindkraftwerk. (Grafik: Schlaich, Bergermann und Partner).*

Vor einigen Jahren war ein Aufwinds-spielzeug unter dem Namen Aeromobile erhältlich, dessen zwei übereinander angebrachten Windräder sich gegen-läufig drehen, sobald auch nur der geringste Luftstrom durch das Gehäu-se geht (Abbildung 6).

Eine Freihandversion eines sehr einfachen Aeromobils kann man mit wenigen Handgriffen selbst herstellen. Dazu schneidet man sich aus dünner Metallfolie ein Rädchen aus (Abbil-dung 7), das im Schwerpunkt auf eine

Nähnadel gesetzt wird. Schmiegt man diese leicht drehbare Konstruktion mit der einen Hand in die Höhlung der anderen, so als wollte man sie vor Luftströmungen schützen, setzt es sich in Bewegung. Die zu einem Kamin geformten Hände erwärmen die Luft, die aufsteigt und das Rädchen in Drehung versetzt.

Bastelhinweise für stilvolle Weih-nachtspyramiden findet man im Internet.

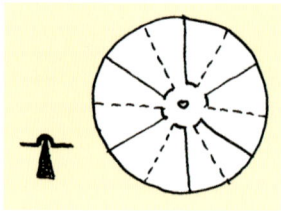

Abb. 7 *Aus Metallfolie hergestelltes und auf einer Nadel balanciertes Auftriebs-windrädchen.*

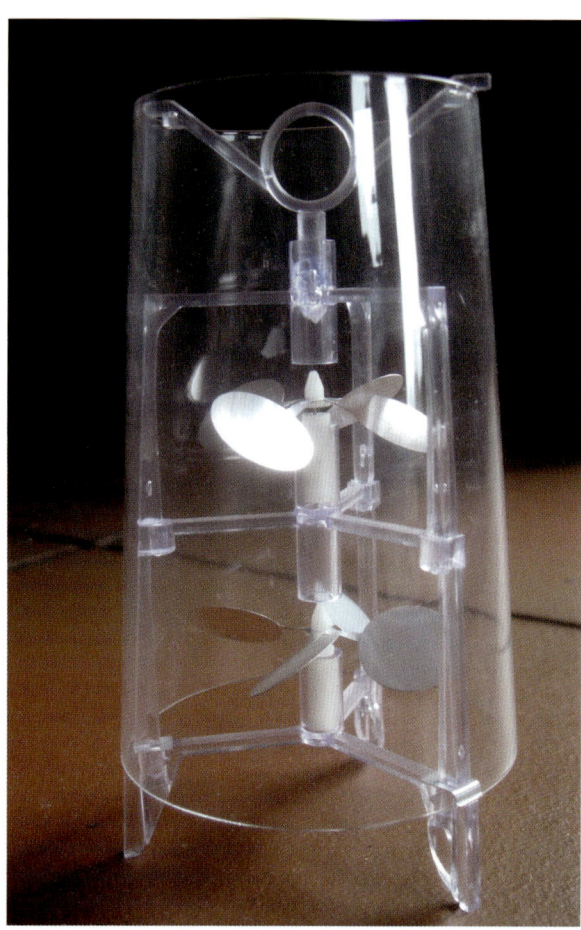

Abb. 6 *Die beiden gegenläufigen Windräder werden durch aufsteigende Luft in Drehung versetzt.*

kreisförmigen Glasdach (Kollektor), unter dem sich die Luft wegen des Treibhauseffektes erwärmt. Die umgebende kal-te und daher dichtere Luft wirkt von außen auf die warme Luft und drückt sie in einen Kamin im Zentrum des Glas-dachs. Die sehr schnell aufsteigende Luft treibt eine im un-

teren Teil des Kamins angebrachte Turbine, die Strom er-zeugt (Abbildung 5). Da die Auftriebskraft mit dessen Hö-he des Kamins wächst, werden Aufwindkraftwerke mit sehr hohen Kaminen ausgestattet.

Der deutsche Ingenieur Jörg Schlaich hat zur Entwick-lung von Aufwindkraftwerken entscheidende Beiträge ge-liefert [2]. Ein Prototyp bei Manzanares in Südspanien er-brachte von 1982 bis 1988 eine elektrische Leistung von bis zu 50 kW. Im Innern des 195 m hohen Turms mit einem Durchmesser von 5 m befand sich ein vierflügeliges Wind-rad mit einem Rotordurchmesser von 10 m. Der Aufwind erreichte bei Betrieb eine Geschwindigkeit bis zu 9 m/s, oh-ne Last bis zu 15 m/s. Das Kraftwerk wurde 1989 demon-tiert, nachdem ein Sturm den 200 Meter hohen Kamin um-geworfen hatte.

In der australischen Wüste sollte das erste kommerziel-le Aufwindkraftwerk, das Thermikkraftwerk Buronga, er-richtet werden. Mit einem Kamin von 1000 m Höhe und ei-nem 38 km^2 (!) großen Kollektor. Die Maximalleistung soll den Berechnungen entsprechend 200 MW betragen [3]. Das Projekt ist allerdings inzwischen fragwürdig geworden, weil die nötige Finanzierung für den Bau unsicher geworden ist [3].

Auch wenn die Weihnachtspyramide in der einen oder anderen Form aus physikalischer Sicht nichts weiter als ei-ne Art Aufwindkraftwerk darstellt, sollte man darin keine Entzauberung der festlichen Stimmung sehen. Die Analogie motiviert allenfalls eine physikalische Abschweifung der Ge-danken bei der Betrachtung der gemächlich rotierenden Py-ramide.

Literatur und Internet

[1] Th. Storm, Der kleine Häwelmann, in: Gesammelte Werke. Gedichte, Märchen und Spukgeschichten, München **1981**, 199.
[2] J. Schlaich, Das Aufwindkraftwerk, DVA, Stuttgart **1994**; J. Schlaich, G. Weinrebe, Phys. Unserer Zeit **2005**, *36* (5), 212.
[3] de.wikipedia.org/wiki/Thermikkraftwerk
[4] Die Firma Opitec bietet einen Weihnachtspyramiden-Bausatz an: www.opitec.de

Mit folgenden Stichwörtern findet man videos bei YouTube: Weihnachts-pyramide, Aufwindkraftwerk, solar tower

Spielerisches Bimetall

Bimetalle sind technisch weit verbreitet und finden in Thermometern oder als Schalter vielfältige Verwendung. Bei der Klickscheibe oder der Lichtwippe werden Bimetalle in spielerischer Form eingesetzt. Eine eher künstlerische Variante ist ein Klangspiel mit Bimetallantrieb.

In der ersten Hälfte des 18. Jahrhunderts konstruierte der englische Uhrmacher John Harrison (1693–1776) die erste Uhr, die so genau ging, dass damit auf See die Längengrade hinreichend genau berechnet werden konnten. Dazu erfand er den Bimetallstreifen, mit dem er die Temperatureinflüsse auf seine Uhren weitgehend kompensieren konnte.

Heute haben Bimetalle zahlreiche Anwendungen. Ihr Prinzip ist einfach: Wenn zwei Metallstreifen mit unterschiedlichem thermischem Ausdehnungskoeffizienten miteinander verbunden werden, krümmt sich die Vorrichtung bei Temperaturänderungen in die eine oder andere Richtung. Da die Krümmung ein Maß für die Temperaturänderung ist, finden aus Bimetall gefertigte Spiralen heute vielfach Verwendung in Thermometern (Abbildung 1). Weit verbreitet sind auch Thermobimetall-Schnappscheiben als Elemente von Thermostaten. In Wasserkochern beispielsweise unterbrechen sie automatisch den Stromkreis sobald die Siedetemperatur erreicht ist.

Die üblicherweise runden Schnappscheiben mit einem Durchmesser von 1 bis 3 cm bestehen aus einer aufeinander abgestimmten Kombination von zwei Metallen, wie Stahl und Invar (eine Eisen-Nickel-Legierung). Den Stahl bezeichnet man auch als aktive Komponente, da er einen relativ großen thermischen Ausdehnungskoeffizienten aufweist. Invar hat dagegen einen um den Faktor zehn bis zwanzig kleineren Wärmeausdehnungskoeffizienten als Stahl, ist also nahezu invariant. Daher der Name Invar.

Bei einer tiefen Temperatur haben Schnappscheiben eine konkave Form, bei einer hohen Temperatur klappen sie in eine konvexe Form um. Dabei entwickeln sie eine Kraft, mit der sie ohne Probleme mechanisch einen Schalter betätigen oder einen elektrischen Kontakt herstellen können. Die untere und obere Schnapptemperatur T_{us} und T_{os} können in einem weiten Bereich durch Verwendung entsprechender Materialien und Formgebung eingestellt werden. Die Schichtdicken bei den hier behandelten Schnapp-

Abb. 1 *Thermometer mit Bimetallspirale, die links unten im Bild vergrößert dargestellt ist.*

scheiben betragen für jede Komponente auf Mikrometer genau 0,15 mm, die Gesamtdicke also 0,30 mm. Ein deutsches Patent aus dem Jahr 1929 beschreibt derartige Schnappscheiben für Werbezwecke ziemlich genau [1].

Die Klickscheibe Jumping Disc

Solche Schnappscheiben wurden schon vor längerer Zeit unter dem Namen Jumping Disc als Spielzeug vertrieben, bis etwa 1990 die Produktion in den USA versiegte. Dank eines Liebhabers lassen sie sich jetzt wieder über das Internet beziehen (Abbildung 2) [2].

Die Jumping Disc oder Klickscheibe lässt sich zwischen den Fingern in einen der beiden umgeklappten Zustände drücken. Dieser Zustand bleibt für einige Zeit erhalten, wenn man die Temperatur der Scheibe durch intensives Reiben zwischen den Fingern auf etwa 30 bis 40 °C erhöht. Legt man die umgeklappte Scheibe dann schnell genug mit der konkaven Seite nach unten auf eine harte, kühle Unterlage, so schnappt sie nach einiger Zeit in den bei üblicher Raumtemperatur stabilen Zustand zurück. Weil sie dabei mit

Abb. 2 *Eine 1,235 g schwere Klickscheibe (Jumping Disc) mit 2,5 cm Durchmesser.*

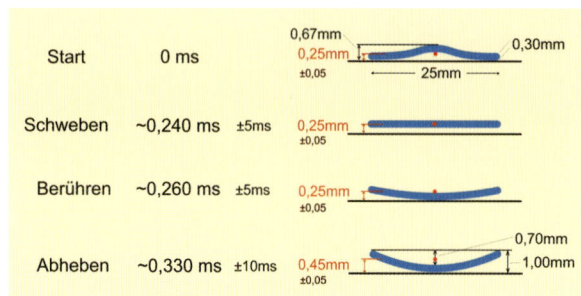

Abb. 3 *Schematische Darstellung des Absprungvorgangs der Klickscheibe. Der rote Punkt markiert den geschätzten Schwerpunkt der Scheibe. Darstellung nicht maßstabsgerecht.*

dem Mittelteil heftig auf die Unterlage prallt, springt sie etwa 60 cm hoch.

Aus $v = \sqrt{2gh}$ ergibt sich eine Absprunggeschwindigkeit v von 3,5 m/s. Den Luftwiderstand kann man bei dieser geringen Geschwindigkeit vernachlässigen. Auch die in eventueller Rotation der Scheibe enthaltene Energie ist vergleichsweise klein.

Interessant ist die beim Start auftretende Beschleunigung, die sich auf mehreren Wegen abschätzen lässt. Die Kraft zum Durchdrücken der Scheibe mit den Fingern beträgt etwa 35 N. Würde diese Kraft komplett zur gleichmäßigen Beschleunigung a der Scheibe verwendet werden, ergäbe sich $a = F/m = 34$ N/0,001235 kg = 27530 m/s² = 2753 g (g = 10 m/s²). Das ist immerhin ein Zehntel des Wertes, den Gewehrkugeln erreichen.

Die Analyse des Absprungvorgangs mit einem High-Speed-Video mit 16000 Bildern pro Sekunde ergibt den in Abbildung 3 dargestellten Verlauf [3]. Diese Bildfolge erlaubt es, die Beschleunigung auf andere Weise abzuschätzen. Die durchgedrückte Scheibe wird auf den Boden gelegt. Der Schwerpunkt befindet sich etwa 0,25 mm über dem Boden. Die Scheibe schnappt innerhalb von etwa 240 μs in eine flache Form. Das ist so schnell, dass die Scheibe kurzfristig in der Luft schwebt. Weil sie in dieser kurzen Zeit we-

gen der Schwerkraft nur um $s = 0{,}5\ gt^2 = 0{,}5 \cdot 10$ ms$^{-2} \cdot (0{,}24\ 10^{-3}\ \text{s})^2 \approx 0{,}3\ \mu$m nach unten fällt, verändert sich die Lage des Schwerpunkts kaum. Nach etwa 260 μs berührt die Scheibe den Boden, und erst jetzt wird sie innerhalb von etwa 70 μs auf einer Strecke von nur 0,2 mm beschleunigt. Daraus ergibt sich eine als gleichmäßig angenommene Beschleunigung von etwa

$$a = v^2/2s = (3{,}5\ \text{ms}^{-1})^2/(2\ 0{,}2\cdot 10^{-3}\ \text{m}) \approx 30000\ \text{ms}^{-2} = 3000\ g.$$

In Anbetracht der erheblichen Unsicherheiten bei den hier vorgenommenen Abschätzungen kann nur die Größenordnung der Beschleunigung bestimmt werden. Die stimmt in beiden Fällen passabel überein.

Der Übergang zwischen den beiden Schnapptemperaturen weist einen starken Hysterese-Effekt auf (Abbildung 4). Von tiefen Temperaturen kommend schnappt die Scheibe schlagartig bei T_{us} mit einer Gesamtschnapphöhe von $2h_s$ um. Die untere Schnapptemperatur T_{us} lässt sich zum Beispiel durch quasistatisches Abkühlen im Wasserbad bestimmen [4]. Sie betrug bei unserer Jumping Disc etwa 30 °C. Die obere Schnapptemperatur T_{os} liegt oberhalb der Siedetemperatur von Wasser. Mit berührungsloser Temperaturmessung auf einer langsam hoch heizenden Herdplatte lässt sie sich zu etwa 100 °C ermitteln. So groß ist also der Hysterese-Effekt bei den Jumping Discs! Die Herstellerfirma Wurmb [5] teilt als untere und obere Schnapptemperatur 31 °C beziehungsweise 99 °C mit einer Toleranz von ± 4°C mit.

Schnappscheiben für andere Anwendungen, wie Wasserkocher, haben gegebenenfalls andere Schnapptemperaturen und eine erheblich kleinere Hysterese. Erwärmen auf 240 °C oder mehr verschiebt die Schnapptemperaturen. Gewaltsames Erhitzen mit einem Gasbrenner verändert die Materialeigenschaften sogar so stark, dass die Schnappscheiben gar nicht mehr funktionieren. Das ist eine Eigen-

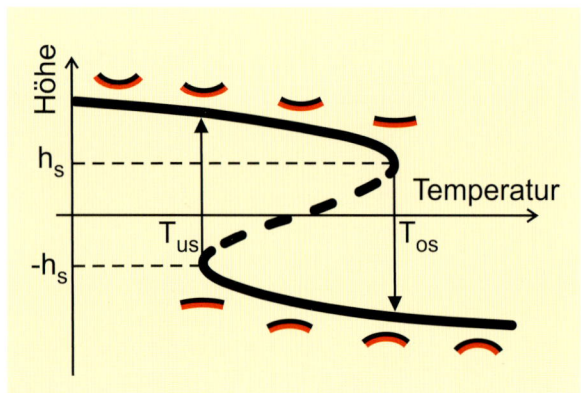

Abb. 4 *Qualitative Kennlinie einer Thermobimetall-Schnappscheibe. Die Durchbiegung ist überhöht dargestellt. Schwarz ist die aktive Stahlkomponente, rot die Invarschicht.*

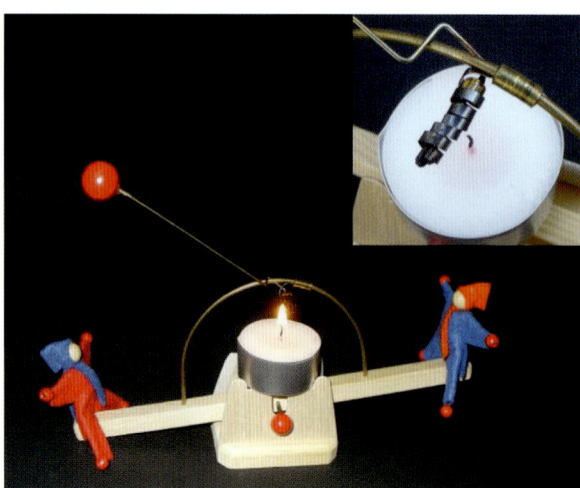

Abb. 5 *Die Lichtwippe wird mit einem Teelicht betrieben. Rechts oben im Bild die Bimetallspirale.*

Abb. 6 *Links das Klangobjekt Inner Vibes mit Kerzen-Bimetallantrieb, rechts der Klöppel im Innern.*

schaft von Invar. Es verändert seine mechanischen Eigenschaften irreversibel bei zu starker Erhitzung.

Lichtwippe und Klangobjekt

Eine ebenso einfache wie genial-spielerische Umsetzung der Eigenschaften einer Thermobimetallspirale ist in der Lichtwippe der Firma Kraul [6] realisiert. Oberhalb der Teelichtflamme befindet sich eine Spirale aus Thermobimetall (Abbildung 5). Erwärmt sich die Spirale, so dreht diese den mit einer roten Kugel belasteten Stab so hoch, dass er zur anderen Seite kippt. Dadurch verlagert sich der Schwerpunkt der Wippe so weit, dass sie zur anderen Seite schwingt. Gleichzeitig wird dadurch die Spirale aus der Hitze der Flamme heraus bewegt. Sie kühlt sich ab, Kugel und Wippe schwingen zurück mit der Folge, dass die Bimetallspirale wieder in die Flamme hinein gedreht wird. Das Spiel beginnt von Neuem.

Eine Feinabstimmung des Vorgangs lässt sich durch ein Justieren der Hebelarme vornehmen. Man kann auch die Position der Puppen durch Verbiegen des Haltedrahtes etwas verändern oder den Hebelarm mit der Kugel verbiegen, so dass damit kleinen Variationen Raum gegeben wird.

In einer ästhetisch und akustisch ansprechenden Form ist bei dem Klangobjekt Inner Vibes die Umsetzung von Temperaturunterschieden in Bewegung und Ton realisiert [7]. Ein Teelicht erwärmt ein klassisches Bimetallband, das dadurch einen Klöppel von der Kerze weg bewegt (Abbildung 6 rechts). Nach Abkühlung schwingt der Klöppel wie-

der zurück und so weiter. Die ganze Vorrichtung ist im Innern eines frei aufgehängten, 20 cm hohen Messingzylinders angebracht (Abbildung 6 links), so dass der Klöppel beim Anstoßen das Messingrohr zum Klingen bringt. Der Zylinder tönt verhalten und angenehm wie eine Glocke.

Wegen des Flackerns der Flamme und der damit verbundenen ungleichmäßigen Wärmeübertragung auf den Bimetallstreifen stellt sich keine feste, sondern eine eher chaotische Wiederholfrequenz des Tones ein. Die mittlere Wiederholfrequenz lässt sich aber dem eigenen Wohlempfinden anpassen, indem man durch Verschieben des Teelichts den Abstand vom Bimetall und damit die Stärke des Wärmestroms verändert. Der akustische Effekt wird übrigens durch einen optischen Reiz bereichert, weil das Kerzenlicht oben und unten aus dem Zylinder herausleuchtet.

Literatur

[1] Patentschrift Nr. 487164 (1929), Reichspatentamt, Deutsches Reich.
[2] www.jumpingdisc.com und www.grand-illusions.com
[3] C. Ucke, H. J. Schlichting, Physics Education **2009**, *44*, 612.
     Ein mit 16000 Bildern pro Sekunde aufgenommenes Video des
     Absprungvorganges ist herunterladbar unter: www.ucke.de/
     jumpingsdisc_video.avi
[4] C. Isenberg, Physics Education **1987**, *22*, 158.
[5] www.wurmb.at
[6] www.spielzeug-kraul.de
[7] www.bsuk.de und www.grand-illusions.com

Mit folgenden Stichwörtern findet man bei YouTube Videos zum Thema: jumping disc, bimetal disc

Elektromagnetismus

Der einfachste Elektromotor der Welt

Hängt man einen Zylindermagnet und eine Schraube an den einen Pol einer Batterie und verbindet den anderen Pol leitend mit dem Magneten, so gerät dieser in schnelle Rotation. So entsteht wohl der einfachste und am schnellsten herstellbare Elektromotor.

Elektromotoren werden meist als ein kompliziertes System aus gewickeltem Draht und einem Magneten angesehen. Deshalb sorgt man für Verwunderung, wenn man aus einer Batterie, einer Holzschraube, einem Zylindermagneten und einem kurzen Drahtende in wenigen Sekunden einen Motor zusammenbaut und in schnelle Rotation versetzt (Abbildung 1). Mehrere 1000 U/min sind erreichbar. Passende Neodym-Eisen-Bor-Magnete ausreichender Stärke sind über das Internet kostengünstig erhältlich [1].

Der Magnet verbindet sich hier mit einer Schraube zu einem Rotor, der dadurch – selbst magnetisch geworden – am Pol einer Batterie zu hängen vermag. Auf diese Weise sind zwei wichtige konstruktive Aufgaben erfüllt: Der Magnet hält einerseits wesentliche Bestandteile des Motors zusammen, andererseits stellt die hängende magnetisierte Schraube eine äußerst reibungsarme Spitzenlagerung zwischen Rotor und Batterie dar. Die „Lagerung" der anderen Seite des Rotors vermittelt die Schwerkraft. Sie sorgt dafür, dass der Rotor stets nach unten gerichtet bleibt und wegen dieser „Luftlagerung" eine denkbar geringe Reibung erfährt.

Den konstruktiven Rest erledigen die Hände: Mit dem Zeigefinger der einen Hand drückt man ein Ende des Strom führenden Drahtes an den zweiten Pol der Batterie, während Daumen und Zeigefinger der anderen Hand das andere Ende des Drahtes vorsichtig gegen den Magneten halten: Dies ermöglicht die feine Regelung des Schleifkontakts.

Der aus Schraube und Magnet bestehende Rotor erfüllt zwei wesentliche physikalische Funktionen: Zum einen stellt er eines der für einen Elektromotor nötigen Magnetfelder bereit, zum anderen leitet er den Strom von dem einen Pol der Batterie über den Draht zum anderen Pol zurück. Mehr bedarf es offenbar nicht, um die durch magnetische Kräfte hervorgerufene Bewegung in eine kontinuierliche Drehbewegung zu transformieren oder anders gesagt elektrische in mechanische Energie umzuwandeln.

Wir haben es hier im wahrsten Sinne des Wortes mit einem Freihandexperiment zu tun: Frei aus der Hand und im Handumdrehen in Aktion versetzt, handelt es sich um eine High-Tech-Low-Cost-Version eines Elektromotors. Dass diese Konstruktion wirklich funktioniert, glaubt man oft erst, wenn man es gesehen oder selbst ausprobiert hat. Zu groß erscheinen die Unterschiede zum vertrauten Motor. Denn dieser Konstruktion fehlt nicht nur die Spule, die für ein zweites Magnetfeld sorgt, sondern auch der Kommutator, der die Richtung des Stromes im richtigen Moment umpolt.

Wenn man sich jedoch daran erinnert, dass jeder fließende Strom von einem Magnetfeld umgeben ist, nähert man sich der Klärung des Phänomens: Der sehr hohe Strom, der von der Batterie durch das Kabel und den Magneten über die Schraube zurück zur Batterie fließt, muss das Magnetfeld des Zylindermagneten passieren (Abbildung 2). Dabei wird eine Lorentz-Kraft F_l auf den Strom ausgeübt, die idealerweise zu einer Ablenkung senkrecht zur Strom- und zur Feldlinienrichtung des Magneten führt. Die Richtung findet man mit Hilfe der Fingerregel der rechten Hand heraus.

Als Reaktion auf die Ablenkung des Stromes tritt eine mechanische Gegenkraft F_m auf. Die führt zu einem Drehmoment, das den Zylindermagneten in Rotation versetzt.

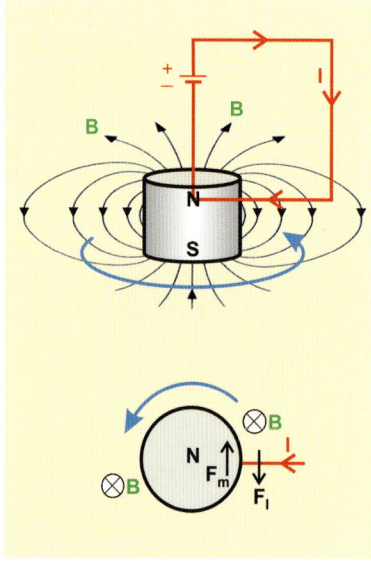

Abb. 1 *Der Elektromotor im „Handbetrieb".*

Abb. 2 *Schnitt durch den Permanentmagneten mit eingezeichneten Magnetfeldlinien B.*

Die Symmetrie der Konstellation wird dadurch nicht verändert, so dass die Bedingungen für eine kontinuierliche Bewegung, die Rotation, erhalten bleiben. Wichtig ist dabei die Hand, die den elektrischen Leiter an den Zylindermagneten hält. Im Sinne der Drehimpulserhaltung sorgt sie für die Kompensation des Drehimpulses, der mit der Drehung des Rotors verbunden ist. Anschaulich gesprochen, drückt sich der Rotor von dem mit der Hand fixierten Draht ab.

Dass diese Konstruktion zu einer schnellen Rotation führt, hat mehrere Gründe: Zum einen entsteht durch den faktischen Kurzschluss eine große Stromstärke, und ein Supermagnet besitzt eine sehr große Feldstärke. Zum anderen spielt die geringe Reibung zwischen der spitzengelagerten Schraube und der Batterie sowie zwischen dem Magneten und dem Leiterkabel eine wichtige Rolle.

Dieses Spielzeug hat in dieser Form keine praktische Bedeutung: Die Konstruktion ist instabil und der Wirkungsgrad gering. Dafür stellt es auf durchschaubare und nachvollziehbare Weise das Prinzip des ältesten Typs eines Elektromotors dar, das Michael Faraday im Jahre 1821 beschrieben hat (Abbildung 3) [2]. Dabei fließt ein Strom über eine Spitzenlagerung durch einen beweglich aufgehängten Draht, der sich im Feld eines Magneten befindet. Die Drahtenden tauchen in ein Quecksilberbad ein, das den Strom ableitet. So kommt es auf ähnliche Weise zu einer Drehung des Drahtes wie bei unserem Freihandmotor zur Drehung des Magneten. Quecksilber als flüssiger metallischer Leiter ermöglicht dabei eine reibungsarme Übertragung des elektrischen Stroms auf den Rotor.

Eine ganz ähnliche Konstruktion aus dem Jahre 1822 geht auf Peter Barlow zurück. Dieses Barlowsche Rad, das sich in der einen oder anderen Realisation auch heute noch in physikalischen Sammlungen befindet, besteht im Wesentlichen aus einer senkrecht drehbar gelagerten Scheibe, die sich mit ihrem Rand durch ein Bad aus Quecksilber bewegen kann. Um die großflächige Reibung einer kreisrunden Scheibe zu reduzieren, ist sie sternförmig gezackt. Das Rad bewegt sich durch ein Magnetfeld, erzeugt von den Polen eines Hufeisenmagneten.

Faradays und Barlows Konstruktionen unterscheiden sich von unserem Freihandmotor in zweierlei Hinsicht: die Stromführung durch ein Quecksilberbad ist komplizierter, und stromdurchflossener Rotor und Magnet sind voneinander getrennt.

Unser Motor ist im Prinzip bereits im Jahre 1961 beschrieben worden [3], geriet jedoch in Vergessenheit bis die Supermagnete allenthalben verfügbar wurden und die hier vorgeschlagene sowie einige andere Konstruktion gewissermaßen der Hand lagen. Erwähnt seien hier zwei ganz ähnlich aufgebaute „Roller" aus Batterie, Magneten, Kupferdraht und Alufolie (Abbildung 4, [5]). Bei dem einen wird die leitende Verbindung durch einen an den Enden passend gebogenen Kupferdraht hergestellt, der lose über den Magneten gelegt wird. Bei dem anderen liegt der Roller auf einer Alufolie, die für die leitende Verbindung sorgt. Dabei müssen die Pole der Magnete an den Enden der Batterie so angeordnet werden, dass sie sich abstoßen. Auch hier verursacht der Kurzschlussstrom der Batterie an den Magneten ein Drehmoment, das die Konstruktion auf einer ebenen Fläche in Bewegung setzt. Die Freude an der Bewegung ist jedoch nur von kurzer Dauer. Wie man an der Erwärmung des Rollers merkt, entleert der hohe Strom die Batterie sehr schnell.

Die hier diskutierten Versionen eines Elektromotors werden in jüngster Zeit unter den Namen Homopolar-, Monopolar- oder Unipolarmotor unter verschiedenen Aspekten einer mögli-

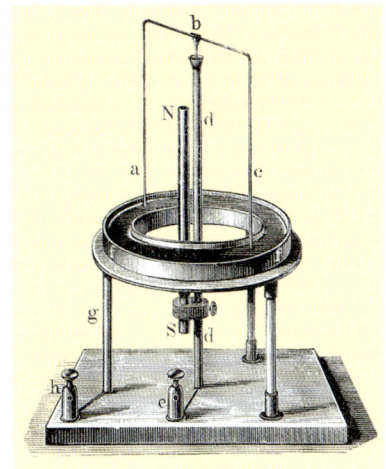

Abb. 3 *Konstruktion nach Faraday. Prinzip des ältesten Elektromotors, entworfen von Michael Faraday 1821 (aus [2]).*

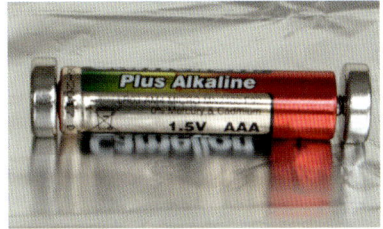 

Abb. 4 *Beim homopolaren Roller wird ein an den Enden etwas gebogener Kupferdraht lose über die Magneten gelegt. Alternativ legt man die Batterie mit den Magneten einfach auf eine leitende Unterlage, zum Beispiel eine Haushaltsalufolie.*

chen Anwendung diskutiert [4–7]. Zahlreiche Demonstrationen findet man im Internet [8].

Indem die Bestandteile und der Aufbau des Elektromotors hier auf ein Minimum reduziert sind, erfährt man das elektromotorische Prinzip auf unmittelbar einsichtige Weise, so dass man den Ausspruch des französischen Physikers und Dichters Gaston Bachelard eindrücklich bestätigt findet: *Elektrische Experimente sind die klarsten und erfreulichsten unter all jenen, welche die Physik anbietet.*

Literatur und Internet

[1] z.B. www.supermagnete.de

[2] Müller-Pouillets Lehrbuch der Physik und Meteorologie, Vieweg & Sohn **1914**, 677.

[3] T. D. Strickler, Am. J. Phys. **1961**, *29*, 635.

[4] J. Guala-Valverde, P. Mazzoni, R. Achilles, Am. J. Phys. **2002**, *70* (10), 1052.

[5] H. K. Wong, The Physics Teacher **2009**, *47*, 463.

[6] D. Featonby, Physics Education **2007**, *42*, 236.

[7] S. M. Stewart, Rev. Bras. Ensino Fís. **2007**, *29* (2); www.scielo.br/scielo.php?script=sci_arttext&pid=S0102-47442007000200012

[8] Mit den Stichwörtern homopolar motor roller faraday findet man zum Beispiel bei YouTube viele Beispiele und Abwandlungen dieses Motors.

Klassische Magnetkreisel

Kreisel gibt es in vielen unterschiedlichen Varianten; sie faszinieren alt und jung. Überraschende Effekte erlebt man mit Kreiseln, die magnetisch sind. Sie sind nicht nur interessante physikalische Spielzeuge, sondern kommen sogar in Kunst- und Designobjekten zur Geltung.

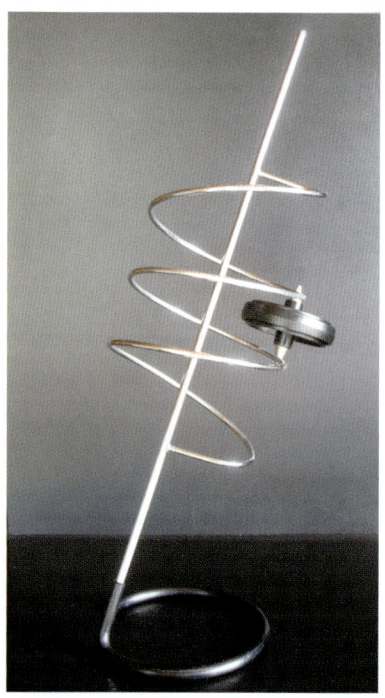

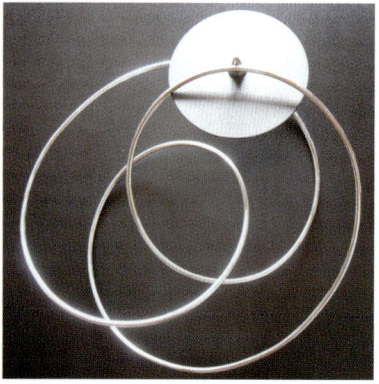

Abb. 1 *Magnetkreisel von Jochen Valett. Oben das Spiraculum, unten das Radiaculum.*

Klassische Magnetkreisel besitzen eine magnetische Achse, die meistens aus einem dünnen Stabmagneten besteht. Manchmal wird die Magnetisierung der aus einem Eisenstift bestehenden Kreiselachse auch dadurch erreicht, dass man als Kreiselscheibe einen flachen Ringmagnet verwendet, dessen Pole auf der Symmetrieachse liegen. Ein Magnetkreisel funktioniert zunächst einmal wie jeder andere Kreisel auch. Bringt man ihn jedoch mit ferromagnetischen Objekten in Verbindung, so können dadurch erstaunliche Wechselwirkungsphänomene hervorgerufen werden, die wir uns im Folgenden etwas genauer anschauen.

Seit vielen Jahren erhältlich sind die von dem Künstler Jochen Valett entwickelten Magnetkreiselspiele *Spiraculum* und *Radiaculum*. Das Spiraculum (Abbildung 1 rechts) besteht aus einem spiralig gewickelten und das Radiaculum (Abbildung 1 links) aus einem kühn geschwungenen, verchromten Gestell aus Strahldraht, an dem jeweils ein Kreisel mit den Achsenenden haftet und wie auf einer Schiene entlang rollen kann. Dazu muss man das Gestell in beide Hände nehmen und so bewegen, dass der Kreisel unter dem Einfluss der Schwerkraft ein Drehmoment erfährt und in Rotation gerät. Die Kunst - im doppelten Wortsinn - besteht darin, den Kreisel in permanenter Drehung zu halten

Beim Spiraculum ist dies relativ einfach, weil der Kreisel mit beiden Enden am Draht entlangrollen kann. Es kommt lediglich darauf an, die Trägheit des rotierenden Kreisels mit der Bewegung des Gestells so zu koordinieren, dass der Kreisel nicht stehen bleibt.

Das Radiaculum erfordert etwas mehr Geschicklichkeit. Der Kreisel haftet nur mit einem Ende der Achse seitlich an der Schiene und hängt in der Ruhestellung mit der Kreiselspitze nach unten. Damit der Kreisel an der Schiene abrollen kann, muss versucht werden, dass die Kreiselachse waagrecht bleibt. Nur so kann sie an der schräg nach unten verlaufenden Schiene beschleunigt werden. Dies ist aber nur dann möglich, wenn der Kreisel so schnell rotiert, dass die Schwerkraft keine Chance hat, die Achse in die Vertikale zu drehen. Alles kommt daher darauf an, durch geschicktes Manövrieren des Drahtgestells dafür zu sorgen, dass der zu Beginn per Hand angedrehte Kreisel stets eine genügend „schiefe Ebene" vorfindet, deren Neigung für den Antrieb sorgt. Die Neigungsrichtung muss den Windungen und dadurch bedingten Richtungsänderungen des Kreisels ohne Verzug so eingerichtet werden, dass dem aus dem jeweiligen Bahnverlauf erschlossenen „senkrechten Ausweichen" des Kreisels Rechnung getragen wird. Das setzt einige Übung voraus.

Weniger aufwändig, aber in ihrer Wirkung ähnlich frappierend, sind Magnetkreisel, die mit Eisenobjekten in Wechselwirkung gebracht werden. Nähert man der magnetischen Spitze eines auf dem Tisch rotierenden Kreisels einen Draht oder ein Blech aus Eisen, so passiert im Prinzip dasselbe wie bei den obigen Phänobjekten: Der Kreisel läuft an der Kante des Drahts oder Blechs entlang. Zumindest aus dem Ruhesystem des Drahts oder Blechs gesehen ist es so. Aus dem Laborsystem betrachtet bleibt der Kreisel in der Regel auf der Stelle und rollt den Draht oder das Blech an sich entlang. Nur wenn man den Draht oder das Blech auf der Unterlage fixiert, muss sich der Kreisel zu einer Umrundung bequemen. Dabei entstehen je nach der Beschaffenheit des Drahts oder Blechs ganz unterschiedliche Bewegungsfiguren.

Die einfachste Bewegung erhält man mit einem schlichten geraden Draht, beispielsweise einer geradegebogenen Büroklammer (Abbildung 2). Sobald der auf dem Tisch liegende Draht in Kontakt kommt mit der magnetischen Spitze des rotierenden Kreisels, gerät er in eine von der Drehgeschwindigkeit abhängigen Hin- und -Herbewegung parallel zu seiner Längsachse. Genau genommen läuft der Draht beim Hin auf der einen und beim Her auf der anderen Seite am Kreisel vorbei. Oder aus der Sicht des Drahts: Der Kreisel umrundet ständig den Draht (Abbildung 3).

Wenn man den Draht auf der Unterlage fixiert, kann man sogar erzwingen, dass der Kreisel (im Laborsystem, also relativ zum Tisch) um den Draht herumläuft. Wer (im Laborsystem) um wen herumläuft, hängt letztlich vom Verhältnis der Reibungskräfte ab, die beim Kreisel und beim Draht im Kontakt zur Unterlage auftreten. Fixiert man den Draht, so endet die Bewegung schneller, als wenn der Kreisel an seinem Ort bleibt. Daran erkennt man, dass die Reibung beim Verschieben des Kreisels auf der Unterlage stärker ist als beim Verschieben des Drahts und mehr Energie dissipiert wird. Das leuchtet qualitativ unmittelbar ein: Der im Vergleich zum Draht schwerere Kreisel muss mit der Spitze über den Tisch gleiten, während er ansonsten lediglich auf der Stelle rotiert und der Draht an ihm abrollt. Dieser übt schon wegen seiner geringeren Masse eine wesentlich geringere Reibung mit dem Boden aus als der Kreisel.

Die Rollreibung zwischen Kreisel und Draht entsteht durch die magnetische Anziehungskraft, mit der beide aneinander gepresst werden. Damit es zu einem Vortrieb des Objekts kommt, muss diese Rollreibungskraft die Gleitreibungskraft zwischen Draht und Unterlage kompensieren. Verfolgt man das Hin-und-Her des Drahts eine Weile, so erkennt man, dass sich der Draht zusätzlich stückweise dreht: Nach jeder halben Umrundung des Kreisels rückt er wie ein Uhrzeiger in Drehrichtung des Kreisels ein Stück vor. Er führt also eine ruckweise Drehbewegung um den Auflagepunkt des Kreisels als Drehachse aus. Wie kommt es zu diesem Drehmoment? Ein Vorversuch gibt einen Hinweis darauf.

Wir heben den Kreisel samt den an ihm haftenden Draht hoch und drehen ihn: Wegen der Haftreibungskraft zwischen Draht und Kreiselachse dreht sich der Draht mit. Bezogen auf den in der Drehachse des Kreisels liegenden Drehpunkt (blauer Punkt in Abbildung 3) übt die im Berührpunkt zwischen Achse und Draht angreifende Reibungskraft ein Drehmoment in Drehrichtung des Kreisels aus (Abbildung 3, blauer Pfeil). Liegt der Draht auf der Unterlage, so wird das Drehmoment auf den Draht weitgehend durch das Drehmoment aufgrund der Reibungskraft mit der Unterlage kompensiert. Ursache ist der geringe Abstand des Reibungsschwerpunkts des Drahts zur Kreiselachse. Es kommt zu der beschriebenen Hin-und-Herbewegung.

Die Kompensation ist nicht immer vollkommen. Durch die Bewegung des nicht immer glatt aufliegenden Drahts schwanken die Reibungskraft und die Größe des Drehmoments, das der Drehung des Kreisels entgegenwirkt (Abbildung 3, roter Pfeil). In solchen Momenten wird der Draht ein Stück weit in Drehrichtung mitgenommen, wie der beschriebene Vorversuch zeigt. Daher wird das Hin-und-Her des Drahts von einem unregelmäßigen ruckweisen Rotieren überlagert.

Benutzt man statt des Drahts einen Blechstreifen, beispielsweise ein Schnellhefterblech, dann beobachtet man

Abb. 2 *Ein Draht, der an der Spitze eines Magnetkreisels anliegt, vollführt entlang seiner Längsachse eine Hin- und-Herbewegung. Außerdem dreht er sich ruckweise um seinen Reibungsschwerpunkt, ähnlich wie ein Uhrzeiger.*

auch hier eine der Hin-und-Herbewegung überlagerte ruckweise Drehbewegung. Allerdings erfolgt sie in diesem Falle entgegengesetzt zur Drehrichtung. Bei Blechen ab einer bestimmten Breite liegt der Reibungsschwerpunkt so weit vom Drehpunkt des Kreisels entfernt, dass das Drehmoment größer ist als das oben beschriebene in Drehrichtung des Kreisels wirkende Moment (Abbildung 3). Dann kommt es zu einer ruckweisen Rückwärtsbewegung.

Dieser „Tanz" von Magnetkreisel und metallischem Draht lässt sich mit unterschiedlich geformten Objekten noch erheblich variieren. Verwendet man beispielsweise ein schlangenartiges Blech (Abbildung 4), so führt der Draht auch eine schlängelnde Bewegung aus. Abbildung 5 zeigt einige unterschiedlich geformte Bleche, deren Bewegung am Kreisel man aus den bisherigen Erklärungen selbst erschließen kann. In allen Fällen lassen sich die Bewegungen als Wechselspiel zwischen Roll- und Gleitreibung und die hierdurch entstehenden Drehmomente erklären.

Internet

Mit folgenden Stichwörtern findet man Videos bei YouTube: radiaculum, spiraculum

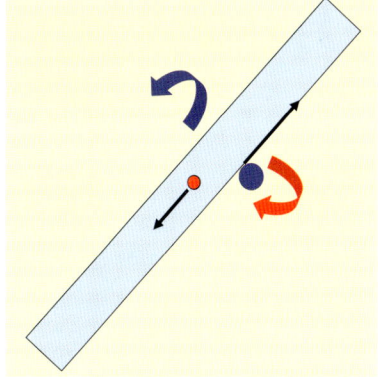

Abb. 3 *Durch die Reibungskraft zwischen Kreiselachse und Draht oder Blech (blau) kommt es zu einem Drehmoment in Drehrichtung des Kreisels. Die Reibungskraft mit der Unterlage (Reibungsschwerpunkt, rot) bewirkt ein entgegengesetztes Drehmoment. Beim Draht überwiegt ersteres Drehmoment, beim Blech letzteres. Daraus resultieren unterschiedliche Drehrichtungen.*

Abb. 4 *Eine Blechschlange führt eine schlängelnde Bewegung aus und dreht sich ebenfalls ruckweise wie ein Uhrzeiger.*

Abb. 5 *Diese unterschiedlich geformten Bleche führen im Kontakt mit dem rotierenden Kreisel erstaunliche Bewegungen aus.*

Die Magnetkanone

Zur Beruhigung: Hier geht es nicht um Militärisches. Mit den heutzutage günstig erhältlichen magnetischen Kugeln aus Neodym-Eisen-Bor (NdFeB) und Stahlkugeln lässt sich schnell eine Art Minibeschleuniger bauen, der manchmal auch als Gaußsche Kanone bezeichnet wird.

Wenn man eine Anordnung von gleich großen, sich berührenden Stahlkugeln in eine Rinne legt und eine weitere Kugel von außen auf die Anordnung prallen lässt, fliegt die letzte Kugel mehr oder weniger weit fort. Der Rest bleibt liegen. Darüber wundert man sich kaum noch. Man kennt diesen Vorgang von dem bekannten Kugelstoßpendel namens Newtons Cradle oder Newtons Wiege. Großes Erstaunen löst man aber normalerweise aus, wenn die letzte Kugel wie von einem Gewehr geschossen mehrere Meter weit fliegt – obwohl die andere Kugel nur ganz sacht gegen die Reihe gerollt wurde. Das scheint nicht mit dem Energiesatz verträglich zu sein.

Der Effekt ist so überraschend, dass man einen Trick vermutet. Mit Recht, denn die benutzten Kugeln sehen zwar gleich aus, aber eine oder gar mehrere von ihnen haben es in sich: Sie sind magnetisch (Abbildung 1).

Die heranrollende Kugel wird durch die Magnetkugel auf kurzer Strecke stark beschleunigt und prallt mit großer Geschwindigkeit auf die ruhenden Kugeln, ohne dass man die Heftigkeit so richtig bemerkt. Die Kugeln auf der rechten Seite werden zwar ebenfalls von der magnetischen Kugel angezogen und festgehalten, die äußere Kugel aufgrund des größeren Abstandes jedoch weniger stark. Daher reicht der Impuls der aufprallenden Kugel aus, um die letzte Kugel aus dem Magnetfeld zu befreien und mit großer Geschwindigkeit wegzuschießen [1, 2, 3]. Eine noch größere Geschwindigkeit lässt sich erzielen, wenn auch die anrollende Kugel magnetisch ist – zwei Magnetkugeln ziehen sich fast doppelt so stark an, wie Magnet- und Stahlkugel.

Eine weitere Geschwindigkeitssteigerung erreicht man, wenn man die Kugeln in mehreren getrennten Gruppen anordnet und so für eine Kaskade von Stößen sorgt (Abbildung 1 unten). Hier wird die schnelle Kugel aus dem ersten Stoß ein zweites Mal beschleunigt. Eine Fortsetzung dieses kaskadenähnlichen Aufbaus ist denkbar und erinnert in gewisser Weise an große Beschleuniger. Welche Maximalgeschwindigkeit hier erreicht werden könnte, ist unseres Wissens noch nicht erprobt. Bei zu starken Stößen zersplittern die Magneten

Als Spielzeug unter dem Namen Gaußsche Kanone oder Gaussian Gun wird die in Abbildung 2 gezeigte Anordnung vertrieben [4]. Hier sind alle Kugeln nichtmagnetisch, aber auf der Schiene sind zwei zylinderförmige Magnete eng zusammen befestigt. Die von links kommende, einzelne Stahlkugel wird beschleunigt zu den Magneten gezogen und überträgt ihren Impuls auf die rechts befindlichen Stahlkugeln. Die ganz rechts liegende Kugel schießt dann mit hoher Geschwindigkeit weg.

Eine schon vor längerer Zeit publizierte Version der magnetischen Kanone bestand darin, einen Magneten an

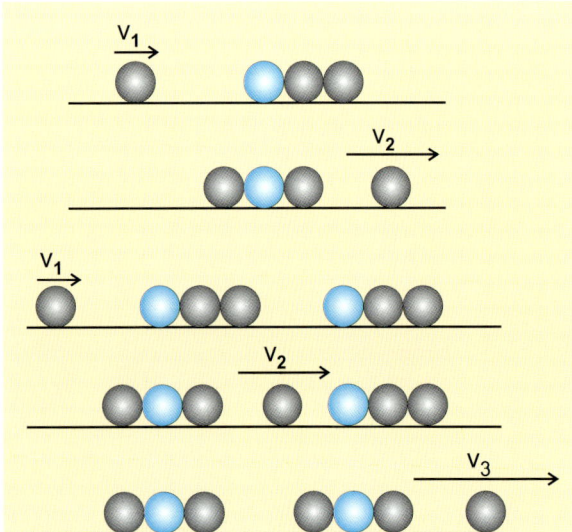

Abb. 1 In den beiden oberen Bildern stößt eine Stahlkugel (grau) gegen eine Magnetkugel (hellblau). In den drei unteren Bildern löst die linke Stahlkugel eine Kaskade weiterer Stöße aus.

Abb. 2 Ein Spielzeug mit dem Namen Gaussian Gun.

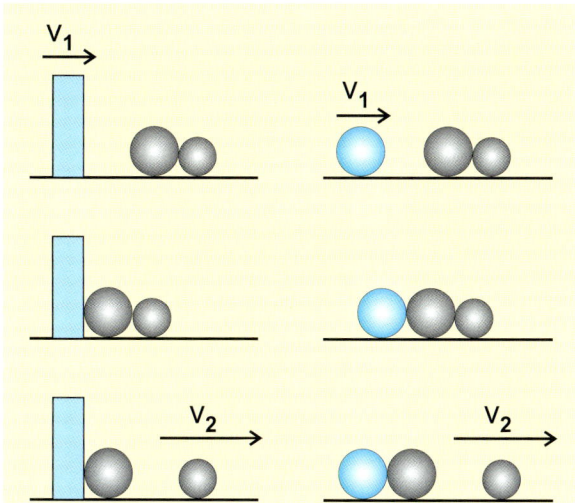

Abb. 3 *Eine Variation der magnetischen Kanone.*

sich berührende, unterschiedlich große Stahlkugeln heranzuschieben (Abbildung 3) [5, 6]. Beide Kugeln werden angezogen und bleiben im Feld des Magneten auch in ständiger Berührung. Der größere Impuls der großen Kugel überträgt sich bei der Berührung mit dem Magneten (elastischer Stoß) auf die kleine Kugel. Diese kann sich dadurch aus dem Feld des Magneten lösen und schießt mit großer Geschwindigkeit davon, während die große Kugel am Magneten hängen bleibt. Hier spielen die unterschiedlichen Massen eine zusätzliche Rolle. Einen ähnlichen Effekt erzielt man auch direkt mit einer Magnetkugel und zwei unterschiedlich großen Stahlkugeln. Weitere Variationen, auch mit Kugeln aus anderen Materialien wie Glas, überlassen wir dem Spieltrieb der Leser.

Lässt man eine Magnetkugel rollen, so bewegt sich mit ihr auch das Magnetfeld, das man sich wie das Dipolfeld der Erde vorstellen kann. In hinreichender Nähe einer Stahlkugel richtet sich jedoch einer der beiden Pole auf die Stahlkugel aus. Dann wird die Magnetkugel nur noch gleiten. Bei den Anordnungen in Abbildung 2 und dem oberen Teil der Abbildung 3 sind die Pole der Magneten von vornherein ausgerichtet.

Kraftgesetze der Magnetkanone

Die erstaunliche Wirkung dieses Spielzeugs beruht vor allem auf der Asymmetrie des Vorgangs. Während die extrem starke Beschleunigung der auslösenden Kugel wegen der Kürze des Weges kaum bemerkt wird, übertrifft die Schussweite alle Erwartungen. Um eine angemessenere Vorstellung von dem Geschehen zu bekommen, nehmen wir es etwas genauer unter die Lupe.

Um die Geschwindigkeiten und Beschleunigungen der Kugeln berechnen zu können, muss man die Kraft einer Magnetkugel auf eine andere Kugel in Abhängigkeit vom Abstand messen. Dabei ergeben sich unterschiedliche Werte, je nachdem, ob Magnetkugel auf Magnetkugel oder Stahlkugel auf Magnetkugel wirkt. Meist lässt sich die Abhän-

gigkeit gut durch ein Potenzgesetz beschreiben.

Die Messungen lassen sich mit einfachen Mitteln bewerkstelligen. In Abbildung 4 befindet sich auf einem nichtmagnetischen Blech (Messing, Aluminium) definierter Dicke eine Magnetkugel. Darunter hängt die Stahl- oder Magnetkugel. Eine kleine Halterung aus Aluminium ist oben mit einer Bohrung versehen, so dass ein Teil der unteren Kugel hindurch passt. An die Halterung hängt man immer schwerere Gewichte, bis die Kugel mit Halterung herunterfällt. Daraus ergibt sich die Haltekraft.

Abbildung 5 zeigt die auf diese Weise gewonnenen Messwerte für die Kräfte von Magnetkugel auf Magnetkugel, Magnetkugel auf Stahlkugel und Stahlkugel auf Stahlkugel im Feld einer Magnetkugel. Da sich der Messbereich über fast drei Dekaden erstreckt, empfiehlt sich eine doppeltlogarithmische Darstellung.

Für die Kraft F auf eine Stahlkugel in Abhängigkeit vom Abstand x der Magnetkugel (Kurve 1), ergibt sich in sehr guter Näherung ein Potenzgesetz: $F = 1{,}934{\cdot}10^{-14} \cdot x^{-7{,}85}$ (F in N, x in m). Eine Potenz von fast acht taucht bei physikalischen Gesetzen selten auf. Sie

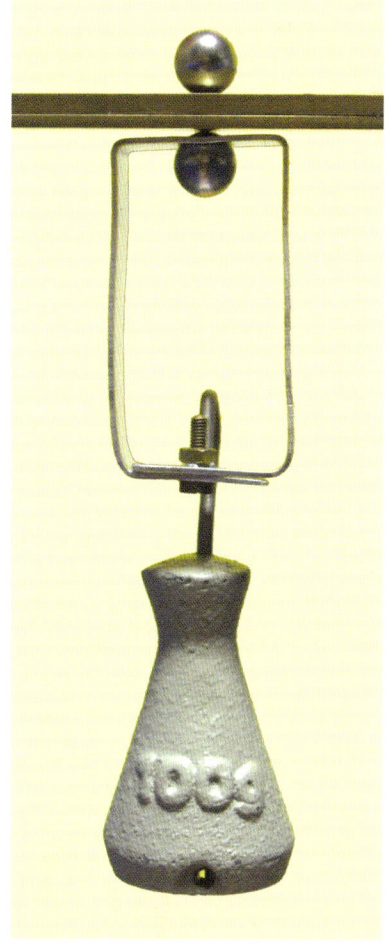

Abb. 4 *Messung der Haltekraft bei Magnetkugeln.*

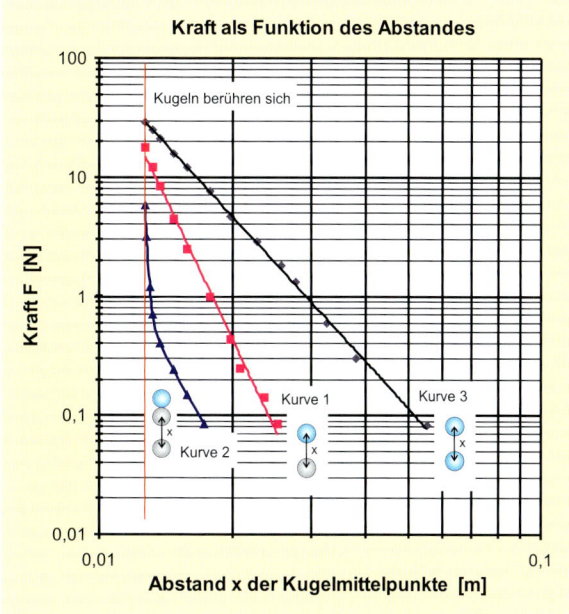

Abb. 5 *Kräfte, die die Magnetkugeln auf andere Kugeln ausüben. Magnetkugeln sind blau, Stahlkugeln grau gezeichnet.*

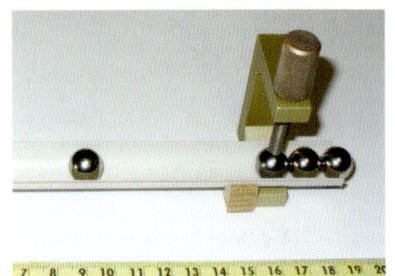

Abb. 6 *Magnet- und Stahlkugeln in einem Halbrohr aus Plastik.*

kommt durch einen magnetischen Quadrupol zustande, den der Dipol der Magnetkugel in der Stahlkugel induziert. Mit der Masse der Stahlkugel $m_S = 8,4$ g lassen sich Geschwindigkeit und Beschleunigung der Stahlkugel berechnen.

Die Kraft einer Stahlkugel auf eine Stahlkugel, die an einer Magnetkugel hängt (Kurve 2), lässt sich nicht mehr gut mit einem Potenzgesetz beschreiben. Tatsächlich ist die Zunahme der Kraft kurz vor Berührung geradezu extrem stark.

Die Kraft zweier Magnetkugeln aufeinander (Kurve 3) ist deutlich größer als die einer Stahlkugel auf eine Magnetkugel. Auch hier gilt in guter Näherung ein Potenzgesetz $F = 6,41 \cdot 10^{-14} \cdot x^{-4,04}$. Die vierte Potenz erwartet man, wenn sich ein magnetischer Dipol im Feld eines anderen magnetischen Dipols befindet. Die Kugeln bilden einen magnetischen Dipol, dessen Magnetfeld in der Dipolachse mit der dritten Potenz in Abhängigkeit vom Abstand abnimmt.

Mit diesen Kraftgesetzen können wir uns nun daran machen, die Geschwindigkeiten der Kugeln abzuschätzen. Hierfür haben wir die in Abbildung 1 oben gezeigte Anordnung etwas variiert. Sind nämlich alle Kugeln frei beweglich, so zieht die von links kommende, nichtmagnetische Kugel beim Annähern an die magnetische Kugel mit der daran hängenden Stahlkugel diese an: Alle Kugeln bewegen sich dann aufeinander zu. Beim Abprall der rechts befindlichen Stahlkugel gibt es in der Folge einen Rückstoß, der drei Kugeln zurückschiebt. Sehr schön lässt sich das in einer Simulation verfolgen, die im Internet verfügbar ist [7]. Da auf diese Weise zusätzliche und aufwändig zu berücksichtigende Reibungsverluste entstehen, wurde die Magnetkugel mit einer nichtmagnetischen Zwinge festgehalten

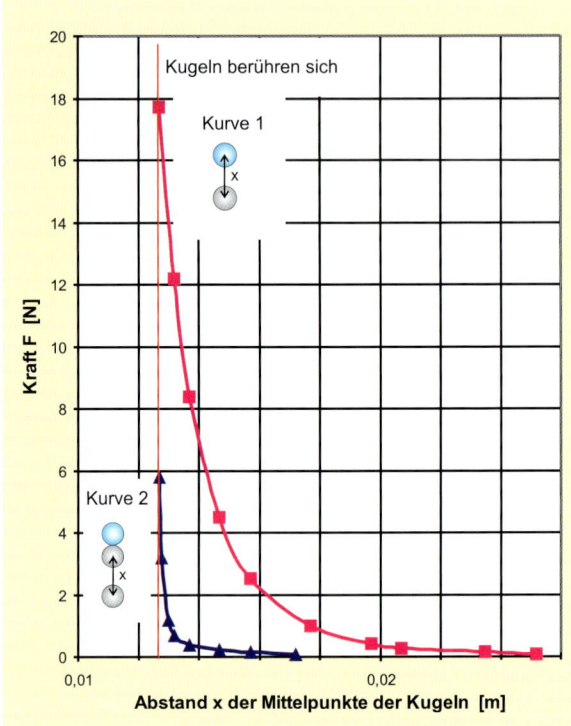

Abb. 7 *Die Energien der auf- und abprallenden Stahlkugeln lassen sich aus den Flächen unterhalb der Kurven berechnen.*

(Abbildung 6). Die Kugeln laufen in einem Plastikhalbrohr mit einem etwas größeren Innendurchmesser als der Kugeldurchmesser. Derartige Führungen lassen sich beispielsweise aus Isolierrohren für Elektrokabel herstellen.

Die Messungen der Kraft einer Stahlkugel auf eine Magnetkugel und einer Stahlkugel auf eine zweite Stahlkugel im Magnetfeld einer Magnetkugel zeigt Abbildung 7 in linearer Darstellung. Die Fläche unterhalb der Kurve 1 (28,7 mJ) ist

DIFFERENTIALGLEICHUNG ZUR BERECHNUNG DER GESCHWINDIGKEIT

Eine Stahlkugel wird von einer fest in einer Halterung befindlichen magnetischen Kugel angezogen entsprechend einer experimentell ermittelten Abhängigkeit

$$F(x) = c' \cdot x^n,$$

mit der Kraft F (in N), dem Abstand der Kugelmitten x (m) und den Konstanten $c' = 1,934 \cdot 10^{-14}$ N und $n = -7,852$ (Abbildung 5).

Gesucht ist die Geschwindigkeit der sich nähernden Kugel in Abhängigkeit von der Zeit. Die Kugelmasse ist bekannt ($m = 0,0084$ kg). Die Kugel möge in einem definierten Abstand $x(0) = 0,3$ m starten und wird gemäß dem Kraftgesetz gemäß $F(x) = m \cdot \ddot{x}$ beschleunigt. Die Geschwindigkeit wird bis zur Berührung zunehmen. Die Kugel soll reibungsfrei gleiten. Das entspricht eigentlich nicht der Realität; denn

anfangs rollt sie. Es wird aber hier angenommen, um die Differentialgleichung nicht komplizierter zu machen. Erst wenn die Kugel nah genug am Magneten ist, wird sie – mit Reibung – gleiten. Es gilt

$$F(x(t)) = -m \cdot \ddot{x}(t) = c' \cdot x(t)^n \text{ mit } x(0) = 0,03 \text{ m und } \ddot{x}(0) = 0 \text{ m/s}$$

bzw.

$$\ddot{x}(t) = -c'/m \cdot x(t)^n = -c \cdot x(t)^n \text{ mit } c = 1,934 \cdot 10^{-14} \text{ N}/0,0084 \text{ kg} = 2,3024 \cdot 10^{-12} \text{ m/s}^2$$

Diese Differentialgleichung hat laut Mathematica© keine analytische Lösung. Numerisch lässt sie sich jedoch lösen. Die Endgeschwindigkeit von $v = 2,567$ m/s wird nach der Zeit $t = 0,0844$ s erreicht. Die Endbeschleunigung beträgt $a = 1782$ m/s^2.

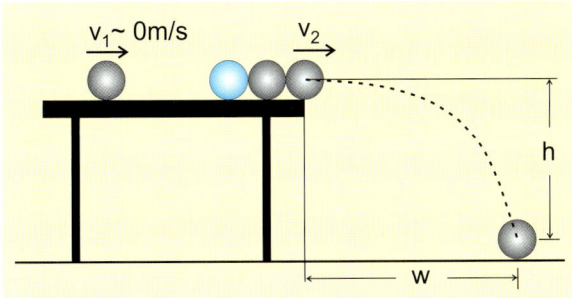

Abb. 8 *Ermittlung der Geschwindigkeit der abprallenden Stahlkugel aus Flughöhe und Flugweite.*

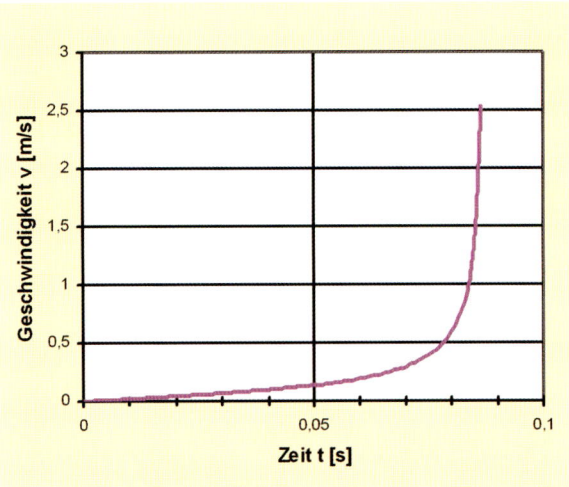

Abb. 9 *Berechnete Geschwindigkeit der aufprallenden Stahlkugel. Start bei 3 cm.*

die Energie, die die Stahlkugel beim Zurollen auf die Magnetkugel gewinnt. Die Fläche unterhalb der Kurve 2 (2,1 mJ) ist die Energie, die benötigt wird, um die Stahlkugel aus den Fängen der Magnetkugel zu befreien. Die zweite Energie ist deutlich geringer, da die Stahlkugel nur mit geringerer Kraft an der anderen Stahlkugel haftet. Die Differenz beider Energien (26,6 mJ) ist die Energie, die die abprallende Stahlkugel unter Idealbedingungen mitbekommt. Daraus ergibt sich eine Geschwindigkeit von

$$v_e = \sqrt{\frac{2E}{m}} = \sqrt{\frac{2 \cdot 0,0266 \text{ J}}{0,0084 \text{ kg}}} = 2,5 \text{ m/s}$$

Hier sind Verluste nicht berücksichtigt, die durch Rollen oder Gleiten der Kugeln, durch nicht optimale Stoßübertragung und durch eventuelle Wirbelstromeffekte entstehen können.

Die Geschwindigkeit der wegfliegenden Kugel lässt sich gemäß einem Vorschlag von Kagan [3] ermitteln, indem man bei gegebener Höhe h die Flugweite w misst (Abbildung 8)

$$v = \sqrt{\frac{g \cdot w^2}{2h}}$$

Es ergibt sich durch Messung $v \approx 2,2$ m/s. Das ist weniger als oben berechnet wurde, weil die angeführten Verluste die Geschwindigkeit verringern.

Mit Hilfe des Kraftgesetzes lässt sich auch die Geschwindigkeit der sich einander nähernden Kugeln berechnen. Abbildung 9 zeigt die gemäß dem obigen Kraftgesetz mit Tabellenkalkulation (oder einem Programm wie Mathematica; siehe Infokasten „Differentialgleichung zur Berechnung der Geschwindigkeit") berechnete Geschwindigkeit der reibungsfrei gleitenden Kugel in Abhängigkeit von der Zeit. Die Stahlkugel wird im Abstand von 3 cm von der Magnetkugel positioniert und dann von dieser angezogen. Die Kugel startet sehr langsam, erst in den letzten Hundertstel Sekunden nimmt die Geschwindigkeit mit dem bloßen Auge nicht erkennbar rasant zu. Dies ist der wesentli-

che Grund für die Unauffälligkeit dieses Teilvorgangs und die überraschende Wirkung bei der fortschießenden rechten Kugel. Mit der Kenntnis des Potenzgesetzes ist diese enorme Geschwindigkeitszunahme auch zu erwarten. Die Kugel trifft mit einer Endgeschwindigkeit von etwa 2,5 m/s auf. Trotz der Einfachheit der Messanordnung ist das Ergebnis erstaunlich gut.

Für die Messungen wurden Magnet- und Stahlkugeln mit einem Durchmesser von 12,7 mm der Firma Supermagnete (www.supermagnete.de) verwendet. Unerwarteterweise hatten nicht alle nichtmagnetischen Stahlkugeln die gleichen elastischen Eigenschaften. Es wurden dann die mit der höchsten Rückprallhöhe von einem glatten Steinfußboden ausgewählt.

Vorsicht: Die Magnetkugeln können splittern, das Material ist spröde. Außerdem besitzen die Kugeln aus NdFeB unter Umständen so starke Magnetfelder, dass Vorsicht mit allen Arten von Kredit- und Bankkarten mit Magnetstreifen sowie Speichermedien aller Art und Computern geboten ist. Außerdem kann man sich unangenehm die Haut einklemmen.

Literatur und Internet

[1] H. J. Schlichting, Physik in unserer Zeit **2005**, *36* (5), 243.
[2] N. Goodman, Physics Education **2005**, *40*, 314.
[3] D. Kagan, Physics Teacher **2004**, *42*, 24.
[4] www.grand-illusions.com
[5] H. Kern, Physik und Didaktik **1984**, *12*, 336.
[6] D. Schledermann, Der Arbeitsprojektor im Physikunterricht, Aulis-Verlag, Köln **1977**.
[7] www.phy.ntnu.edu.tw/ntnujava/index.php?topic=203.0

Mit folgenden Stichwörtern findet man bei YouTube viele videos: gauss gun, gaussian gun, gauss canon, magnet gun.

Optik

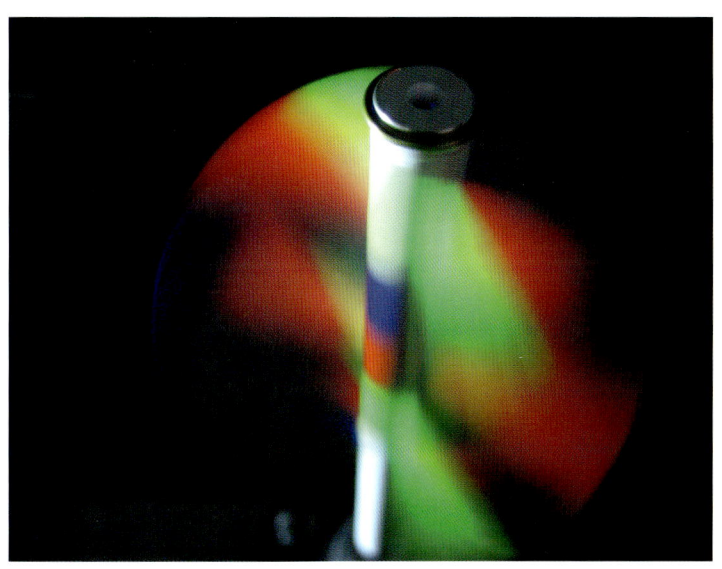

Die Kunst der Verzerrung – anamorphotische Abbildungen

Der sperrige Begriff Anamorphose bezeichnet in der Kunst verzerrte Bilder, die in einem Spiegel betrachtet richtig erscheinen. Ein bekanntes Beispiel stammt von Leonardo da Vinci. Im 17. Jahrhundert beschäftigten sich französische Wissenschaftler damit, auch aus China sind viele Bilder überliefert. Heute ist die Mathematik dazu vollständig entwickelt und mit Computern kann jedermann Anamorphosen erstellen.

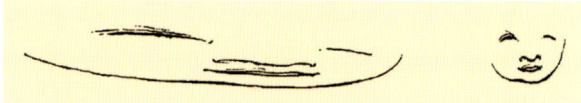

Abb. 2 *Eine perspektivische Anamorphose von Leonardo da Vinci (Folio 35 des Codex Antlanticus, u 1485, Mailand, Biblioteca Ambrosiana). LInks das Original, rechts eine entzerrte Darstellung.*

Auf dem Weg zum Dali-Museum im nordspanischen Figueres passiert man einen Platz mit einer spiegelnden, zylindrischen Säule. Darin erkennt man den Künstler. Das Bild selbst befindet sich stark verzerrt auf dem Boden vor der Säule (Abbildung 1) und stellt ein klassisches Beispiel einer Zylinder-Anamorphose dar. Die Stadt Figueres hat dieses Ensemble ihrem großen Sohn gewidmet.

Nicht nur Dali selbst, viele andere Künstler haben anamorphotische Bilder gemalt. Es ist auch eine herausfordernde Übung für angehende Künstler, freihändig ein solches Bild zu malen, das beim Blick in den Zylinderspiegel unverzerrt und seitenrichtig erscheint. Doch auch ohne Spiegel lassen sich Anamorphosen erstellen. Vermutlich hat Leonardo da Vinci als Erster eine perspektivische Anamorphose gezeichnet. Es handelt sich um eine Zeichnung mit einem stark verzerrten Gesicht eines Kindes. Blickt man schräg auf die Zeichnung, so erscheint sie normal. Derartige perspektivische Anamorphosen waren und sind weit verbreitet. Man findet sie häufig als Straßenmarkierung, denn aus dem Blickwinkel eines Auto- oder Fahrradfahrers soll eine Markierung größenrichtig und deutlich sichtbar sein.

Blickt man jedoch senkrecht von oben auf die Markierung, erscheint sie stark in die Länge gezogen. Auch viele Straßenmaler benutzen das Prinzip. In Gemälden, Kirchenmalereien, Wandzeichnungen sind derartige Verzerrungen ebenfalls verbreitet. Das Bild „Die Gesandten" von Hans Holbein dem Jüngeren aus dem Jahr 1533 enthält einen auf diese Weise versteckten Totenkopf [1].

Perspektivische Anamorphosen lassen sich heute leicht mit gängigen Zeichen- und Textverarbeitungsprogrammen am Computer erstellen. Besser sind allerdings spezialisierte Programme. Als ein einfaches Beispiel sei hier eine Neujahrskarte des Verfas-

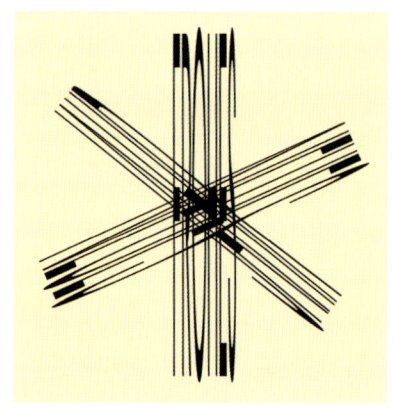

Abb. 3 *Anamorphotische Wünsche zum Neuen Jahr.*

sers (CU) wiedergegeben (Abbildung 3). Zu einer Entzerrung kommt man, wenn man flach über die Zeichnung blickt.

Zylinderanamorphosen

Anspruchsvoller in der Erstellung und bezüglich der Geometrie sind die Zylinderanamorphosen. Allgemein werden Anamorphosen, die einen Spiegel benötigen, katoptrische Anamorphosen genannt. In Abbildung 4 ist eine prinzipielle Darstellung einer Zylinderanamorphose wiedergegeben. Das Auge blickt auf den Zylinderspiegel und sieht darin unverzerrt das in der Ebene senkrecht zur Zylinderachse befindliche Bild. In früherer Zeit wurden die Bilder gezeich-

Abb. 1 *Eine Anamorphose von Dali in Figueres. Das Bild auf dem Boden ist nachbearbeitet und kontrastverstärkt.*

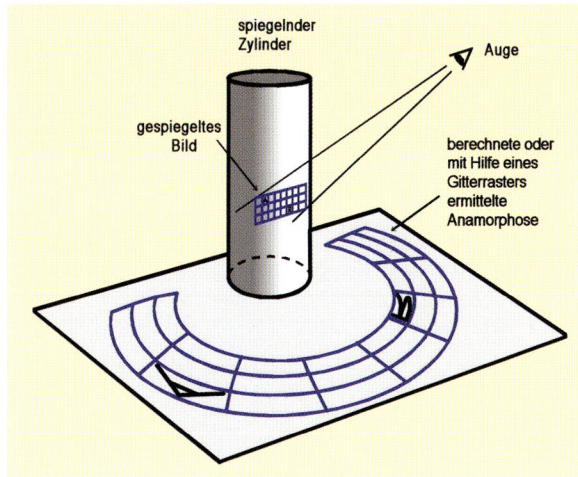

Abb. 4 *Prinzip der Zylinderanamorphose.*

BAUANLEITUNG

Ein Zylinderspiegel passabler Qualität lässt sich mit flexiblen und selbstklebenden Spiegelfolien (z.B. d-c-fix Spiegeleffektfolie) aus dem Baumarkt herstellen (Abbildung 5). Als leicht erhältlichen Zylinder und meist passender Größe kann man den Innenpappzylinder von Toilettenpapierrollen nehmen. Um ihn wickelt man die zuvor berechnete Größe der Spiegelfolie herum. Besser sind stabilere und glattere Kunststoffröhren ähnlichen Durchmessers (etwa 4 cm) und ähnlicher Länge (10 cm).

Ebenfalls im Baumarkt erhältlich sind verchromte Tauchrohre (Durchmesser 3 cm, Länge 30 cm), wie sie unter Waschbecken verwendet werden. Zwar sind die ohne weitere Bearbeitung sofort nutzbar, die optische Qualität ist allerdings nicht sehr gut.

Manchmal findet man sogar im eigenen Haushalt ganz gute Spiegelzylinder, z.B. versilberte Kerzenleuchter, Becher, schmale Vasen, hochglanzverchromte zylinderförmige Bleistiftanspitzer usw.

net oder gemalt. Dazu gab es ausgefeilte Vorlagen, die es erlaubten, aus einer Art Gitterraster stückweise ein Bild zusammenzusetzen. Das war enorm zeitaufwändig.

Schon im 17. Jahrhundert haben sich besonders französische Mathematiker ausführlich damit beschäftigt und derartige Anleitungen erstellt. Im Prinzip ist das nichts anderes als eine Anwendung des Reflexionsgesetzes der geometrischen Strahlenoptik. Allerdings waren die Anleitungen geometrisch nicht ganz exakt, was aber in der Praxis keine Rolle spielte, da die Abweichungen kaum sichtbar waren. Das Bild konnte so verzerrt sein, dass es ohne den zugehörigen Zylinderspiegel praktisch nicht mehr erkennbar war. Das veranlasste gewisse Kreise im 18. Jahrhundert, auf diese Weise anzügliche Bilder produzieren zu lassen, die ohne Spiegel problemlos verbreitet werden konnten. Die Geschichte der Anamorphose stellt Jurgis Baltrusaitis in dem Standardwerk ausführlich dar [2]. Es gibt viele Bücher mit Sammlungen anamorphotischer Abbildungen [3, 4]. Auch in Ausstellungen werden immer wieder Anamorphosen gezeigt [5]. Fertige Sets zur Herstellung eigener Anamorphosen ohne Computer können unter [6] bezogen werden.

Der ungarische Künstler István Orosz hat besonders beeindruckende Zylinderanamorphosen entworfen [7], bei denen die Zeichnung ohne Zylinder etwas anderes – und Sinnvolles – zeigt als man im Zylinder sieht. Hier ist das Versteckspiel auf die Spitze getrieben. In Kunstakademien gilt das manuelle Zeichnen von Anamorphosen beim Blick in den Spiegel als Übung für die Zeichenfertigkeit.

Die exakte Geometrie des Konstruktionsgitters auf der Zeichenebene lässt sich experimentell sehr schön mit einem Laserpointer demonstrieren (Abbildung 5). Der Laserpointer ist auf einem Stativ befestigt. Eine vorgeschaltete Zylinderlinse (Plexiglasstab ⌀ 10 mm) erzeugt aus dem einfachen Laserstrahl einen Linienstrahl. Dieser wird von dem Zylinderspiegel (siehe weiter unten die Bauanleitung) reflektiert lässt auf der Zeichenebene eine Linie des Konstruktionsgitters sichtbar werden.

Computerprogramme für Anamorphosen

Die Zylinderanamorphosen und auch weiterer katoptrischen Anamorphosen (Kegel, Kugel, Prismenspiegel) zugrunde liegende Physik ist mit dem Reflexionsgesetz der geometrischen Optik prinzipiell beschrieben. Die korrekte mathematische Ausformulierung ist allerdings doch relativ aufwändig und erst von Hunt [8] im Jahre 2000 publiziert worden. Einfachere Versionen und Computerprogramme sind schon vor Jahrzehnten veröffentlicht worden [9]. Auch beim Wettbewerb jugend forscht haben sich Jungforscher mit Programmen engagiert [10].

Ein frei zugängliches und passabel einfach handhabares Programm ist aus dem Internet herunterladbar [11]. Es erlaubt eigene, digitale Bilder einzulesen und perspektiv-, zylinder-, pyramid- und kegelanamorphotisch auszugeben.

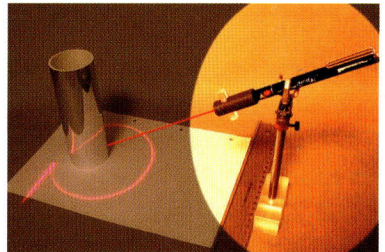

Abb. 5 *Demonstration des Strahlenganges bei einer Zylinderanamorphose.*

Literatur und Internet

[1] www.michaelbach.de/ot/sze_anamorph/index-de.html
[2] J. Baltrusaitis, Anamorphoses ou Magie Artificielle des effets merveilleux, Olivier Perrin Editeur, Paris **1969**.
[3] J. Elffers, Anamorphosen. ein Spiel mit der Wahrnehmung, dem Schein und der Wirklichkeit, Verlag DuMont, Köln **1975**.
[4] G. Füsslin, E. Hentze, Anamorphosen – Geheime Bilderwelten, Füsslin Verlag, Stuttgart **1999**.
[5] www.exploramuseum.de
[6] www.wissenschaft-shop.de , www.perpetuum-mobile.ch
[7] www.amusingplanet.com/2010/04/anamorphic-art-by-istvan-orosz.html
[8] J. L. Hunt et al., American Journal of Physics **2000**, *68*, 232.
[9] C. Ucke, Anamorphotische Konstruktionen, in: W. Kuhn (Hrsg.), Vorträge der DPG-Tagung Didaktik der Physik, Gießen **1986**, 607.
[10] F. Ulrich, Anamorphotische Abbildungen mit Hilfe des Computers, Facharbeit, Schyren-Gymnasium Pfaffenhofen **1999**, 2. Preis, jugend forscht **1999**. Programm herunterladbar:
www.ucke.de/christian/physik/ftp/anamorph/ulrich
www.codingcrew.de/marty/qbasic.php#anamorphosis
[11] www.anamorphosis.com

Mit folgenden Stichwörtern findet man videos bei YouTube: anamorphic art, anamorphic illusion, street art, Straßenmalerei.

Der chinesische Zauberspiegel

Ein auf den ersten Blick normal funktionierender Spiegel zeigt in der Projektion des reflektierten Lichts Ornamente, die auf der Rückseite reliefartig eingeprägt sind. Der Zauber besteht darin, dass der aus massivem Metall gefertigte Spiegel lichtdurchlässig zu sein scheint.

Ein Zauberer wünscht sich nur,
dass seine Täuschung einen Augenblick vorhält.
Er versucht erst gar nicht dir weiszumachen,
er täusche nicht.

Gilbert Keith Chesterton

Man findet ihn hin und wieder in Geschäften für Geschenkartikel und im Versandhandel. Auf den ersten Blick wirkt er zwar etwas ungewöhnlich verziert, scheint aber ansonsten ein ganz normal funktionierender Spiegel zu sein. Etwas ungewöhnlich ist höchstens, dass der aus massivem Metall bestehende, polierte Spiegel leicht konvex gekrümmt ist. Die gespiegelten Gegenstände erscheinen daher etwas verkleinert.

Seinen Zauber entfaltet der Spiegel eher indirekt, wenn man mit ihm das Licht einer hellen Lichtquelle, am besten das der Sonne, auf eine im Schatten liegende Wand projiziert. Dann erkennt man mehr oder minder deutlich in dem hellen Lichtfleck ein Bild. Meistens zeigt es das auf der Rückseite eingeprägte Relief. Diese an Wasserzeichen erinnernden Muster legen den Gedanken nahe, dass der aus massivem Metall bestehende Spiegel die Verzierungen durchschimmern lässt.

Obwohl dieser Gedanke im Widerspruch zur Undurchsichtigkeit massiver Metallobjekte steht, drängt er sich mangels alternativer Erklärungen geradezu auf. Es gibt jedoch auch Zauberspiegel, die eine ganz andere Struktur im hellen Reflex an der Wand erkennen lassen, als auf der Rückseite eingeprägt ist. Dies macht die Angelegenheit noch mysteriöser und zauberhafter.

Im alten China sprach man wegen dieser Eigenschaft vom „Licht durchlässigen Spiegel". Dort tauchte er bereits vor mehr als 2000 Jahren zur Zeit der Han Dynastie (206 v.

Chr. bis 24 n. Chr.) auf. Der in Abbildung 1 dargestellte Spiegel ist eine Kopie eines im Museum von Shanghai ausgestellten Originals. Er wurde aus Bronze gefertigt und mit einem Relief aus chinesischen Buchstaben oder anderen typischen Zeichen versehen, die in der Reflexion schemenhaft sichtbar werden.

Die Entzauberung des Spiegels beginnt in dem Moment, in dem man sich davon überzeugt, dass die spiegelnde Vorderseite doch nicht so perfekt ist, wie es das eigene Spiegelbild nahelegt. Dazu genügt ein einfaches Freihandexperiment. Man stellt sich mit dem Spiegel unter eine Leuchtstoffröhre und hält den Spiegel so, dass die Röhre gut zu erkennen ist. Anschließend lässt man deren Bild quer über die spiegelnde Fläche laufen, indem man den Spiegel langsam neigt. Wenn man dabei den Blick auf die gerade Kante des Bildes der Leuchtstoffröhre richtet, erkennt man an bestimmten Stellen geringe Abweichungen von der Linearität. Sie treten genau an den Stellen des Spiegels auf, welche die Strukturierung im Reflex an der Wand hervorrufen. Mit Hilfe eines rechteckigen Gitters, das man im Spiegel betrachtet, lassen sich alle Abweichungen von der Linearität auch auf einmal feststellen.

Die Deutlichkeit, mit der die Unebenheiten der spiegelnden Oberfläche indirekt sichtbar gemacht werden können, erscheint auf den ersten Blick verwunderlich, sind sie doch direkt am eigenen Spiegelbild auch durch noch so genaues Hinsehen nicht festzustellen. Eine kleine Abschätzung zeigt, dass die Unebenheiten von der Größenordnung der Wellenlänge des Lichts sind (siehe Infokasten „Größenordnung der Unebenheiten"). Diese Winzigkeit erklärt auch, dass die dadurch hervorgerufene Ablenkung der Lichtstrahlen erst in größerer Entfernung zu einer erkennbaren Änderung der Lichtintensität führen.

Das Geheimnis der Unebenheiten liegt im Herstellungsprozess des Zauberspiegels verborgen. Eine Beschreibung, wie dies geschieht, lieferte unter anderen der Physiker William Bragg [2]. Er bezog sich dabei auf einen Professor Ayrton, der in hohen Stellungen im japanischen Erziehungswesen tätig war und die japanische Version des Zauberspiegels im Jahre 1878 im Hörsaal der Royal Institution, in dem seine Weihnachtsvorlesungen stattfanden, be-

Abb. 1 *Vorderseite (links) und Rückseite (Mitte) des chinesischen Zauberspiegels. Das an die Wand projizierte Sonnenlicht lässt schemenhaft die Struktur der Rückseite erkennen (rechts).*

kannt gemacht hatte. Demnach wurde der Spiegel hergestellt, indem man geschmolzene Bronze in eine Form goss,
die mit dem reliefartigen Ornament versehen war. Der er-
starrte Rohling wurde anschließend auf einer hölzernen
Unterlage mit einer Art Hobel bearbeitet, um die Oberfläche zu glätten (Abbildung 2). Durch das starke Aufdrücken
gibt der Spiegel an den Stellen etwas nach, an denen sich
die Vertiefungen des rückwärtigen Reliefs befinden. Dadurch trägt der Hobel an diesen Stellen weniger ab als an
den auf der Unterlage aufliegenden erhabenen Stellen des
Reliefs. Folglich wölbt sich die Oberfläche an den entsprechenden Stellen geringfügig auf, sobald die durch den Druck
bedingte Durchbiegung nachlässt.

Wenn Licht auf diese durch Vertiefungen und Erhöhungen leicht gewellte Oberfläche fällt, wirken die Vertiefungen wie kleine Hohlspiegel, die das Licht ihrem Krümmungsradius entsprechend fokussieren, während die Erhöhungen zu einer Defokussierung führen (Abbildung 3).
Infolgedessen ist im reflektierten Licht eine leichte Hellig-
keitsmodulation erkennbar, die in ihrer Struktur den Vertiefungen und Erhöhungen und damit der sie verursachen-
den Form des Reliefs entsprechen.

Ob dieses mühselige Verfahren bei der Herstellung der
heute zu kaufenden Zauberspiegel immer noch angewandt
wird, ist wegen des großen Aufwandes wohl zu bezweifeln.
Dass alternative Techniken möglich sind, wird schon dadurch nahe gelegt, dass es auch Zauberspiegel gibt, die gar
nicht die rückseitigen Ornamente in der Projektion sichtbar
machen. Letztlich kommt es nur auf eine äußerst feine
Strukturierung der Oberfläche an.

Von einem erfolgreichen Herstellungsverfahren, das
auch mit einfachen Mitteln möglich ist, wird in [3] berichtet. Dort poliert man ein Messing- oder Kupferblech so lange, bis die Oberfläche spiegelt. Dann wird mit Salpetersäu-
re in die spiegelnde Oberfläche eine Zeichnung hineinge-
ätzt und diese anschließend so lange poliert, bis die
Zeichnung mit bloßem Auge nicht mehr wahrnehmbar ist.
In dieser Veröffentlichung wird auch noch ein weiteres Verfahren beschrieben, das ohne Säure auskommt. Die so hergestellten Zauberspiegel zeigen dasselbe Phänomen wie ihre klassischen Vorgänger.

Zum Schluss sei darauf hingewiesen, dass der Zauberspiegel bereits im 19. Jahrhundert Gegenstand der Forschung war. Davon zeugen mehrere Arbeiten [4]. Auch der
für die Erfindung des Kaleidoskops bekannte englische Physiker David Brewster befasste sich schon 1832 damit.

Neuere Forschungsergebnisse hat Herbert Maryon 1963
in den Archives of the Chinese Art Society of America publiziert. Dort wird auch auf die Methode des Stanzens hingewiesen, durch die lokale Verhärtungen im Metall hervorgerufen werden, die auf das anschließende Schleifen und Polieren anders reagieren als das übrige Material. Und kürzlich
zeigte Cyril Stanley Smith vom MIT auf Mikrofotografien
von Zauberspiegeln in die Oberfläche gestanzte Vertiefungen. Auch in einer fachdidaktischen Zeitschrift wurde vor
einigen Jahren der Zauberspiegel vorgestellt [5].

Abb. 2 *Japanischer Handwerker
beim Polieren eines Zauberspiegels*
(Teilansicht eines japanischen Stichs aus
dem British Museum, nach [1])**.**

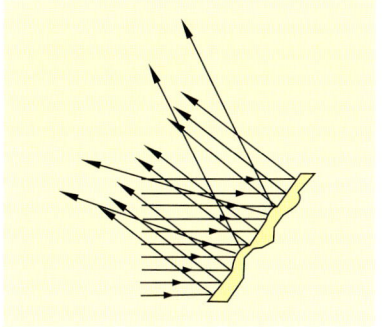

Abb. 3 *An der Spiegeloberfläche wird
das Licht vorwiegend spiegelnd reflektiert. An den leichten Einbuchtungen
gibt es eine stärker divergente Reflexion, die für abgedunkelte Strukturen
im reflektierten Bild sorgt.*

GRÖSSENORDNUNG DER UNEBENHEITEN

Zur Abschätzung der Größenordnung
der Unebenheit gehen wir von einer
sphärischen Vertiefung der ebenen
Spiegelfläche mit einem Durchmesser
$d = 2$ mm aus. Diese Vertiefung soll
das parallele Strahlenbündel in einer
Entfernung von $f = 0,5$ m sammeln.
Der Krümmungsradius der sphärischen Vertiefung beträgt demnach
$R = 2f = 1$ m. Dann ergibt sich nach
Abbildung 4 für die Tiefe h der Unebenheit

$$h = R - \sqrt{R^2 - \frac{d^2}{4}} = R\left(1 - \sqrt{1 - \frac{d^2}{4R^2}}\right)$$

Da der Wert von $d^2/4R^2$ viel kleiner als
1 ist, kommt man mit der Näherungs-
formel $\left(\sqrt{1-x}\right) \approx \left(1 - \frac{1}{2}x\right)$ auf den

folgenden Ausdruck:

$$\left(\sqrt{1 - \frac{d^2}{4R^2}}\right) \approx \left(1 - \frac{d^2}{8R^2}\right)$$

Dann ist $h = d^2/8R$. Durch Einsetzen
der Zahlenwerte ergibt sich $h =$
$5 \cdot 10^{-7}$ m $= 0,5$ μm.

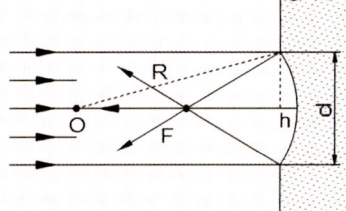

Abb. 4 *Reflexion am Relief der
Spiegeloberfläche (nicht maßstabs-
getreu).*

Es ist klar, dass ein solcher Defekt
nicht zu sehen ist, wenn die ganze
Oberfläche des Spiegels und die
Vertiefung poliert wurden. Bei der
Reflexion eines parallelen Lichtbündels
zeigt sich jedoch der Defekt im Abbild
der Lichtquelle auf dem Schirm. Eine
entsprechende Argumentation gilt
natürlich auch, wenn der Defekt keine
Vertiefung, sondern eine Erhöhung
darstellt.

Der chinesische Spiegel ist ein Beispiel dafür, wie uns
zauberhaft erscheinende Sachverhalte herausfordern, sie
durch eine wissenschaftliche Erklärung zu entzaubern. Die
Entzauberung erweist sich oft ihrerseits als Zauber, den Wissenschaft auf Menschen ausüben kann.

Literatur
[1] Z. Sheng et al., Acta Metall. Sinica **1976**, *12* (1), 13.
[2] W. Bragg, Die Welt des Lichtes, Vieweg, Braunschweig **1935**, 28.
[3] B. P. Sysoyev, Ucebnaja Gizika. 1, **1997** (1), 27.
[4] J. Parnell, Knowledge **1887**, July 1.
[5] D. B. Swinson, The Physics Teacher **1992**, *30*, 295.

Das Bild vom Bild –
der Zauberspiegel Mirage

Ein Griff ins Leere, wo man etwas deutlich sieht – das verblüfft schon. Möglich macht das eine einfache optische Konstruktion, die aus zwei parabolischen Hohlspiegeln zusammengesetzt ist. Damit entsteht das reelle Bild eines Gegenstandes, das man auf den ersten Blick nicht von der Wirklichkeit unterscheiden kann.

Eine Fata Morgana ist eine optische Illusion. Versucht man, sich ihr zu nähern, so wandert sie scheinbar weg oder verschwindet ganz. Bei dem Zauberspiegel Mirage ist es noch schlimmer: Deutlich sieht man zum Greifen nah und räumlich einen Gegenstand vor sich - und kann ihn doch nicht anfassen. Dieser Illusion kann man sich selbst als erfahrener Beobachter und dem Wissen um das Zustandekommen der Illusion nicht entziehen.

Dieses Verwirrspiel erzeugt der Zauberspiegel Mirage. Er besteht aus zwei gleichen, annähernd parabolischen Hohlspiegeln, die mit der Öffnung aufeinander liegen. Die kommerziell erhältlichen Spiegel haben üblicherweise einen Durchmesser von 23 cm (Abbildung 1). Der obere Hohlspiegel hat zentral ein Loch von sechs Zentimetern Durchmesser. Befindet sich in der Mitte des unteren Spiegels ein kleiner Gegenstand von nicht mehr als etwa einem Zentimeter Größe, so erscheint er bei optimal schrägem Einblick genau in der Öffnung des oberen Spiegels als dreidimensionales, reelles und seitenrichtiges Bild. Das Loch selbst verhält sich wie ein Spiegel. Das Schweinchen in Abbildung 1 spiegelt sich darin. Nähert man dem Loch eine Fingerspitze, spiegelt sie sich im Loch. Man kann mit dem Finger durch den Spiegel durchstoßen. Es spiegelt sich sozusagen etwas an nichts.

Entdeckung per Zufall

Die Entdeckung eines solchen Zauberspiegels geschah – wie nicht selten - durch puren Zufall. Etwa 1970 säuberte der Angestellte Caliste Landry ein Labor in Santa Barbara in

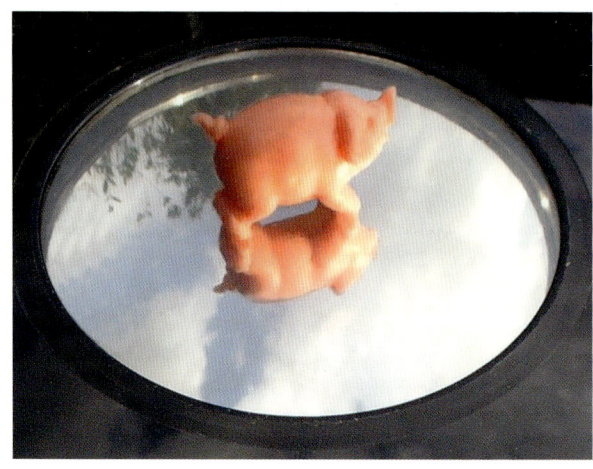

Abb. 1 *Der Zauberspiegel Mirage besteht aus zwei gleich großen Hohlspiegeln. Nur in der oberen Abbildung, in der die beiden Hälften aufgeklappt sind, sieht man das reale Schweinchen im Hohlspiegel. Bei den beiden unteren Abbildungen handelt es sich um das reelle Bild der Figur.*

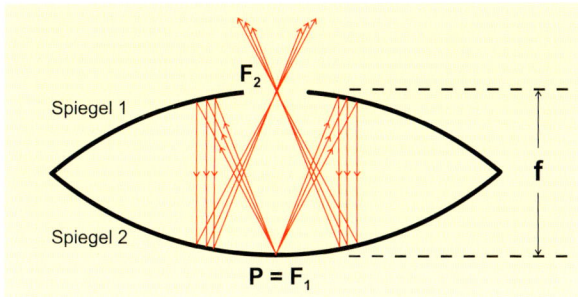

Abb. 2 *Strahlengang in den Hohlspiegeln mit Brennweite f.*

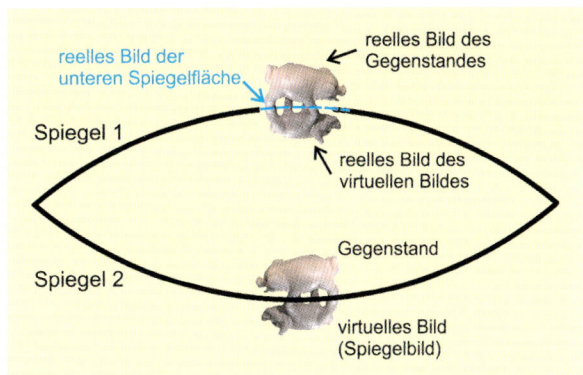

Abb. 3 *Reelle und virtuelle Bilder an den Hohlspiegeln.*

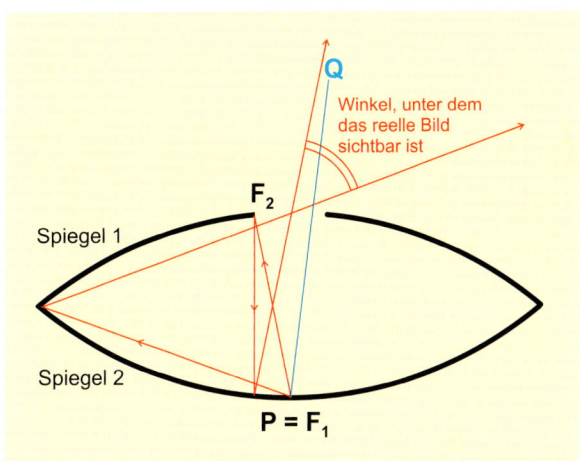

Abb. 4 *Die Illusion ist nur unter gewissen Einblickwinkeln sichtbar.*

der Universität von Kalifornien und stieß dabei auf einige sehr große Hohlspiegel von Suchscheinwerfern. Sie lagen zufällig so wie bei dem Zauberspiegel Mirage aufeinander. Landry wollte den Staub in der Öffnung des einen Spiegels wegwischen – da war aber nichts. Sofort benachrichtigte er den Physikprofessor Virgil Elings über diesen verblüffenden Effekt. Beide zusammen patentierten dann 1972 diese Entdeckung [1]. Im gleichen Jahr kaufte Virgil Elings seinem Patentkollegen alle Rechte ab und verkaufte sie 1977 weiter an die amerikanische Firma Optigone [4], die seither das Original herstellt. Sie hat auch ein Modell namens Giant Mirage mit einem Durchmesser von 56 cm im Angebot. Da das Patent mittlerweile ausgelaufen ist, sind auch Nachbauten auf dem Markt. Bei denen sind die Krümmungen der Spiegel jedoch nicht immer ausreichend gleichmäßig, wodurch Verzerrungen bei den optischen Erscheinungen auftreten.

Die Erklärung dieser optischen Illusion macht man sich anhand einiger Überlegungen zum Strahlengang in Hohlspiegeln klar. Die mir bekannten Modelle von Hohlspiegeln haben übrigens weder eine eindeutig parabolische, noch eine eindeutig sphärische Form, sondern liegen irgendwo dazwischen. Der prinzipielle Unterschied zwischen beiden Formen liegt darin, dass ein parabolischer Hohlspiegel einen exakten Brennpunkt für ein Parallelstrahlenbündel hat, während ein sphärischer Hohlspiegel eine so genannte Kaustik aufweist: Ein Parallelstrahlenbündel vereinigt sich nicht genau in einem Punkt. Für die Illusion ist das praktisch nicht von Bedeutung, da eine optische Verzerrung der für die Abbildung verwendeten kleinen Gegenstände kaum sichtbar ist. Die folgenden optischen Konstruktionen beziehen sich auf einen parabolisch geformten Hohlspiegel, lassen sich aber ohne wesentlichen Änderungen auf sphärische übertragen.

Die Hohlspiegel liegen so aufeinander, dass sich die Brennpunkte beider Spiegel jeweils gerade im Scheitel des gegenüberliegenden Spiegels befinden. Vom Punkt P (Brennpunkt F_1 des Spiegels 1) ausgehende Strahlen werden deshalb am Spiegel 1 parallel reflektiert und dann am Spiegel 2 in den Brennpunkt F_2 des Spiegels 2 fokussiert (Abbildung 2). Dort entsteht deswegen ein reelles Bild eines Gegenstandes, der sich im Punkt P befindet.

Da beim Punkt P jedoch außerdem ein virtuelles Bild des Gegenstandes am Spiegel 2 entsteht (Abbildung 3), er-

gibt sich zusätzlich ein reelles Bild des virtuellen Bildes. Das Schweinchen scheint auf einem Spiegel zu stehen. Die reellen Bilder sind wegen der Mehrfachreflexion in den Spiegeln kontrastschwächer als die Originale, was man aber nicht bemerkt, wenn man nur das reelle Bild sieht.

Aus dem Strahlengang in den Hohlspiegeln ergibt sich außerdem, dass die Illusion nur unter gewissen Winkeln sichtbar ist. Bei zu steilem Hineinblicken in das Loch erkennt man nur das Original, bei zu flachem Einblick sieht man nur eine Spiegelfläche (Abbildung 4). In einem sehr schmalen Winkelbereich relativ nah am Loch sind Illusion und Original gleichzeitig (beispielsweise in Punkt Q) erkennbar. Je nach Objektgröße können die eingezeichneten Winkelbereiche noch schmaler sein.

Geometrische Optik am Zauberspiegel

Mit der grundlegenden Formel (1) für die Abbildung an sphärischen Hohlspiegeln lassen sich einfache Berechnungen durchführen, die zu überraschenden Resultaten führen [2, 3].

$$\frac{1}{s} + \frac{1}{s'} = \frac{1}{f} = \frac{2}{r} \tag{1}.$$

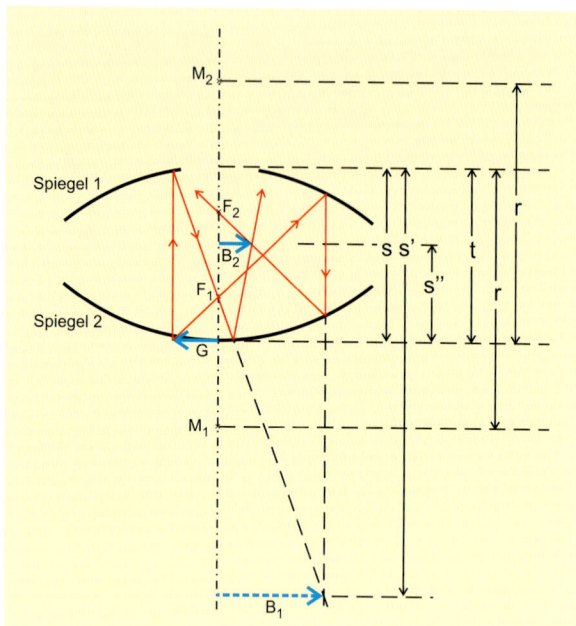

Abb. 5 *Berechnung der optischen Abbildung. Hierin sind M_1 und M_2 die Krümmungsmittelpunkte der Spiegel, F_1 und F_2 Brennpunkte, r der Krümmungsradius und t der Abstand der Scheitelpunkte der Spiegel.*

Hierin bedeuten s die Gegenstandsweite, s' die Bildweite, f die Brennweite und r der Krümmungsradius des Spiegels.

Ein reelles Bild im Loch des oberen Spiegels kann grundsätzlich nur durch eine gerade Anzahl von Reflexionen an den Spiegeln entstehen. Betrachten wir zunächst nur zwei Reflexionen (Abbildung 5). Ein Gegenstand G erzeugt am Hohlspiegel 1 ein reelles Bild B_1, das aber nicht erscheint, weil Spiegel 2 im Weg ist. Da der Abstand t der Spiegel gleich der Gegenstandsweite s ist, gilt

$$\frac{1}{t} + \frac{1}{s'} = \frac{2}{r} \qquad (2).$$

Damit ergibt sich $s' = t \cdot r / (2 \cdot t - r)$.

Das Bild B_1 ist der „Gegenstand" für die nächste Reflexion an Spiegel 2. Wir substituieren $s = t - s'$ und benutzen wieder Formel (1)

$$\frac{1}{t - s'} + \frac{1}{s''} = \frac{2}{r} \qquad (3).$$

Daraus folgt $s'' = 2 \cdot t \cdot r \cdot (t - r) / (r^2 - 6 \cdot t \cdot r + 4 \cdot t^2)$.

Das Bild B_2 befindet sich genau dann im Loch des ersten Spiegels, wenn $s'' = t$ ist. Damit ergibt sich eine Bestimmungsgleichung für den Abstand t:

$$4 \cdot t^2 - 8 \cdot r \cdot t + 3 \cdot r^2 = 0 \qquad (4).$$

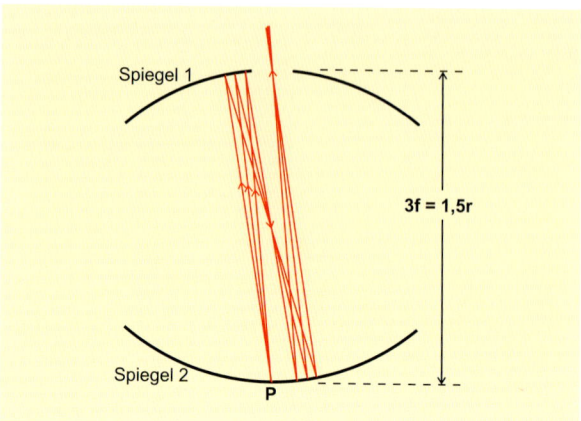

Abb. 6 *Auch im dreifachen Abstand der Spiegel ist ein reelles Bild zu beobachten.*

Diese quadratische Gleichung liefert zwei Lösungen:

$t_1 = 0{,}5r$ und $t_2 = 1{,}5r$.

Die erste Lösung stellt den schon diskutierten Fall dar, dass das Loch des Spiegels 1 genau im Brennpunkt des Spiegels 2 liegt. Die zweite Lösung ist jedoch überraschend. Befinden sich die Spiegel im dreifachen Abstand der Brennweite (Abbildung 6), so ergibt sich ebenfalls ein reelles Bild. Dieses lässt sich auch tatsächlich mit etwas Aufwand beobachten. Man muss den oberen Spiegel nur hinreichend vorsichtig bis zur dem gegebenen Abstand hochheben. Dabei sollte seitlich einfallendes Streulicht möglichst vermieden werden, da das Bild sonst kontrastschwach wird.

Noch überraschender ist jedoch, dass man beim Hochheben des oberen Spiegels noch viele weitere reelle Bilder sieht. Diese entstehen beispielsweise durch vierfache Reflexion. Mit der gleichen Vorgehensweise wie oben lassen sich die entsprechenden Abstände der Spiegel berechnen. Allerdings wird das Verfahren schnell unübersichtlich und führt zu Polynomen höherer Ordnung, die dann keine geschlossene Lösung mehr ermöglichen.

Literatur und Internet

[1] V. Elings et al. United States Patent 3,647,284, Mar. 7 **1972**.
[2] A. Sieradzan, The Physics Teacher **1990**, *28*, 534.
[3] J. Becker, Zauberspiegel Mirage. In: Physik-Boutique, Unterrichtsanregungen für Lehrkräfte, Stark-Verlag, Freising **1994**.
[4] www.optigone.com/

Mit folgenden Stichwörtern findet man sehr anschauliche videos bei YouTube: mirage, mirror mirage, mirage 3D, mirage – optical illusion.

Die Abbildungen 2, 4 und 6 wurden mit dem Programm Raytrace (An interactive tool for teaching geometrical optics) und parabolischen Spiegeln konstruiert.

Kaustik in der Kaffeetasse

Unter Physikern sind Kaustiken als ein Effekt der sphärischen Aberration bei Hohlspiegeln und Linsen wohlbekannt. Fast jeder hat das Phänomen schon beobachtet, auch wenn er den Namen nicht kennt. Ästhetisch ansprechende, herzförmige Figuren ergeben sich bei Mehrfachreflexionen in polierten Zylindern.

Abb. 1 *In einer Kaffeetasse kann man unter geeigneten Bedingungen eine Kaustik sehen. In diesem Fall wurde zur Verdeutlichung der Erscheinung eine hochreflektierende Folie in die Tasse eingepasst.*

Kaustiken sind leicht zu beobachten und vielen Menschen dadurch bekannt, dass sie bei schräg von der Sonne beleuchteten Kaffeetassen auftreten. Man spricht hier sogar von einer Kaffeetassenkaustik (Abbildung 1). Auch Teetrinker können die Erscheinung beobachten, vorausgesetzt, sie tun etwas Milch in den Tee, damit die Lichtreflexe auf der Oberfläche sichtbar werden.

Kaustiken haben schon früh das Interesse von Physikern und Mathematikern hervorgerufen. Christian Huygens (1629 – 1695) befasste sich mit ihnen, und Johann Bernoulli (1667 – 1748) untersuchte sie mathematisch ausführlich und in vielen Beispielen [1]. Für den fortgeschrittenen Schulunterricht gibt es eine Bearbeitung dieser Thematik [2, 3].

Die Kaustik in der Kaffeetasse verändert sich in charakteristischer Weise mit dem Einfallswinkel der Lichtstrahlen, also zum Beispiel wenn die Sonne untergeht [2]. Dabei kann der Kaffee leicht kalt werden. Das Bild der Kaus-

tik ändert sich auch, wenn man die Höhe des Kaffeespiegels in der Tasse durch Trinken oder Nachgießen ändert.

Im Grunde sind Kaffeetassen für die Beobachtung des Phänomens aber gar nicht besonders geeignet. Ein zylindrischer, innen gut polierter und nicht allzu schmaler Ehering zeigt die gleiche Erscheinung. Noch besser ist ein kreisförmiger, innen polierter Messingring mit etwa 4 cm Innendurchmesser und 2 cm Höhe geeignet, wie er sich in einer Werkstatt leicht herstellen lässt. Auf diese Weise sind

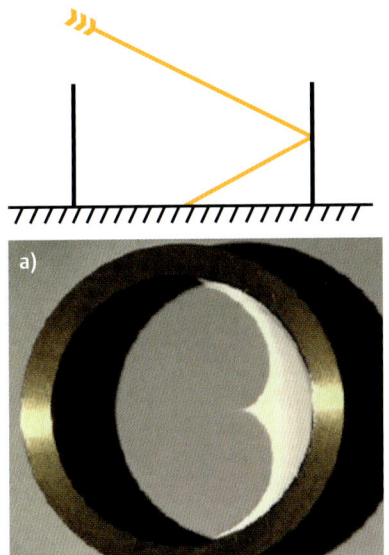
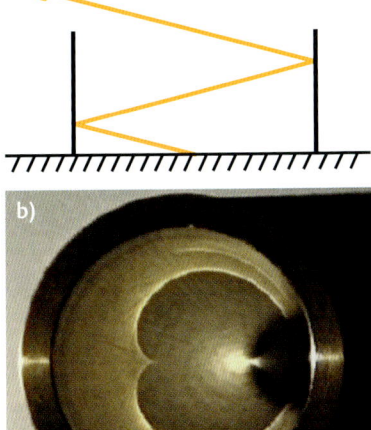
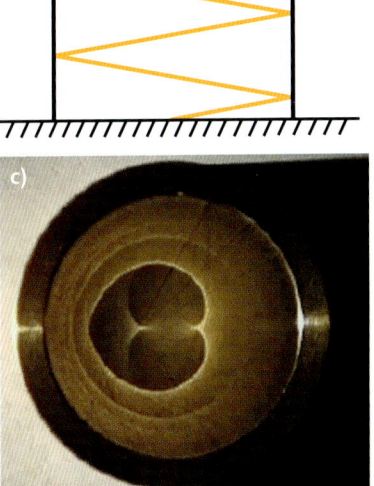

Abb. 2 *Die klassische Kaustik a) ergibt sich bei einfacher Reflexion eines Parallellichtbündels bei einem bestimmten Einfallswinkel an der Innenseite eines polierten Hohlzylinders. Kompliziertere Kurven ergeben sich bei zweifacher b) und dreifacher Reflexion c).*

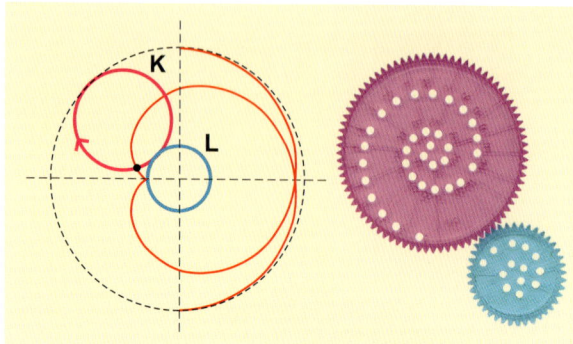

Abb. 3 *Auch mit dem Spielzeug Spirograph lassen sich Epizykloiden erzeugen. Die Kaustik der zweifachen Reflexion ergibt sich durch Abrollen des großen Rades K auf dem kleinen Rad L, wobei ein Randpunkt von K die Epizykloide durchfährt. K weist gerade den doppelten Durchmesser von L auf.*

MATHEMATIK DER KAUSTIKEN

Die mathematische Herleitung der Kaustik erfolgt auf geometrischem Wege [4]. Sei n ($n = 1, 2, ...$) die Reflexionsordnung, die angibt wie oft ein einfallender Lichtstrahl an der Innenwand des Spiegels reflektiert worden ist (Abbildung 4). φ sei der Polarwinkel des 1. Reflexionspunktes. Er wird im Uhrzeigersinn von der positiven y-Achse des in den Mittelpunkt des kreisförmigen Spiegels gelegten kartesischen Koordinatensystems gemessen. Jedem an der

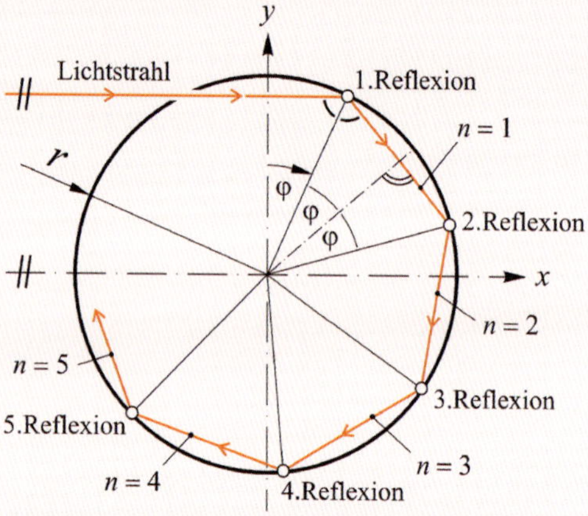

Abb. 4 *Zur mathematischen Ableitung der kaustischen Kurven: Ein Lichtstrahl fällt von links ein und wird an der Innenseite mehrfach reflektiert.*

Innenwand des Spiegels (auch mehrfach) reflektierten Strahl des von links auf den Kreisspiegel einfallenden parallelen Lichtstrahlenbündels lässt sich so genau ein Winkel φ zuordnen. Der Radius des Hohlspiegels (beziehungsweise der Innenradius der Kaffetasse) ist r.

Die Kaustik der Ordnung n ergibt sich mathematisch als die Einhüllende der jeweils n-mal an der Innenwand des Spiegels reflektierten Lichtstrahlen. Die Gleichung dieser Reflexionsstrahlenschar zur Reflexionsordnung n ergibt sich mit den in der Abbildung definierten Größen φ und n in dem in den Mittelpunkt des kreisförmigen Zylinderspiegels gelegten Koordinatensystem zu

$$x(\varphi) = \frac{r}{4n}\left[(2n+1)\sin((2n-1)\varphi) + (2n-1)\sin((2n+1)\varphi)\right]$$

$$y(\varphi) = \frac{r}{4n}\left[(2n+1)\cos((2n-1)\varphi) + (2n-1)\cos((2n+1)\varphi)\right]$$

Für festes n ist dies gerade die Parameterdarstellung einer Epizykloide.

Eine mathematische Ableitung dieser Mehrfach-Reflexionskaustiken wurde schon Mitte des vorigen Jahrhunderts von H. Holditch [5] gegeben. Die Arbeit ist allerdings mühsam nachzuvollziehen.

die Abbildungen in diesem Artikel entstanden. Statt der Sonne kann man auch eine kleine Halogenlampe oder lichtstarke LED-Taschenlampen verwenden.

Trifft ein paralleles Lichtbündel auf einen Hohlspiegel, ergibt sich zunächst die bekannte Kaustik (Abbildung 2a). Vom Einfallswinkel des Lichtbündels und der Höhe des Zylinderrandes hängt es ab, welcher Anteil der Kaustik zu sehen ist. Mathematisch formuliert, handelt es sich bei der einhüllenden Begrenzungskurve der Kaustik um eine Epizykloide. Eine Epizykloide entsteht beim Abrollen eines Punktes eines Kreises auf einem anderen, wobei die Spitze der Epizykloide auf halbem Abstand zwischen Kreismittelpunkt und Kreisrand liegt (Abbildung 3).

Lässt man die Lichtstrahlen flacher einfallen, ergibt sich eine herzförmige Erscheinung (Abbildung 2b). Diese Figur entsteht durch zweimalige Reflexion am inneren Hohlspiegel. Auch hier handelt es sich um eine Epizykloide. Der dunkle Teil entsteht durch Abschattung des Parallelstrahls am Rand des Hohlzylinders.

Bei dreifacher Reflexion der Lichtstrahlen im Zylinder wird die Kaustik noch komplizierter (Abbildung 2c). Bei noch flacherem Einfall des Lichts lassen sich Kaustiken beobachten, bei denen bis zu fünf oder sechs Reflexionen beteiligt sind. In der Realität werden die Kaustiken mit zunehmender Reflexionsordnung immer lichtschwächer, da ein immer kleinerer Teil des Parallelstrahls überhaupt noch zur Erscheinung beiträgt.

Epizykloiden lassen sich sehr schön mit einem Spielzeug namens Spirograph erzeugen, bei dem Zahnräder verschiedener Größe aufeinander abrollen. Mit einem durch die Löcher in den Zahnrädern gesteckten Schreibstift ergeben sich Rollkurven. In Abbildung 3 sind zwei Zahnräder

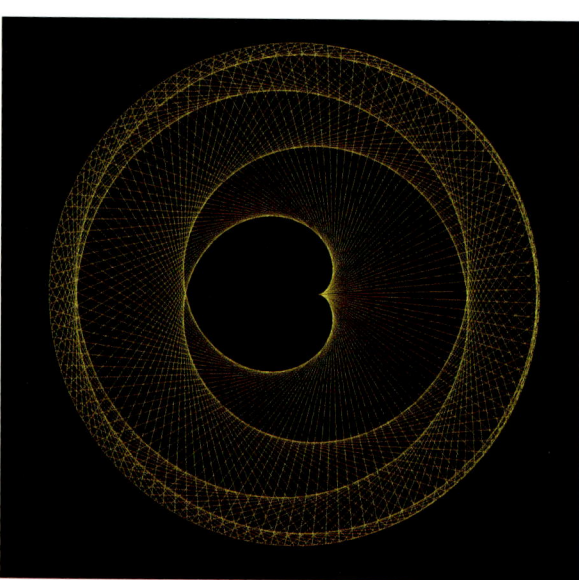

Abb. 5 *Mit mathematischen Programmpaketen (z.B. Mathematica®) lassen sich die Kaustiken mit wenigen Programmzeilen grafisch darstellen [4]. Dabei ergeben sich außerordentlich ästhetische Bilder. Dargestellt ist hier die durch fünffache Reflexion in einem spiegelnden Hohlzylinder entstehende Kaustik.*

gezeigt, mit denen sich die Kaustik der zweifachen Reflexion erzeugen lässt. Dabei rollt das große Zahnrad um das kleine Rad herum, wobei man die Kaustik mit einem auf dem Rand des großen Rades eingesteckten Schreibstift zeichnet.

Geheimtipp für Verliebte: Es macht einen gewissen Eindruck, wenn man zum richtigen Zeitpunkt mit seinem Ring ein Herz vorführen kann.

Literatur

[1] G. Kowalewski (Hrsg.), Die erste Integralrechnung, Eine Auswahl aus Johann Bernoullis Mathematischen Vorlesungen über die Methode der Integrale und anderes, Verlag von Wilhelm Engelmann, Leipzig **1914**.

[2] W. Heinrich, E. Freudenthal, MNU **1959/60**, *12*, 307.

[3] E. Freudenthal, W. Heinrich, MNU **1961/62**, *14*, 70.

[4] C. Ucke, C. Engelhardt, in: Fachverband Didaktik der Physik (Hrsg): 60. Physikertagung der DPG, Jena **1996**, 237.

[5] H. Holditch, Quarterly Journal of Mathematics **1858**, *2*, 301.

Mit folgenden Stichwörtern findet man Videos bei YouTube: katakaustik, mathematics of light caustics.

Ein Regenbogen ohne Regentropfen

Einen schönen Regenbogen bekommt man nur selten zu sehen. Mit einer wassergefüllten Plexiglaswanne und einem Overheadprojektor kann man zu jeder Zeit auf einer Wand einen farbigen Bogen erstrahlen lassen. Auch wenn dieser streng genommen kein Regenbogen ist, fasziniert er durch seine spektrale Farbenpracht und die Einfachheit seiner Herstellung.

Stellt man eine quaderförmige, mit Wasser gefüllte Plexiglaswanne auf einen Overheadprojektor (dessen Spiegel man zugeklappt hat), so entsteht auf den Wänden des Raumes ein faszinierendes optisches Schauspiel. Aus dem Chaos der Lichtreflexe an der sich langsam beruhigenden Wasseroberfläche entwickeln sich farbenprächtige Regenbögen. Wie ihre Pendants in der Natur, zeigen auch sie den charakteristischen Farbverlauf von rot (außen) nach violett (innen) (Abbildung 1).

Während ein Regenbogen durch Lichtbrechung in kleinen Wassertropfen entsteht, findet hier die spektrale Zerlegung des Lichts in einem Wasserprisma statt. Eine Vorstellung vom Lichtverlauf kann man sich experimentell durch systematisches Abdecken von Teilen der Licht ausstrahlenden Auflagefläche des Overheadprojektors verschaffen.

Man erkennt hierbei, dass das Licht von der Auflagefläche kommend in die Wanne eindringt, das Wasser passiert und an der Oberseite wieder austritt (Abbildung 2). Insbesondere stellt man fest, dass nur Licht, das aus einem schmalen Streifen der Auflagefläche austritt, für das Phänomen verantwortlich ist. Hierauf kommen wir später noch genauer zurück.

Entscheidend für das Zustandekommen des Farbbogens ist nämlich der Lichtstreifen vor der Wasserwanne, dessen Licht schräg auf die Vorderfront des Gefäßes fällt. Ein Teil des Lichts wird hierbei reflektiert und ist für das Phänomen des Regenbogens verloren. Der andere Teil wird in das Wasserprisma hinein gebrochen und in die Farben des natürlichen Spektrums zerlegt. Dieses Lichtbündel durchläuft den Behälter und trifft schräg auf die Unterseite der Wasseroberfläche, wo es beim Übergang zur Luft abermals gebrochen wird. Von dort aus gelangt es zur Projektionswand und bildet den farbigen Bogen. Bei diesem Vorgang fallen drei Dinge besonders auf.

Erstens erfährt das Licht eine starke Richtungsänderung beim Durchgang durch das Wasserprisma. Obwohl die Lichtquelle fast senkrecht nach oben in Richtung Zimmer-

Abb. 1 *Eine mit Wasser gefüllte Plexiglaswanne und ein Overheadprojektor genügen, um einen künstlichen Regenbogen zu erzeugen.*

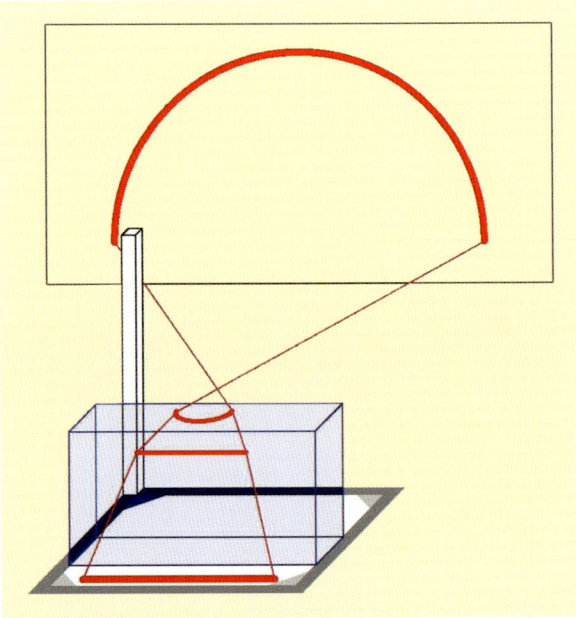

Abb. 2 *Schematische Darstellung des Strahlengangs am Overheadprojektor.*

decke strahlt, die Lichtstrahlen also unter sehr großem Einfallswinkel (vorwiegend streifend) in das Wasserprisma eindringen, entsteht der Lichtbogen fast senkrecht dazu an der Projektionswand. Das Licht wird also erheblich aus seiner ursprünglichen Richtung abgelenkt.

Diese Ablenkung kommt dadurch zustande, dass die brechende Wasseroberfläche, an der das Licht aus dem Wasserprisma wieder austritt, in einem rechten Winkel zur brechenden Fläche orientiert ist, durch die das Licht in das Wasserprisma eintritt (die vordere Seitenwand der Wasserwanne in Abbildung 2). Diese rechtwinklige Verschiebung der brechenden Flächen führt dazu, dass sowohl die Brechung zum Einfallslot hin beim Eintritt des Lichts als auch die Brechung vom Einfallslot weg beim Austritt aus dem Wasser in derselben Richtung erfolgen. Beide Lichtablenkungen addieren sich.

Zweitens wird das spektral zerlegte Licht auf ein schmales Band beschränkt. Dies kommt dadurch zustande, dass nur Licht eines relativ schmalen Streifens der Auflagefläche vor der brechenden Kante des Wasserprismas zur Wand hin gebrochen wird. Von außerhalb dieses Streifens kommendes Licht fällt unter kleineren Einfallswinkeln auf das Prisma. Die in das Wasser hinein gebrochenen Strahlen treffen somit flacher auf die Unterseite der Wasseroberfläche und werden durch Totalreflexion in das Wasser zurück reflektiert.

Drittens mag angesichts der Quaderform des Prismas die Bogenförmigkeit des Lichtbandes überraschen. Bei näherer Betrachtung wird jedoch Folgendes klar. Die Lichtstrahlen treffen nicht nur unter verschiedenen Azimutalwinkeln, sondern auch unter verschiedenen Horizontalwinkeln auf das Wasserprisma auf. Daher durchlaufen die in das Wasserprisma eindringenden Strahlen einen Wasserkeil mit einem stumpfen Öffnungswinkel. Dieser ist umso größer, je größer der zugehörige Horizontalwinkel ist. Der kleinste Öffnungswinkel ist ein rechter Winkel. Er liegt bei einem Horizontalwinkel von null Grad vor. Dieser Spezialfall ist in Abbildung 3b dargestellt. Die Größe des Öffnungswinkels ist von Bedeutung für die Brechung der Lichtstrahlen beim Austritt aus dem Wasserprisma. Je größer dieser Öffnungswinkel, desto größer der Ausfallswinkel des aus dem Wasser austretenden Lichtstrahls und desto stärker die Ablenkung aus der ursprünglichen Richtung. Die mit einem Horizontalwinkel ungleich Null durch das Wasser gehenden Strahlen erfahren daher nicht nur eine vertikale, sondern auch eine horizontale Ablenkung. Diese ist umso größer, je größer ihr Horizontalwinkel ist. Folglich verteilen sich die auf der Leinwand ankommenden gebrochenen Strahlen auf einem Bogen.

All diese Überlegungen lassen sich natürlich auch für alle anderen Wände des Wassergefäßes anstellen. So entstehen unter Umständen weitere Farbbögen an den Wänden des Raumes.

Einfaches quantitatives Modell

Da eine vor dem Becken platzierte Punktlichtquelle zu einem ganz ähnlich geformten Farbbogen führt, gehen wir in der quantitativen Modellierung der Einfachheit halber von einer Punktlichtquelle L aus. Wir verfolgen einen beliebigen von L ausgehenden Lichtstrahl (in Abbildung 3 rot eingezeichnet), der im Punkt P auf die Frontscheibe des Beckens trifft. Dieser wird nun beim Wechsel von Luft nach Wasser zum Lot hin gebrochen. Das Lot auf die Frontscheibe im Punkt P liegt auf der Geraden durch H_1, P und H_2 (gestrichelte blaue Linie). Einfallender Lichtstrahl, Lot und gebrochener Lichtstrahl liegen hierbei in einer Ebene.

Mit Hilfe des Snelliusschen Brechungsgesetzes und einiger weiterer geometrischer Überlegungen erhält man die Koordinaten des Punktes O, in dem der gebrochene Lichtstrahl von unten auf die Wasseroberfläche fällt. An dieser Stelle ist der gebrochene Strahl wiederum als einfallender Lichtstrahl bezüglich der neuen Oberfläche anzusehen und wird erneut gebrochen. Das Lot geht hierbei durch die Punkte H_3, O und H_4 (gestrichelte grüne Linie). Einfallender Lichtstrahl, Lot und gebrochener Lichtstrahl liegen in einer Ebene, die mit der oben genannten Ebene im Allgemeinen nicht übereinstimmt. Analoge Überlegungen führen zu den Koordinaten des Punktes R auf einem Schirm in vorgegebenem Abstand d.

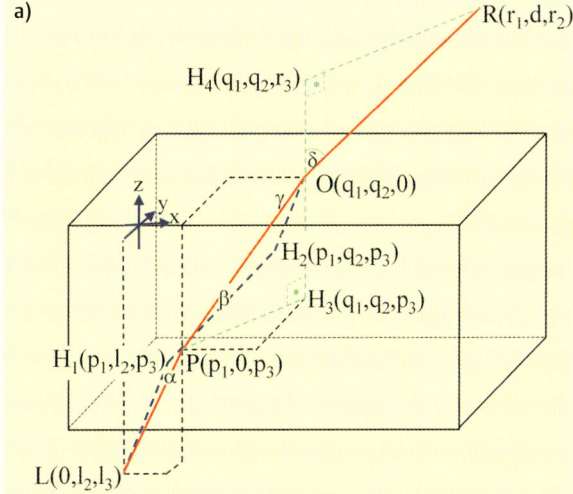

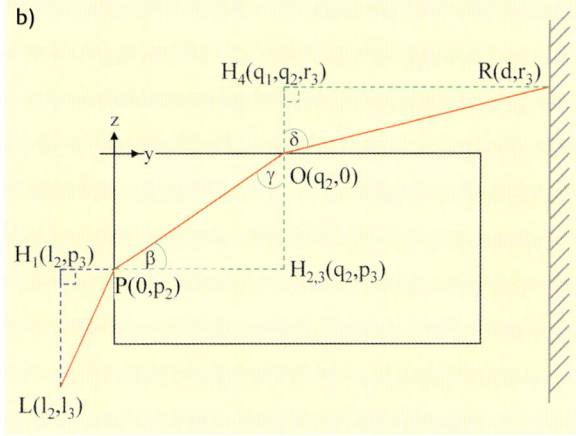

Abb. 3 *Grafische Darstellung des Verlaufs eines Lichtstrahls räumlich a) und von der Seite gesehen b).*

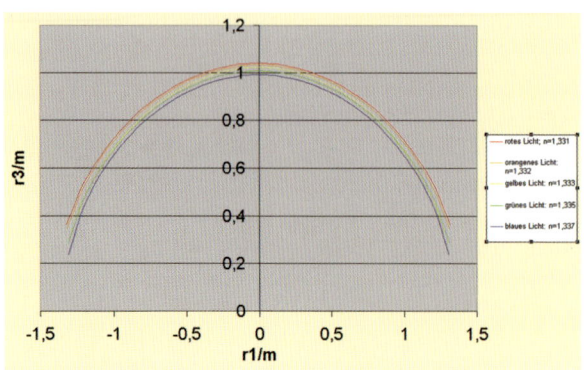

Abb. 4 *Grafische Darstellung des für fünf verschiedene Wellenlängen berechneten Bogens mit den Parameterwerten: $l_2 = -0,01$ m, $p_3 = -0,1$ m, $l_3 = -0,7$ m und $d = 2$ m.*

Die expliziten Ausdrücke für die Koordinaten geben wir im Infokasten „Quantitatives Modell des Regenbogens" an. Mit Hilfe der dort aufgeführten Formeln kann man mit einer einfachen Tabellenkalkulation die Form des projizierten Lichts berechnen. Es wurden die Auftreffpunkte der Lichtstrahlen für rotes, orangenes, gelbes, grünes und blaues Licht mit den Brechungsindizes für Wasser $n = 1,331$, $1,332$, $1,333$, $1,335$, $1,337$ ermittelt. Wie beim richtigen Regenbogen erhält man einen Bogen mit einem Farbverlauf von rot (außen) nach blau (innen) (Abbildung 4). Der Bogen ist allerdings im vorliegenden Fall nicht wie der richtige Regenbogen kreisförmig, sondern besitzt der Komplexität der Formel entsprechend eine vom Kreis abweichende Form.

Obwohl keine höhere Mathematik benötigt wird, ist die Herleitung der Formel so komplex, dass man sich in der Schule auf einen zweidimensionalen Spezialfall beschränken sollte, bei dem die Punktlichtquelle L und der Einstrahlungspunkt P dieselbe x-Koordinate besitzen. Das Licht wird in diesem Fall nicht in horizontaler Richtung gebrochen. Dann liegen der gesamte Strahlengang und alle beteiligten Hilfspunkte in einer Ebene. Die Hilfspunkte H_2 und H_3 fallen aufeinander. Nun ergibt sich beispielsweise bei gegebenem P und L die Maximalhöhe des Bogens durch die Koordinate r_3. Damit ist auch die spektrale Aufweitung im Scheitel bekannt.

Das vorliegende Modell, in dem eine Punktlichtquelle mit einem divergierenden Strahlenbündel zugrunde gelegt wurde, gilt streng genommen nicht für einen Overheadprojektor als Lichtquelle. Dieser besitzt eine gleichmäßig ausgeleuchtete Fläche, deren Licht in der Abbildungslinse oberhalb der Auflagefläche gebündelt wird. Doch liegt gerade in dieser Bündelung durch die Fresnel-Linse ein günstiger Umstand für unsere Betrachtungen: Jeder Lichtstrahl, der auf die Frontscheibe des Bassins fällt, lässt sich genau

QUANTITATIVES MODELL DES REGENBOGENS

Die Form des Farbbogens erhält man, indem man die Koordinaten der Punkte O und R in Abhängigkeit von den Ortskoordinaten der Lichtquelle L und des Einstrahlungspunktes P berechnet. Alle Größen beziehen sich auf Abbildung 3. Die Ausdrücke erhalten eine einfachere Form, wenn man zuvor zwei neue Ausdrücke definiert:

$$s_1 = \frac{p_1}{l_3 - p_3}$$

$$s_2 = \frac{p_1^2 - l_2^2 + (l_3 - p_3)^2}{p_1^2 + (l_3 - p_1)^2}$$

Damit errechnen sich die Koordinaten der Punkte 0 und R aus:

$$q_1 = l_3 s_1$$

$$q_2 = \sqrt{p_3^2 (s_1^2 + 1)(n^2 s_2 - 1)}$$

$$r_1 = \frac{d}{q_2}(q_1 - p_1) + p_1$$

$$r_3 = \sqrt{\left[\frac{(s_1^2 + 1)s_2}{s_1^2 + (s_1^2 + 1)(n^2 s_2 - 1)} - 1\right]\left[\left(\frac{d - q_2}{q_2}p_3 s_1\right) + (d - q_2)^2\right]}$$

Auf der Grundlage dieser Formeln ist ein sogenannter „Schlichtingbogen" simuliert worden [1] und steht im Internet für interaktive Simulationsexperimente zur Verfügung [2].

einem Punkt in der Projektionsebene zuordnen. Jede der gedachten Punktlichtquellen in der Auflageebene sendet gewissermaßen genau einen Lichtstrahl zur Abbildungslinse aus (Abbildung 3a). Und dies führt eben nicht dazu, dass sich unendlich viele Regenbögen wieder zu weißem Licht mischen, sondern dass lediglich die horizontale Ausdehnung beeinflusst wird.

Der in Abbildung 2 eingezeichnete Strahlengang impliziert, dass sich die Lichtstrahlen in einem Punkt hinter der Wasserwanne schneiden. In der Tat lässt sich mit einem beweglichen Schirm gut beobachten, wie sich der (noch kleine) Bogen mit wachsendem Abstand von der Wanne zu einem Punkt zusammenzieht und dann wieder größer wird, bis er die Projektionswand erreicht.

Literatur und Internet
[1] E. van den Berg, F. Schweickert, NVOX **2010**,*9*, 35.
[2] www.natsim.net/ejs/schlichtingbow

Durch Farbe in die dritte Dimension

Die chromatische Aberration tritt bei Linsen und beim Auge als Abbildungsfehler auf. Im Normalfall bemerken wir ihn jedoch nicht. Eine Brille, die ein spezielles Beugungsgitter enthält, verstärkt diese chromatische Aberration und lässt geschickt farbig gestaltete Bilder räumlich erscheinen.

Was die Qualität der Optik des Auges im Vergleich mit einer hochwertigen Linse anbelangt, so hat Hermann von Helmholtz [1] im vorigen Jahrhundert dazu festgestellt:

„*Wenn mir ein Optiker ein Instrument verkaufen wollte, welches solche Fehler hätte, so ist es nicht zuviel gesagt, dass ich mich vollkommen berechtigt glauben würde, die härtesten Ausdrucke über die Nachlässigkeit seiner Arbeit zu gebrauchen, und ihm sein Instrument mit Protest zurückzugeben.*"

Zum Glück gleicht unser Sehsystem – sozusagen per Software – viele dieser Fehler aus. Wir bemerken sie höchstens in besonderen Situationen. Ein Beispiel dafür ist die chromatische Aberration. Der Brechungsindex des menschlichen Auges unterscheidet sich für rotes und blaues Licht um bis zu zwei Dioptrien. Experimentell lässt sich das mit einem Filter aus Kobaltglas, wie er bei Chemikern verbreitet ist und auch bei manchen Glasgefäßen zu finden ist, und einer punktförmigen, weißen Lichtquelle sehr schön demonstrieren. Kobaltglas absorbiert fast alles Licht bis auf die Wellenlängen an den beiden Enden des sichtbaren Spektrums. Blickt man die Lichtquelle durch ein derartiges Filter an, sieht man je nach dem Akkommodationszustand des Auges einen roten Punkt mit einem blauen Zerstreuungskreis darum (Abbildung 1) oder einen blauen Punkt mit einem roten Kreis [2]. Zwischen beiden Möglichkeiten schwankt das Auge hin und her. Dieser Effekt wird auch als longitudinale Aberration bezeichnet. Der Punkt liegt im Normalfall nicht zentrisch im Kreis (transversale Aberration). Das ist allerdings subjektiv nur schwer zu erkennen.

Der Grund für die transversale Aberration liegt darin, dass die optische Achse des Auges im Allgemeinen nicht mit der Blicklinie übereinstimmt. In der Augenoptik wird die chromatische Aberration sogar für die Optimierung der Brillenanpassung verwendet (Rot-Grün-Test). In Abbil-

dung 1 ist die optische Achse strichpunktiert gezeichnet. Blickt ein Auge ein Objekt an, so wird dieses auf der Netzhautgrube F (Fovea centralis) abgebildet. Dies ist die Stelle des schärfsten Sehens. Die Netzhautgrube liegt in der Regel aber nicht auf der optischen Achse, sondern meist zur Schläfe hin (temporal) versetzt.

Werbegraphiker vermeiden normalerweise rote Schrift auf blauem Grund und ähnliche, stark unterschiedliche Farbkombination. Da unser Bewegungssehen in Schwarzweiß arbeitet, sind die Konturen von farbigen Flächen, die genau gleich hell sind, für den „Bewegungsmodul" unseres Sehsystems unsichtbar: Er meldet „Bewegungsweise unbekannt". Deshalb scheinen sich die farbigen Flächen vor unseren Augen auf unbestimmte Weise wabernd hin und her zu bewegen, denn die Grenzlinien selbst werden nach wie vor wahrgenommen. Manchmal wird dieser – unangenehme – Effekt allerdings auch mit Absicht eingesetzt, um Aufmerksamkeit zu erzielen.

Während die gerade beschriebenen Erscheinungen schon beim einäugigen Sehen auftreten, ergibt sich beim beidäugigen Betrachten von farbigen Bildern ein weiteres Phänomen, das unter dem Begriff Farbenstereoskopie oder Farbtiefeneffekt schon seit dem 19. Jahrhundert bekannt ist [1].

Um diesen Effekt zu verstehen, denke man sich eine weiße Punktlichtquelle hinter einem Kobaltfilter in etwa 50 cm Abstand. Blickt man dieses, für das Auge aus einer blauen und roten Lichtquelle bestehende Objekt an, so werden diese Punkte, die sich ja in gleichem Abstand vom Auge befinden, auf unterschiedliche Positionen der Netzhaut abgebildet (Abbildung 2a). Wenn der blaue Punkt in der Netzhautgrube F abgebildet wird, befindet sich der rote Punkt wegen der schwächeren Brechung roten Lichts in den Augenmedien auf der Netzhaut etwas seitlich daneben – und zwar in beiden Augen spiegelbildlich jeweils zur Schläfe hin versetzt. Dies interpretiert unser Sehsystem so, dass der rote Punkt näher am Auge liegt als der blaue (Schnittpunkt der gestrichelten Linien).

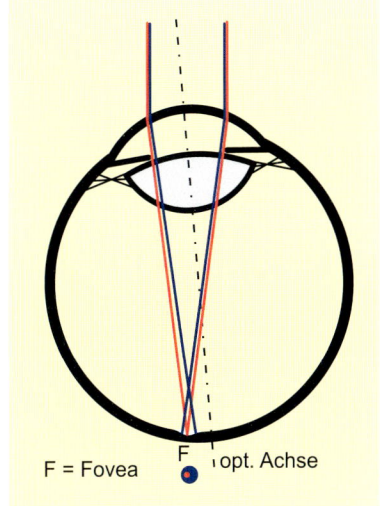

Abb. 1 *Rotes und blaues Licht werden verschieden stark im Auge gebrochen. Eine Punktlichtquelle durch ein Kobaltfilter betrachtet, ergibt eine blaue Scheibe mit einem nicht zentrierten, roten Punkt darin oder umgekehrt (Zeichnung nicht maßstäblich).*

F = Fovea   F   opt. Achse

Mit etwas Aufmerksamkeit ist diese Farbenstereoskopie bei bunten Objekten mit bloßem Auge sichtbar [1]. Besonders gut funktioniert das mit roter oder blauer Schrift auf schwarzem Hintergrund. Sogar Farbenblinde können das erkennen, denn die Erscheinung beruht ja auf der Dispersion der brechenden Medien und nicht auf der Fähigkeit, Farben zu sehen.

Mit einem auf Hermann von Helmholtz zurückgehenden Experiment kann man den Farbtiefeneffekt verstärken [2]. Hält man eine Blende oder noch einfacher die eigenen Finger so vor die Augen, wie in Abbildung 2b gezeigt, dann deckt man den jeweils inneren (nasal befindlichen) Teil der Pupille ab. Dadurch gelangen nur noch die an der temporalen Seite der Pupille stark gebrochenen Lichtstrahlen ins Auge und der Farbtiefeneffekt wird deutlicher. Deckt man die Pupillen außen (temporal) ab, kehrt sich der Farbtiefeneffekt sogar um: blau erscheint näher als rot.

Setzt man einfache Prismen mit der Basis nach innen vor die Augen (Abbildung 3a), wird der 3D-Effekt noch mehr verstärkt [1, 2]. Solche Prismen sind in der Brillenoptik zur Behandlung des Schielens sehr gebräuchlich. Die Prismen fächern die Farben weiter auf, wodurch der Abstand zwischen dem blauen und dem roten Bildpunkt auf der Netzhaut größer wird. Das wiederum wird als größerer Tiefenabstand des roten vom blauen Punkt im Objektraum interpretiert.

Die Ablenkung in den Prismen bewirkt aber auch, dass die optischen Achsen der Augen nach außen gedreht werden. Das kann zu Problemen führen: Zum Doppeltsehen (weil beim menschlichen Auge Akkommodation und Konvergenz stark miteinander gekoppelt sind), zu Kopfschmerzen wegen höhenversetzter Bilder (wenn die Prismenbrille nicht ganz gerade sitzt), zu Schwindelgefühl (weil sich die Sehwelt anders bewegt als erwartet). Mit sogenannten Geradsichtprismen lassen sich die beiden erstgenannten Probleme umgehen. Geradsichtprismen bestehen aus mehreren Gläsern verschiedener Dispersion. Das bewirkt, dass ein Lichtstrahl mittlerer Wellenlänge gerade nicht abgelenkt wird, während die Enden des Spektrums zu beiden Seiten gebrochen werden.

Nun sind solche Prismen für normale Brillen nicht besonders handlich und außerdem relativ teuer. Eine spektrale Aufspaltung des Lichts lässt sich auch mit Beugungsgittern erreichen. Bei einfachen Beugungsgittern liegen jedoch immer mehrere Beugungsordnungen vor. Blickt man auf ein Objekt durch ein derartiges Gitter, so erhält man dementsprechend mehrere, nebeneinander liegende Bilder, die sich gegenseitig stören. Das wiederum kann man mit Blaze- oder Echelette-Gittern vermeiden [3].

Durch entsprechende Gestaltung der Gitterform erreicht man, dass praktisch das gesamte Licht in eine Beugungsordnung hinein konzentriert wird. In den 1970er Jahren wurden Verfahren entwickelt, die es ermöglichen, derartige Transmissionsgitter mit interferenz-optischen Methoden und speziellen Ätzverfahren herzustellen [4]. Erst dadurch – und mit erheblichem technischen Aufwand – wurde die Massenherstellung solcher Transmissionsgitter möglich [5]. Die Patentschriften [6] verraten längst nicht alle Einzelheiten, bieten aber dennoch eine gute Zusammen-

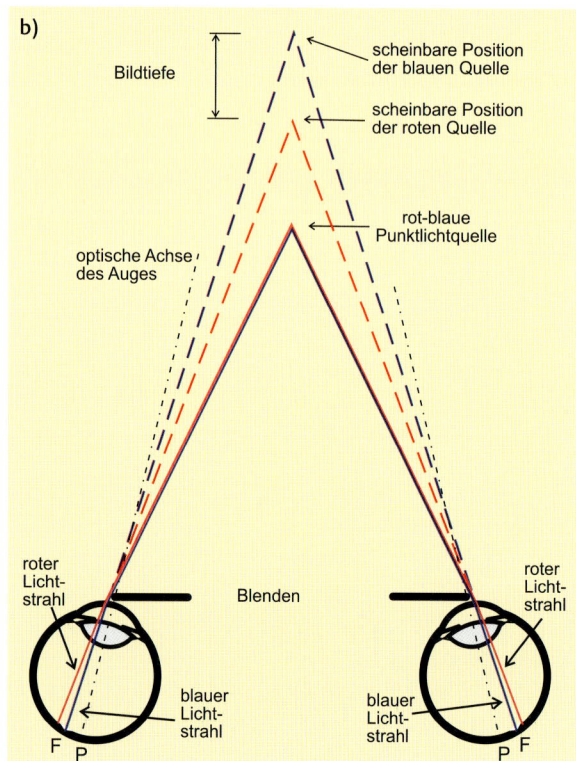

Abb. 2 *a) Eine Lichtquelle, die nur aus einem roten und blauen Punkt besteht (Kobaltfilter), spaltet sich beim Anblicken scheinbar räumlich auf. b) Die räumliche Tiefenversetzung des blau-roten Punktes wird mit vor die Pupillen gesetzten Blenden verstärkt (Winkel- und Größenverhältnisse nicht maßstäblich).*

a)

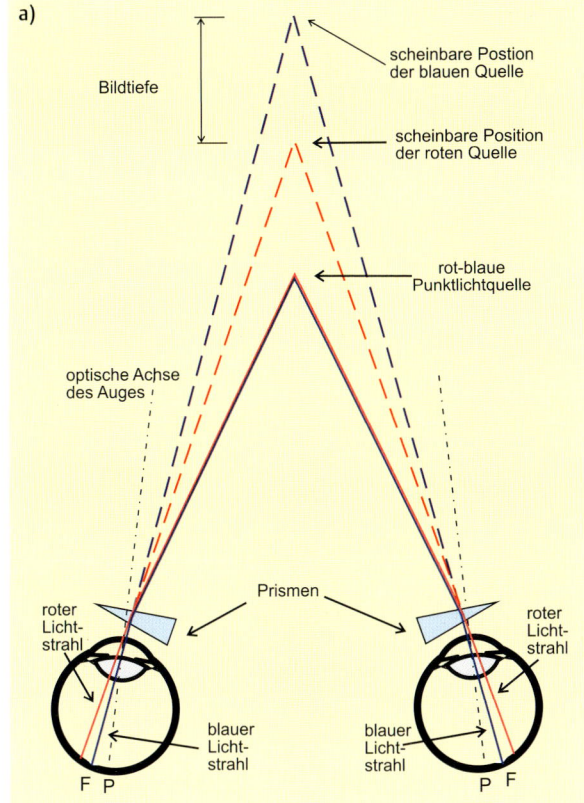

Bildtiefe

scheinbare Postion der blauen Quelle

scheinbare Position der roten Quelle

rot-blaue Punktlichtquelle

optische Achse des Auges

Prismen

roter Licht-strahl

roter Licht-strahl

blauer Licht-strahl

blauer Licht-strahl

F P

P F

b)

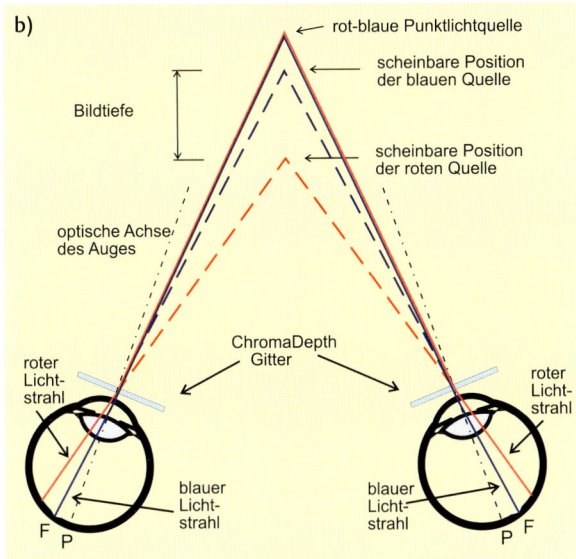

rot-blaue Punktlichtquelle

scheinbare Position der blauen Quelle

Bildtiefe

scheinbare Position der roten Quelle

optische Achse des Auges

ChromaDepth Gitter

roter Licht-strahl

roter Licht-strahl

blauer Licht-strahl

blauer Licht-strahl

F P

P F

Abb. 3 *a) Vor die Augen gesetzte Prismen verstärken den Farbtiefeneffekt ebenso wie ChromaDepth-Folien b).*

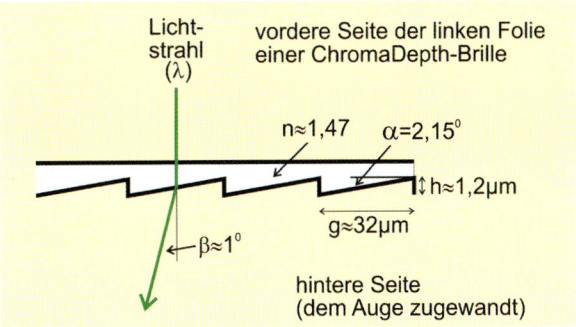

Licht-strahl (λ)

vordere Seite der linken Folie einer ChromaDepth-Brille

$n \approx 1{,}47$ $\alpha = 2{,}15^{0}$

$h \approx 1{,}2\,\mu m$

$g \approx 32\,\mu m$

$\beta \approx 1^{0}$

hintere Seite (dem Auge zugewandt)

Abb. 4 *Querschnitt einer ChromaDepth-Folie. Die Folie ist ein Gitter mit einer Gitterkonstante g ≈ 32 μm, wobei die einge-bauten Prismen das Licht gerade um einen Winkel von etwa 1° ablenken. Die Blaze-Bedingungen für dieses Gitter lauten: Beugung: λ = g · sinβ; Brechung: n · sinα = sin(α + β).*

die Gitterfolie senkrecht zum Laserstrahl, so dreht sich das hellste Beugungsbild – das Bild erster Ordnung – im Kreis um das kaum sichtbare Beugungsbild nullter Ordnung.

Gemäß $\sin\varphi = \lambda/g$ ergibt sich für grünes Licht ($\lambda = 560$ nm) für die erste Beugungsordnung des Gitters ein Winkel $\varphi \approx 1°$. Aus dem Brechungsgesetz folgt für den Ablenkwinkel des Prismas (Abbildung 4) ebenfalls ein Winkel von etwa 1°. Dadurch wird fast die gesamte Intensität des auffallenden Lichts in die erste Beugungsordnung auf eine Seite gelenkt. Im Prinzip sind Blaze-Gitter nur für eine Wellenlänge optimiert. Bei davon abweichenden Wellenlängen gelangt auch Licht in andere Beugungsordnungen als die 1. Ordnung. Mit roten ($\lambda \approx 670$ nm) oder grünen ($\lambda \approx 532$ nm) Laserpointern sieht man deswegen auch viele Beugungsordnungen.

An die Stelle der Prismen in Abbildung 3a kann man nun diese Gitter setzen und erzielt damit prinzipiell den gleichen Effekt (Abbildung 3b). Das Gitter hat sogar den Vorteil, dass die Akkommodation-Konvergenz-Kopplung sehr viel weniger beansprucht wird, das heißt man muss weniger stark und außerdem einwärts schielen. Das können die meisten Menschen viel besser, als nach außen zu schauen. Außerdem ist beim Gitter die Dispersion viel größer als beim Prisma.

Vertauscht man die Gitter in der Brille, kehren sich die Tiefenverhältnisse um. Ein Experiment, das sich leicht durchführen lässt: Man verschiebt die Brille so weit nach links, dass das linke Auge durch die rechte Brillenfolie blickt und das rechte Auge an der Brille vorbei. Allerdings ist der Tiefeneindruck dann nur noch halb so stark.

Betrachtet man ein Bild durch eine ChromaDepth-Brille mit Gittern vor beiden Augen, erscheinen vor allem senkrechte Kanten relativ unscharf und verwaschen. Aus diesem Grund vertreibt die Firma Chromatek zwei Arten von Brillen: die C3D™-Brille (auch Standardbrille genannt) mit Gittern vor jedem Auge und die HoloPlay™-Brille (früher High-Definition-Brille), bei der nur ein Gitter vor dem linken Auge vorhanden ist. Vor dem anderen Auge befindet sich eine transparente Folie. Mit der HoloPlay™-Brille hat

fassung der diesem 3D-Effekt zugrunde liegenden physiologischen und physikalischen Überlegungen.

Das Gitter der ChromaDepth-Brille hat eine Gitterkonstante von $g \approx 32$ μm (Abbildung 4). Das lässt sich mit einem Laser bekannter Wellenlänge leicht bestimmen. Fast die gesamte Lichtintensität wird in die erste Beugungsordnung auf nur einer Seite konzentriert (Blaze-Gitter). Mit einem Laserpointer lässt sich das leicht sichtbar machen. Dreht man

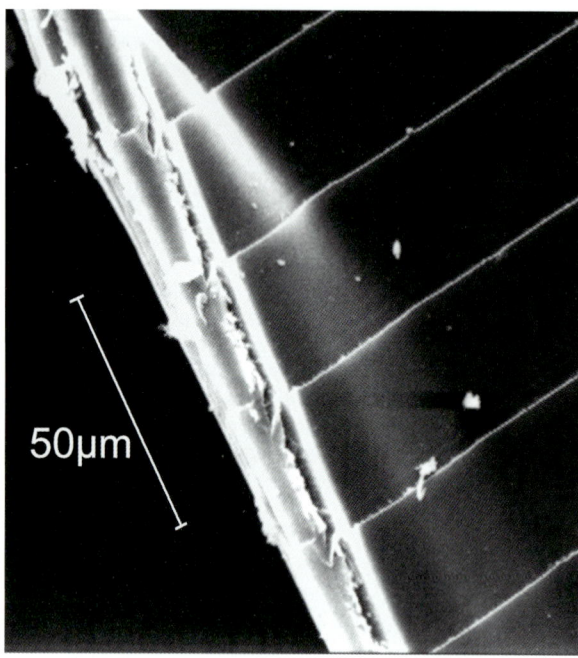

Abb. 5 *Elektronenmikroskopische Aufnahme eines Schnitts durch eine ChromaDepth-Folie.*

Abb. 6 *Vom Verfasser konstruierte und für Chromadepth-Brillen optimierte Weihnachtskarte.*

man einen vergleichsweise starken 3D-Eindruck bei teilweise unscharfen Objekträndern. Bei der C3D™ Brille ergibt sich ein halb so starker 3D-Eindruck. Denn nur vor dem linken Auge befindet sich ein Gitter, während dafür die Objekte mit dem rechten Auge scharf gesehen werden.

Der große Vorteil dieser 3D-Brille liegt darin, dass man nur ein einziges Bild braucht. Die Tiefeninformation wird über die Farbe kodiert. Bei fast allen anderen 3D-Verfahren sind immer zwei getrennte Stereo-Halbbilder nötig, die man den beiden Augen getrennt zuführt. Die ChromaDepth-Brille bietet Wissenschaftlern, Fotografen und Künstlern die Chance, in flachen Bildern Tiefeneffekte zu erzeugen. Abbildung 6 zeigt ein einfaches, am Computer konstruiertes Beispiel. Mit etwas Geduld kann man an dem Bild den Farbstereoeffekt auch ohne Brille wahrnehmen.

Natürliche Grenzen sind dem Chromatek-Verfahren durch die Einschränkung der verwendbaren Farben gegeben. Man darf die Farben eben nicht beliebig einsetzen, wenn man nicht paradoxe Tiefeneffekte erzeugen will.

Literatur und Internet

[1] W. Einthoven, Stereoscopie durch Farbendifferenz, Albrecht von Graefe's Archiv für Ophthalmologie **1885**, *31*, 211.
[2] I. Kohler, Scientific American **1962**, *206* (5), 62.
[3] F. L. Pedrotti et al., Optik, Eine Einführung, Prentice Hall, München **1996**.
[4] J. Sicking et al. The Physics Teacher **1995**, *33*, 446.
[5] Chromatek Inc., www.chromatek.com
[6] R. A. Steenblik, U.S. Patent No. 5-002-364, March 26, **1991**.

Der Hersteller der Chromadepth-Brille bietet im Internet informative Seiten mit vielen Beispielen inklusive Videosequenzen an unter der Adresse: www.chromatek.com.
Auch bei YouTube findet man Videos mit dem Stichwort chromadepth. Die Brille ist in Deutschland erhältlich bei www.perspektrum.de/knowhow/chromadepth.htm.

Morphing, Zoom und 3D-Bilder

Wackel- oder Wechselbilder und sogar 3D-Bilder werden schon seit über fünfzig Jahren mit der Linsenrastertechnik realisiert. Auch für ein 3D-Fernsehen ist diese Technik in der Diskussion. Der Vorteil liegt darin, dass man keine Hilfsmittel wie eine Brille oder Spiegel benötigt.

Abb. 2 *Drei Ansichten eines Lamellenbildes (Triscenorama).*

So manch einer kennt sie vielleicht noch aus seiner Kindheit: Wackelbilder. Je nach Blickwinkel zeigen sie zwei unterschiedliche Motive. Diese auch Riefel- oder Lamellenbilder genannten Spielzeuge erleben heute eine Renaissance – allerdings in technisch erheblich verbesserter Form.

In der einfachsten Form besteht die Bildfläche aus einem Leistenraster mit dreieckigem Profil. Jede der beiden sichtbaren Flächen ist mit einem Streifen einer eigenen Bildansicht bemalt oder beklebt. Unter einem passenden Winkel und bei genügend großem Abstand betrachtet (Abbildung 1a) setzen sich die Streifen zu einem Bild zusammen. Ändert man den Blickwinkel, so wechselt man die Ansicht. Blickt man frontal auf das Bild, so erscheinen die beiden Motive streifenweise gemischt.

Auch wenn die Grundidee dieser Technik bis ins 17. Jahrhundert zurückgeht, so verbreitete sie sich hauptsächlich im 19. Jahrhundert. Die Motive stammten damals fast durchweg aus dem religiösen Bereich, wobei die zweifache Darstellungsmöglichkeit zu den Kombinationen Kreuzigung/Auferstehung oder Christus/Maria führte.

Mit etwas Aufwand kann man sich solche Riefelbilder an seinem Rechner selbst herstellen. Mit einem Bildbearbeitungsprogramm [1] zerschneidet man zwei Bilder in pas-

sende Streifen und setzt sie wieder so zusammen, dass abwechselnd ein Streifen aus dem einen und dem anderen Motiv aufeinander folgt. Auf Papier ausgedruckt und ziehharmonikaartig gefaltet hat man eine zeitgemäße Realisierung eines Riefelbildes.

Etwas aufwändiger ist ein Verfahren, bei dem auf eine Unterlage senkrechte Lamellen befestigt werden (Abbildung 1b und 2). In einem solchen Triscenorama kann man drei unterschiedliche Ansichten unterbringen. Bei frontaler Betrachtung sieht man die auf der Grundfläche aufgebrachten Streifen, die sich zu einem Motiv, meist dem Hauptmotiv, zusammensetzen. Blickt man schräg auf das Bild, so dass die Grundfläche gerade verdeckt wird, dann setzen sich die Bildstreifen auf der jeweiligen Lamellenseite zu einem anderen Motiv zusammen. Die Motive dieser beiden Schrägansichten stehen meist in einer thematischen Verbindung zum Hauptmotiv.

Auch hier dominierten früher religiöse Motive, beispielsweise die Darstellung der Dreieinigkeit Gottes, nämlich Gott-Vater, Gott-Sohn und Gott-Heiliger Geist. Eine moderne Variation sind Reklametafeln zum Beispiel am Rand von Fußballfeldern mit drehbaren Dreiecksstäben, die in stetem Wechsel drei verschiedene Ansichten präsentieren. Auch die Bildstreifen von Lamellenbildern lassen sich – wenn auch mühsam – am eigenen Rechner realisieren [1].

Linsenrasterbilder

Eine moderne Spielart von Bildern, die mehrere Motive in sich vereinigen, findet man zum Beispiel als Postkarten in Andenkenläden. Sie sind unter dem Namen Wechsel- oder Wackelbilder, Flip- oder Kippbilder, 3D-Postkarten oder Lentikularkarten etwa seit Mitte des vorigen Jahrhunderts auf

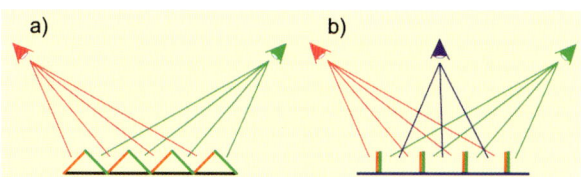

Abb. 1 *Beim Riefelbild a) sind auf den Seiten dreieckiger Leisten zwei verschiedene Ansichten aufgebracht. Das Lamellenbild b) enthält sogar drei verschiedene Ansichten (nicht maßstabsgerecht).*

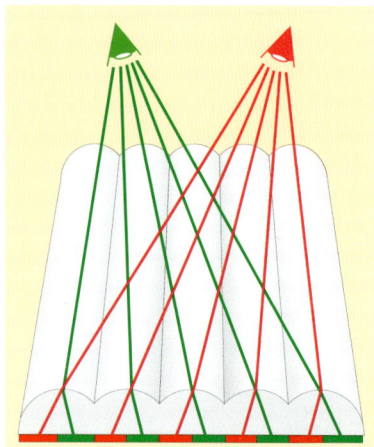

Abb. 3 *Anordnung von Linsenraster und Bilderstreifen (nicht maßstabsgerecht).*

dem Markt. Auch in der didaktischen Literatur wurden sie bereits behandelt [2, 3]. In diesen Bildern werden jedoch meist keine unterschiedlichen Motive miteinander verknüpft. Vielmehr geht es darum, dasselbe Motiv unter verschiedenen Blickwinkeln darzubieten, so dass entweder eine Bewegung nach Art des Daumenkinos entsteht oder ein stereoskopischer Effekt hervorgerufen wird, der ohne weitere Hilfsmittel gesehen werden kann.

Bei der hierfür nötigen Technik wird der Effekt eines Linsenrasters ausgenutzt, das unter verschiedenen Blickwinkeln unterschiedliche Bildausschnitte sichtbar werden lässt. Fortschritte in der Drucktechnik und der Herstellung der dafür notwendigen Linsenraster aus Kunststoff machen dieses Verfahren heute wieder interessant. Neben der Möglichkeit, Bewegungen oder 3D-Effekte darzustellen, erlauben die Linsenraster auch Morphing- oder Zoom-Effekte, die besonders zu Werbezwecken genutzt werden. Bei Morphing-Bildern ist ein fast kontinuierlicher Übergang von einer Ansicht zu einer anderen Ansicht realisiert, beispielsweise von einem Gesicht zu einem anderen Gesicht. Zoom-Bilder gestatten ein fast kontinuierliches Vergrößern eines Objektes. Derartige Lentikulareffekte gibt es mittlerweile bei Visitenkarten, Postkarten, Kalendern, großen Werbepostern, Mousepads und sogar bei Briefmarken.

Ein Linsenrasterbild ist vom Prinzip her einfach aufgebaut. Dicht nebeneinander liegende, plankonvexe Zylinderlinsen sind über einer Unterlage angeordnet, auf der sich mehrere, im einfachsten Fall zwei in Streifen passender Breite zerschnittene Bilder befinden (Abbildung 3 und **Infokasten: Optik von Linsenrastern**).

Stereobilder setzen sich aus zwei Streifen mit zwei Ansichten eines Objekts zusammen, die aus geringfügig unterschiedlichen Blickwinkeln aufgenommen wurden. Befindet sich unter jeder Zylinderlinse gerade jeweils ein Streifen der einen und der anderen (etwas verschobenen) Ansicht, so sieht jedes Auge für sich ein aus den jeweiligen Streifen zusammengesetztes Bild. Da dem Gehirn auf diese Weise genau wie beim normalen binokularen Sehen eines räumlichen Objekts leicht perspektivisch verschobene Ansichten dargeboten werden, rufen sie auch in diesem Fall einen räumlichen Eindruck hervor. So kann auf einer ebenen Fläche ein Objekt räumlich gesehen wer-

den – eine echte optische Täuschung. Bei der Betrachtung eines 3D-Bildes liegt die Verbindungsachse der Augen immer senkrecht zur Achse der Zylinderlinsen.

Im Falle von Bildern mit wechselnden Motiven und von bewegten Bildern befindet sich unter jeder Zylinderlinse ebenfalls – im einfachsten Falle – je ein Streifen zweier Motive. Im Unterschied zu den 3D-Bildern blickt man nun aber so auf das Raster, dass die Verbindungsachse der Augen parallel zu den Zylinderlinsenachsen orientiert ist. Durch leichtes Verkippen des Rasters kann man beim Blick auf das Bild von einem Streifensystem zum anderen und damit von einem Motiv zum anderen wechseln. Daher spricht man auch von Wackel- oder Wechselbildern. In Abbildung 3 sind nunmehr zwei zeitlich aufeinander folgende Situationen dargestellt – vor und nach dem Verkippen.

Mit professioneller Drucktechnik lassen sich statt zwei bis zu 30 Streifensysteme unter jeder Zylinderlinse unterbringen. Beim langsamen Verkippen des Bildes sieht man einen Wechsel zwischen den verschiedenen Ansichten. Wenn die aufeinander folgenden Streifensysteme den aufeinander folgenden Phasen einer Bewegung entsprechen, werden dem Betrachter ähnlich wie beim (Daumen-) Kino sehr realistisch wirkende quasikontinuierliche Bewegungen vorgetäuscht [4].

In Abbildung 4 sind mit dem Programm 3D-Easy Space [5] zwei Buchstaben als Wackelbild (Flip) zusammengefügt. In der Mitte ist der Ausdruck dargestellt, wie er sich mit einem üblichen Tintenstrahldrucker ergibt. Links und rechts ist jeweils eine Linsenrasterfolie mit 30 lpi (lines per inch) darüber gelegt. Man erkennt schwach noch den jeweils anderen Buchstaben, unter anderem deswegen, weil hier die Linsenrasterfolie nur lose über der Druckunterlage liegt. Hier spielen kleinste Abstände eine erhebliche Rolle. Bei kleineren Betrachtungsabständen als 50 cm werden die anderen Buchstaben noch deutlicher sichtbar. Ebenso bei schrägen Blickwinkeln.

Mit den für den privaten Bereich verfügbaren Programmen, Rechnern und Druckern lassen sich sowohl einfache, aus zwei Bildern bestehende Flipeffekte als auch Animationen mit mehreren Bildern realisieren. Hier stößt man als Amateur jedoch schnell an die Grenzen üblicher Drucker. Im professionellen Bereich ist es mit erheblich besserer Druckqualität möglich, bis zu 30 verschiedene Motive darzustellen. Auch für Poster wird das Verfahren eingesetzt.

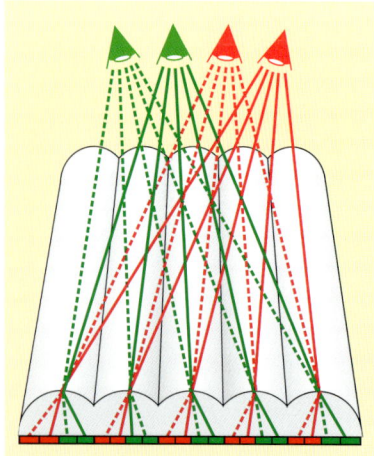

Abb. 4 *In der Mitte sind die Buchstaben A und B mit dem Programm 3D-Easy als Wackelbild für eine 30-lpi-Linsenrasterfolie ausgedruckt. Links und rechts ist die Linsenrasterfolie darüber gelegt. Schwach erkennt man noch den jeweils anderen Buchstaben. Betrachtungsabstand 50 cm, senkrecht.*

Abb. 5 *Stereo- und Flipeffekt lassen sich in einer Karte vereinigen (nicht maßstabsgerecht).*

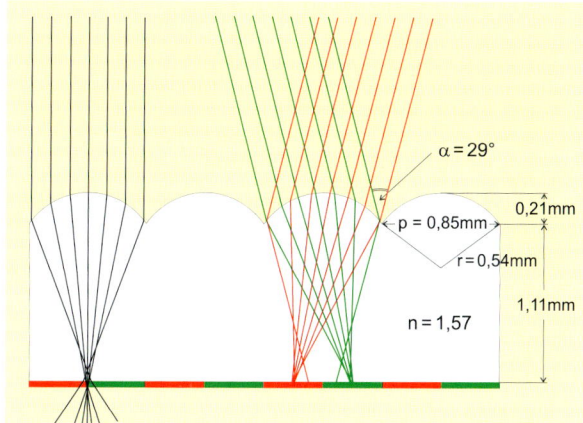

Abb. 6 *Maßstabsgerechte Anordnung von Linsenraster (30 lpi) und Blickwinkel. Der rot-grüne Streifen stellt die unmittelbar unter den Zylinderlinsen befindliche, gedruckte Unterlage dar.*

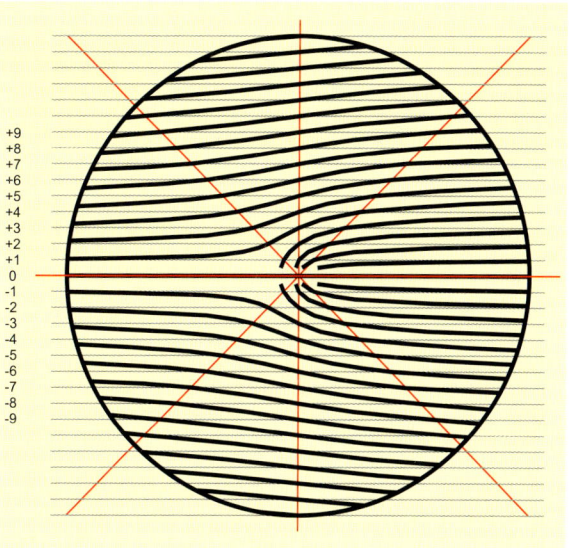

Abb. 7 *Mit Linsenrastern lassen sich Drehbewegungen erzeugen.*

Um gleichzeitig einen 3D- und Wackeleffekt mit einem Linsenraster zu erzeugen, sind mindestens vier Streifen unter jeder Linse erforderlich (Abbildung 5). Das rot-grüne Augenpaar mit den durchgezogenen Strahlen sieht je ein in Streifen zerschnittenes Bild für das linke und das rechte Auge unter den Zylinderlinsen und bekommt auf diese Weise einen Stereoeindruck. Wird die Karte nach rechts gekippt, oder bewegt sich das Augenpaar nach links in die Position mit den gestrichelten Strahlen, so kann man das gleiche Stereobildpaar darbieten. Wenn auf diesen Streifen zusätzlich ein Text oder Ähnliches überdruckt ist, sieht man das gleiche Stereobild mit dem Zusatz. Dem Betrachter erscheint also das gleiche Grundbild mit einem aufgesetzten Flipeffekt.

3D-Fernsehen mit Linsenrasterfolien?

Die 3D-Darstellung mit der Linsenrastertechnik ist keine Erfindung unserer Zeit. Schon 1903 ließ der US-Amerikaner Frederick E. Ives seine 3D-Bilder mit einer ähnlichen Technik unter dem Namen Parallax-Stereogram patentieren [6]. Der Vorteil ist, dass keine zusätzlichen Hilfsmittel wie Brillen, Spiegel oder Mehrfachbilder erforderlich sind. Man hat nur eine bedruckte Vorlage.

Im Gegensatz zu der prinzipiellen Darstellung in Abbildung 3 werden bei kommerziellen 3D-Bildern 4 bis 15 verschiedene Ausgangsbilder in Streifen zerlegt und unter dem Linsenraster angeordnet. Dadurch realisiert man den 3D-Eindruck für verschiedene Betrachtungsabstände und über einen größeren Winkelbereich. Beim Betrachten mancher 3D-Postkarten kann man dennoch erreichen, dass unter gewissen Winkeln gerade ein für das rechte Auge bestimmter Bildstreifen vom linken Auge wahrgenommen wird und umgekehrt für das rechte Auge. Das ergibt sich grundsätzlich auch aus Abbildung 3 und ist als pseudoskopischer Effekt bekannt. Die Tiefeninformation dreht sich dabei um – eine konvexe Erdkugel erscheint plötzlich als Hohlwelt. Es bedarf einiger Übung, um derartige pseudoskopische Bilder wirklich zu sehen. So gut wie unmöglich ist das bei menschlichen Gesichtern, da unser Gehirn ein solches Gesicht als Hohlmaske nicht akzeptiert. 3D-Bilder lassen sich ebenfalls mit Heimmitteln erstellen [4].

OPTIK VON LINSENRASTERN

Als Beispiel für eine genauere Analyse eines konkreten Linsenrasters dient uns ein sehr grobes Linsenraster, wie es für die Herstellung von Wackelbildern mit dem eigenen Computer und Drucker erhältlich ist (Abbildung 6) [3]. Für die Breite der Zylinderlinsen werden 30 lpi (lines per inch) angegeben, das heißt eine Zylinderlinse hat eine Breite von $p = 25,4$ mm/30 = 0,85 mm. Unter einem Mikroskop lässt sich am Rand eines Linsenrasters der Querschnitt einer Linse ausmessen. Die Gesamtdicke ergibt sich zu $d = 1,32$ mm, den Krümmungsradius erhält man aus diesen Werten zu $r = 0,54$ mm. Die Brechzahl des Kunststoffes beträgt $n = 1,57$.

Aus dem linken Teil der Abbildung ist ersichtlich, dass sich die von einem Auge ausgehenden und mit einem Optikprogramm berechneten Strahlen passabel in einem Brennpunkt unterhalb der Zylinderlinsen schneiden. Es handelt sich fast um einen Parallelstrahl, da der übliche Abstand des Auges von mindestens 250 mm im Verhältnis zu den Abmessungen der Zylinderlinsen sehr groß ist.

Abweichungen treten nur am Rand der Linse auf, weil hier mit einer sphärischen Fläche gerechnet wurde. Durch eine andere Formgebung ließe sich das für ein senkrecht einfallendes Strahlenbündel noch beheben.

Derartige theoretische Überlegungen stoßen jedoch schnell an ihre Grenzen, da einerseits so optimierte optische Flächen bei schräg einfallenden Lichtstrahlen noch stärkere Abweichungen aufweisen und andererseits in der Realität die Ecke des Überganges von einer zur anderen Linse nicht hinreichend präzise gefertigt werden kann. Die Abweichungen der Lichtstrahlen an dieser Ecke aufgrund der stärkeren Brechung und unvollkommener Fabrikation führen letztlich dazu, dass der Betrachter fast immer auch schemenhaft etwas von den Nachbarstreifen sieht, den man eigentlich nicht sehen sollte.

In diesem einfachsten Fall einer Wackelkarte ergibt sich außerdem, dass man die Karte um etwa 29 Grad kippen muss, um von einer Ansicht zur anderen zu gelangen. Sind mehr Streifen auf der Druckunterlage vorhanden, so sieht man entsprechend mehr Bilder, die sich dann bei geringerer Verkippung alternierend zeigen.

DREHUNGEN MIT LINSENRASTERN

Eine interessante Herausforderung ist die Darstellung von scheinbar kontinuierlichen Drehbewegungen mit Linsenrastern. Abbildung 7 zeigt die Grundlage für einen rotierendes, achtstrahliges Kreuz. Die dünnen, waagerechten, grauen Linien stellen die Mittellinien der Zylinderlinsen eines über dieses Muster gelegten Linsenrasters dar. Aus Symmetriegründen braucht nur die Situation in der oberen Hälfte der Figur beschrieben zu werden.

Die Linse in der Mitte (Nr. 0), die mit einer waagerechten roten Linie hervorgehoben ist, bildet den darunter liegenden schwarzen Streifen ins Auge ab. Die darüber liegende Linse Nr. +1 bildet die entsprechenden schwarzen Streifen am linken und rechten Ende gerade noch gut ab, die noch eins weiter darüber liegende Linse Nr. +2 bildet am linken und rechten Ende kaum noch ein Stück schwarzen Streifens ab. Als Ergebnis wird man links und rechts von der Mitte einen waagerechten schwarzen Streifen sehen, der oberhalb und unterhalb von weißen Streifen begrenzt ist.

Die Linse Nr. +1 kreuzt aber weitere, schwarze Streifenstücke und zwar genau dort, wo die roten 45-Grad-Linien und die 90-Grad-Linie die Linsenmitte schneiden. Diese Streifenstücke werden also auch schwarz ins Auge abgebildet. Gleiches trifft für Linse Nr. +3 und weitere Linsen zu, die immer gerade schwarze Streifenstücke ins Auge abbilden, die auf den Schnittpunkten der grauen Linien mit den roten 45-Grad-Linien oder der senkrechten roten Linie liegen. Damit ist die Streifenstruktur gerade so konstruiert, dass die schwarzen Streifen, die Linsenmittenlinien und die roten Linien sich entsprechend schneiden.

Im Ergebnis sieht das Auge ein achtstrahliges Kreuz. In Wirklichkeit erscheint das Kreuz wegen der Zylinderlinsenoptik nicht sehr scharfkantig (Abbildung 8 oben). Bei diesem Beispiel ist in der Mitte des Bildes zusätzlich ein schwarzer Kreis platziert, da hier viele schwarze Linien zusammenlaufen, die kein klares Bild ergeben.

Wird das Auge nun nach unten bewegt oder die Linsenrasterkarte um die waagerechte rote Linie gekippt, so wandern die Brennlinien der Zylinderlinsen nach oben. Die Mitte der Linse 1 fällt dann zwischen die Linien 0 und +1. Dort ist jetzt aber ein weißer Streifenteil. Die Mitte der Linse 5 wird am linken Rand gerade auf einen schwarzen Streifenteil kommen, so dass sich dem Auge dort schwarz bietet. Verfolgt man Linsenmitten und die darunter liegende Streifenstruktur auf diese Weise, ergibt sich beim Kippen der Linsenrasterkarte eine scheinbare Drehbewegung des achtstrahligen Kreuzes (Abbildung 8 unten). Derselbe Effekt stellt sich ein, wenn man entsprechend die Augen nach oben oder unten bewegt.

Mit diesem Beispiel kann man nunmehr auch überlegen, wie ein vier- oder sechsstrahliger Stern oder noch andere Objekte konstruiert werden könnten.

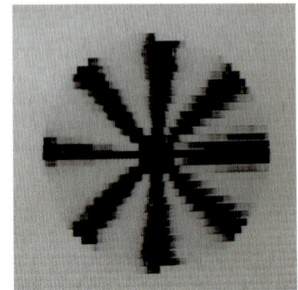

Abb. 8 Zwei Phasen der Drehbewegung bei einem achtstrahligen Kreuz.

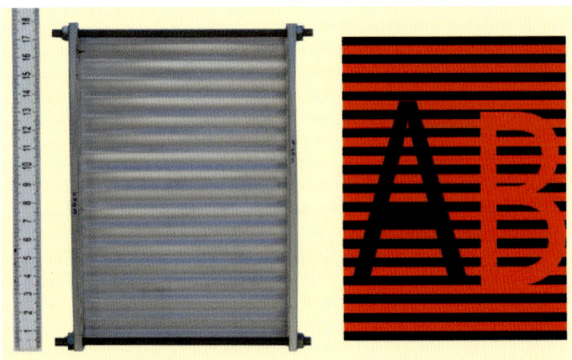

Abb. 9 Demonstrationsmodell eines Linsenrasters (links) und rot-schwarzes Streifenraster (rechts).

Während die Wackelbilder vor allem eine schöne Spielerei sind, könnte das Linsenrasterverfahren für eine 3D-Technik im Bereich von LCD-Monitoren noch eine praktische Bedeutung erlangen. Damit ließe sich am Computermonitor oder Fernseher ein Raumbild ohne Brille realisieren. Richtig durchgesetzt hat sich die Idee jedoch – noch – nicht, da die Produktionsverfahren sehr aufwendig sind und man sich längst nicht auf ein Verfahren geeinigt hat.

Literatur und Internet
[1] www.benedikt-seidl.de/pages/lamellenbild.php
[2] E. Krumm, Praxis der Naturwissenschaften **1969**, *18*, 118.
[3] G. Koppelmann, Der Physikunterricht **1980**, *1*, 84.
[4] www.supermotion.de
[5] www.3d-easy.de und www. perspektrum.de
[6] F. E. Ives, U.S. patent 725,567 Parallax-Stereogram, **1903**.

BAUANLEITUNG – DEMOMODELL EINES LINSENRASTERS

Die Breite der üblichen Linsenraster auf Postkarten ist meist kleiner als 1 mm und damit eher unanschaulich klein. Mit nicht allzu viel Aufwand lässt sich ein makroskopisches Demonstrationsmodell bauen (Abbildung 9 links). Man nehme etwa 16 bis 20 Zylinder aus Plexiglas (Länge 10–15 cm, ∅ 10 mm) und füge sie nebeneinander liegend in einen Halterahmen ein. In Abbildung 9 werden die Linsen mit rechteckigen Aluprofilen und Gewindestangen zusammengehalten. Es ist auch möglich, die Linsen mit Plexiglasprofilen zusammenzukleben. Das erfordert jedoch viel Erfahrung.

Konstruiert man sich ein Streifenraster mit Buchstaben (Abbildung 9 rechts) und legt das Demonstrationsmodell direkt darüber, so erscheint je nach Position des Modells nur der Buchstabe A (in schwarz) oder B (in rot). Der Abstand der Streifen muss noch optimal auf das Modell abgestimmt werden, was durch Probieren mit einem Zeichenprogramm leicht erreicht werden kann. Auch die beschriebenen Drehbewegungen lassen sich auf diese Weise makroskopisch realisieren.

Kinetische Farben – Entmischung von weißem Licht durch Bewegung

Wer seine Hand mit gespreizten Fingern vor den Augen hin und her bewegt und dabei prächtige Farberscheinungen beobachtet, könnte geneigt sein, den symbolischen Sinn einer solchen Bewegung auf sich selbst zu beziehen. Woher sollten die Farben kommen, wenn weit und breit kein farbiges Licht zu sehen ist?

Dieses interessante Phänomen lässt sich in einigen Science Centern in unterschiedlichen Ausführungen bewundern (Phaeno in Wolfsburg, Cité de la Science et de l'industrie in Paris). Dort werden in einem abgedunkelten Bereich bewegte Objekte mit weißem Licht beleuchtet, die dabei in Abhängigkeit von ihrer Bewegung in bunten Farben erstrahlten. Der auf einer weißen Wand aufgefangene Schatten der farblich changierenden Objekte erstrahlt ebenfalls in Farben, und zwar in den Komplementärfarben der beleuchteten Vorderseite. Das Phänomen stellt die Intuition der Besucher auf eine harte Probe. Dass zudem beim Blinzeln mit den Augen erratische Farberscheinungen auftreten, verleiht der Situation fast psychedelische Züge.

Es wird jedoch ziemlich schnell klar, dass das Geheimnis dieses Phänomens nicht in den Objekten selbst zu suchen ist, sondern in der Beschaffenheit des weißen Lichts, in dem man sie betrachtet. Von dieser Annahme ausgehend, stellte sich uns die Herausforderung, mit möglichst einfachen Mitteln derartige „kinetischen Farben" zu erzeugen.

Farbmischung durch zeitliche Aufeinanderfolge von Farben

Eine geeignete Mischung verschiedenfarbigen Lichts nehmen wir als weißes Licht wahr. Das Sonnenlicht und das Licht einer gewöhnlichen Glühlampe weisen ein kontinuierliches Farbspektrum auf, das mit einem Prisma entfaltet werden kann. Dagegen kommen Leuchtstoffröhren mit diskreten Spektrallinien mit weniger Farben aus, um einen weißen Farbeindruck hervorzurufen.

Abb. 1 *Aufbau zur Herstellung von Mischlicht. Eine mit passenden Filterfolien bestückte Farbscheibe wird vom intensiven, weißen Licht eines Diaprojektors durchstrahlt.*

Mit einem Farbkreisel kann man demonstrieren, dass drei Grundfarben ausreichen, um weißes Licht zu erzeugen. Hierfür malt man dessen Oberfläche mit entsprechenden Farbsegmenten aus, die sich bei einer hinreichend schnellen Drehung im Auge des Betrachters (annähernd) zu Weiß addieren. Das menschliche Auge ist ab einer bestimmten Frequenz des Farbwechsels nicht mehr in der Lage, diesen noch zeitlich aufzulösen.

Welche Farben bei einer solchen Addition Weiß ergeben, kann man einschlägigen Farbtabellen entnehmen oder durch Probieren herausfinden. Wir konstruierten eine kreisrunde Farbscheibe, unterteilt in zwei oder drei Sektoren aus passend kombinierten Filterfolien [1]. Die Größe der Sektoren wurde durch Probieren so gewählt, dass im Betrieb ein möglichst gutes Weiß entstand. Beidseitig mit transparenten Kunststofffolien stabilisiert, wurde die Farbscheibe auf der Achse eines Elektromotors mit regelbarer Drehzahl montiert (Abbildung 1). Dann versetzten wir ihn in schnelle Rotation (circa 2000 U/min) und durchstrahlten die Scheibe mit weißem Licht eines Diaprojektors. Das projizierte Licht fiel auf die gegenüberliegende Leinwand, wo ein heller, nahezu weißer Lichtfleck zu sehen war.

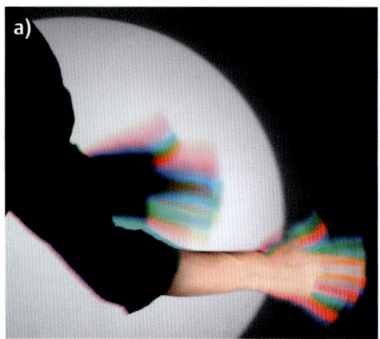
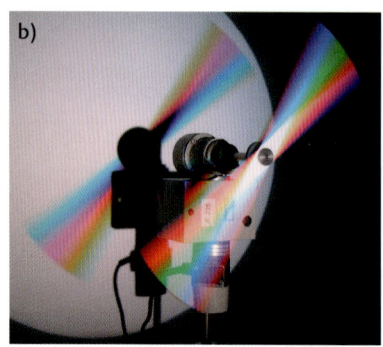

Abb. 2 *a) Die im weiß erscheinenden Mischlicht bewegte Hand reflektiert verschiedene Mischfarben. Deren Komplementärfarben werden dabei als „Schatten" projiziert; b) ein rotierender Stab in weißem Mischlicht.*

Abb. 3 *Scheibe, die sich um ihre Längsachse in Rotation versetzen lässt. Links: in Ruhe, bei Tageslicht. Rechts: in Rotation, bei Beleuchtung mit weißem Mischlicht eines DLP-Beamers.*

Bewegte man nun seine Hand vor der Leinwand hin und her, so reflektierte die Haut eine Vielzahl von Mischfarben, während der auf die Leinwand projizierte Schatten die zugehörigen Komplementärfarben aufwies (Abbildung 2a). Solche Farberscheinungen lassen sich mit unterschiedlichen bewegten Objekten hervorrufen. Schwingende Seile sind ebenso geeignet wie beispielsweise ein rotierender Stab (Abbildung 2b).

Die Erklärung für die Farberscheinungen liegt gewissermaßen auf der Hand: Wird die Hand ins Mischlicht gehalten, das aus der Farbfolge Grün, Rot, Blau besteht, so blockt sie beispielsweise gerade grünes Licht ab und ruft in dem Moment auf der Leinwand einen schwarzen Schatten hervor. Bewegt sich die Hand aber im Moment des Farbwechsels fort, so dass entsprechend der Farbfolge noch rotes Licht und kurz darauf blaues Licht auf die vorher beschattete Stelle fallen, so sieht man dort die additive Mischfarbe aus Rot und Blau. Denn das zur Ergänzung zu Weiß nötige Grün war ja vorher abgedeckt und das Auge vermag

die Einzelfarben zeitlich nicht aufzulösen. Inzwischen blockt die Hand eine weitere Farbe ab und der Vorgang wiederholt sich. Je nach Geschwindigkeit fehlen Anteile von einer oder auch mehreren Ausgangsfarben zur Ergänzung zum Weiß, und es entstehen streifenweise Farbeindrücke.

Beim Augenzwinkern passiert etwas Ähnliches. Trifft eine der zeitlich aufeinander folgenden Komponenten des Mischlichts wegen der kurzzeitig geschlossenen Augenlider nicht auf die Netzhaut, kommt es ebenfalls zu einem Farbeindruck der restlichen Komponenten.

Moderne Variante zur Erzeugung kinetischer Farben

Eine weitere Möglichkeit, mit modernen Mitteln kinetische Farben zu erzeugen, entdeckten wir eher durch Zufall. Während einer nicht gerade aufregenden Präsentation mit Hilfe eines Beamers hatten wir Probleme, die Augen offen zu halten. Fortwährendes Zwinkern war die Folge, und es traten ganz unvermittelt ähnliche Farberscheinungen auf, wie die soeben beschriebenen.

Als Erklärung für dieses Phänomen stellte sich heraus, dass der verwendete Beamer vom Typ DLP (Digital Light Processing) im Prinzip eine ähnliche Vorrichtung darstellt wie unser Farbfilterrad. Auch hier wird das Licht einer Lampe durch ein winziges Farbrad mit den Grundfarben Rot, Grün und Blau auf einen Spiegelchip gelenkt. Dieser besteht aus zahlreichen winzigen Spiegeln, die jeder einen Bildpunkt repräsentieren. Der jeweiligen Bildinformation entsprechend werden die einzelnen Spiegel so angesteuert, dass die Farben in der gewünschten Intensität auf die Linse des Beamers gelenkt werden, wodurch das auf die Leinwand projizierte Bild entsteht.

Mit diesem ansonsten eher als störend empfundenen „Regenbogeneffekt" lässt sich also auf zeitgemäße Weise ein ähnliches Phänobjekt konstruieren wie mit dem Filterrad. Dabei stellt sich jedoch heraus, dass ein DLP-Beamer seine Farbfolge mit sehr viel höherer Frequenz wiederholt als unser Folienrad. Deshalb muss die Geschwindigkeit der bewegten Objekte relativ hoch sein, um den gewünschten Farbeffekt hervorzurufen.

Eine solche Vorrichtung lässt sich leicht selbst bauen. Sie besteht aus einer kleinen, weißen Pappscheibe, die ein Elektromotor in sehr schnelle Rotationen um ihre Längsachse versetzt. Im linken Teil von Abbildung 3 sieht man die Vorrichtung bei Tageslicht in Ruhe. Im rechten Teil ist die Scheibe in Bewegung im Lichte des Beamers zu sehen. Man erkennt die Mischfarbe auf der Pappscheibe und die entsprechende Komplementärfarbe als Schatten. Je nach Drehgeschwindigkeit der Scheiben kann man unterschiedliche Farbeindrücke hervorrufen. Blickt man von schräg oben auf die Pappscheiben, so ergeben sich in ihren Farben variierende Farbkugeln (Abbildung 4).

Versieht man etwas größere Pappscheiben mit Schwarz-Weiß-Mustern (Abbildung 5 links), die mit einem Antrieb sehr schnell um ihre horizontale Achse gedreht werden

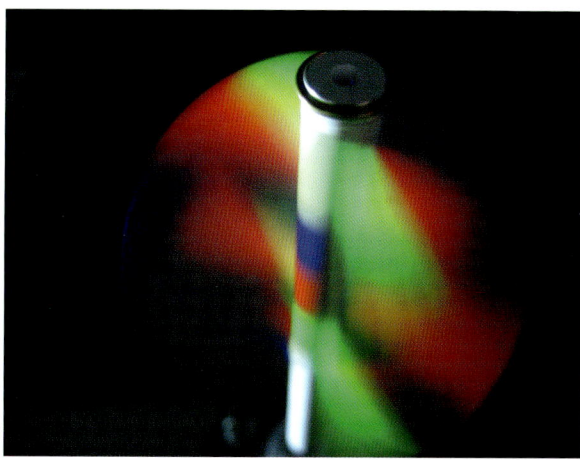

Abb. 4 *Im weißen Licht des Beamers entstehende bunte Farben auf rotierenden Scheiben.*

Abb. 5 *Drehbare Scheiben mit Schwarz-Weiß-Muster. Links in Ruhe, bei Tageslicht, rechts in Rotation, bei Beleuchtung mit weißem Mischlicht eines DLP-Beamers.*

können, so erhält man ebenfalls sehr eindrucksvolle Farbstrukturen (Abbildung 5 rechts). Stimmt die Drehzahl der Pappscheibe mit der Frequenz der periodischen Farbabfolge der Beleuchtung überein, so hängt es von der Phase zwischen beiden ab, welche Mischfarbe die weiße Pappscheibe reflektiert und welche Komplementärfarbe als ihr „Schatten" projiziert wird. Das lässt sich anhand von Abbildung 3 (rechts) im Prinzip nachvollziehen. Im Vordergrund sehen wir die rotierende Pappscheibe. Sie schimmert grünlich, weil sie immer nur dann dem weiß erscheinenden Licht des Beamers frontal zugewandt ist, wenn in dessen Farbabfolge gerade viel grünes Licht ausgesandt wird. Diese von der Scheibe reflektierte Farbe fehlt kurzzeitig im Schattenbereich, so dass dort die Komplementärfarbe erscheint.

Weicht die Farbwiederholfrequenz des Beamers auch nur leicht von der Drehzahl der Scheibe ab, so bleiben die Farben nicht so monochrom, wie es hier in der Momentaufnahme den Anschein hat. Vielmehr beobachtet man

einen ästhetisch reizvollen, steten Wechsel zwischen verschiedenen Farben. Davon geben die hier abgebildeten Momentaufnahmen nur einen sehr unvollkommenen Eindruck wieder. Ihre volle ästhetische Wirkung entfalten die kinetischen Farben erst, wenn man sie in Bewegung erlebt.

Bezugsquelle

[1] Filterfolien der Firma LEE lassen sich über die Firma LMP (www.lmp.de) beziehen.

Dieser Beitrag wurde von H. Joachim Schlichting zusammen mit Wilfried Suhr verfasst.

Physikalische Spielereien mit Trinkgläsern

Bei Licht betrachtet stellen transparente Trinkgläser Fundgruben optischer Phänomene dar. Vielfältige Reflexionen und Brechungen machen sich in verzerrten Abbildungen, Lichtreflexen und Farberscheinungen bemerkbar, die trotz einfacher physikalischer Zusammenhänge in ihrer Komplexität die physikalische Intuition der Betrachter herausfordern.

Tagtäglich greifen wir zum Glas, um unseren Durst zu löschen. Doch das Glitzern und den Klang der Gläser nehmen wir meist ebenso wenig bewusst wahr wie das Sprudeln und Fließen des Getränks. Diese und viele andere Phänomene bleiben meist unbeachtet. Doch mit aufmerksamem Beobachten und gezieltem Experimentieren kann man zu interessanten physikalischen Einsichten gelangen.

Durch ein transparentes Trinkglas mit oder ohne transparente Flüssigkeit kann man hindurchsehen und auf andere Gegenstände blicken. Anders als bei einer Fensterscheibe sieht man die Welt jedoch verkleinert abgebildet (Abbildung 1a). Schaut man hingegen durch ein gefülltes Weinglas hindurch, so erscheinen die Gegenstände nicht nur verkleinert, sondern auch seitenverkehrt und auf dem Kopf stehend (Abbildung 1b).

Die Verhältnisse lassen sich vereinfachen, wenn man durch ein zylindrisches Wasserglas blickt. Dann stellt man

nur eine Seitenverkehrung fest (Abbildung 1c). Damit wird klar, dass die vertikale Verkehrung offenbar auf die zusätzliche vertikale Krümmung des bauchigen Weinglases zurückzuführen ist. Es sind die Glaskrümmungen, welche die Verkehrungen hervorrufen.

Betrachten wir die Lichtwege. Der Einfachheit halber nehmen wir zunächst ein Glas, das nur in einer Ebene gekrümmt ist. Ein nahezu zylindrisches Glas, das außerdem eine vertikale Riffelung aufweist, tut dabei sehr gute Dienste. Stellen wir dieses mit Wasser gefüllte Gefäß in den Strahlengang einer hellen Lichtquelle, zum Beispiel der Sonne. Wir erkennen einerseits, dass das an sich durchsichtige Glas einen Schatten wirft und das Licht in diesem Schattenbereich einen hellen Fleck hervorruft.

Der Fleck entsteht, weil das Licht beim Übergang von der Luft zum Glas und Wasser zum Einfallslot hin gebrochen wird. Wegen der Krümmung des Gefäßes kommt es zur Fokussierung des Lichts auf einen kleinen Bereich, der daher sehr hell wird. Den Einfluss der dünnen Glasschicht auf die Brechung wollen wir hier der Einfachheit halber vernachlässigen.

Die Riffelung des Glases führt dazu, dass gewissermaßen einzelne Lichtstrahlen entstehen. Wir können daher nachvollziehen, dass diese das Lichtbündel repräsentierenden Strahlen im Brennfleck zusammengeführt werden und nachdem sie sich überkreuzt haben, wieder auseinanderlaufen. Dabei landen die Strahlen der linken Seite hinter dem Glas

Abb. 1 *a) Der Blick durch ein leeres Weinglas zeigt einige Verzerrungen. b) Der Blick durch den Wein zeigt die Gegenstände auf dem Kopf stehend und seitenverkehrt. c) Durch das zylindrische Glas gesehen scheint das Spielzeugauto aus der entgegengesetzten Richtung zu kommen.*

rechts und der rechten Seite links. Es wird damit unmittelbar einsichtig, warum durch diese Zylinderlinse hindurch gesehen die linke und die rechte Seite eines Gegenstandes vertauscht erscheinen.

Dreht man ein wassergefülltes, zylindrisches Gefäß (beispielsweise eine verschließbare transparente Flasche) um 90°, so geht die Seitenverkehrung in eine Verkehrung von Oben und Unten über. Ein bauchiges Weinglas verfügt über beide Krümmungen und führt daher zu beiden Verkehrungen.

Das Weinglas stellt also eine besondere Form einer Sammellinse dar. Schränkt man das Licht auf achsennahe Strahlen ein, so gelingt es näherungsweise einen Brennpunkt zu realisieren, durch den diese Strahlen einander kreuzend hindurchgehen.

Auch die Funktion einer Lupe lässt sich mit dem Weinglas veranschaulichen. Dazu nähert man das Glas dem Gegenstand soweit an, dass die Lichtstrahlen sehr divergent auf das Glas auftreffen und daher nicht so stark gebrochen werden können, dass sie sich überschneiden. Sie gelangen leicht konvergent im Auge des Betrachters. Da das Auge von der Brechung der Strahlen nichts „weiß" und „davon ausgeht", dass der Gegenstand, von dem die Strahlen ausgehen, in geradliniger Verlängerung der Strahlen befindet, erscheint es aufrecht und seitenrichtig sowie mehr oder weniger stark vergrößert (Abbildung 3 und 4).

Schatten durchsichtiger Objekte

Nach diesen Untersuchungen dürfte auch die Frage nach der Entstehung des Schattens hinter einem transparenten Glas (Abbildung 2) geklärt sein. Da das gesamte am kreisförmigen Querschnitt des Glases gebrochene Licht durch ein sehr kleines Raumgebiet (im Idealfall durch einen Punkt) geht, fehlt das Licht im übrigen Bereich hinter dem Glas: Schatten sind aber nichts anderes als Bereiche mit Lichtdefiziten.

In manchen Fällen kann der Eindruck entstehen, ein Weinglas würde sich kreativ mit seinem eigenen Schattenbild auseinandersetzen. Wenn es nämlich so in den Strahlengang einer Lichtquelle gestellt wird, dass neben dem Schattenbild auf einer Projektionswand, ein verfremdetes, auf dem Kopf stehendes Schattenbild durch das Glas hindurch zu sehen ist (Abbildung 5).

Ein wesentliches Problem bei der Erarbeitung physikalischer Zusammenhänge an Alltagsgegenständen ist in der oft überbordende Komplexität zu sehen. Diese gilt es so zu reduzieren, dass es nicht willkürlich, sondern von der Sache her geboten erscheint. Nicht immer sind die Nebenaspekte so unscheinbar, dass es leicht fällt, sie beiseite zu lassen. So auch im Falle des obigen Schattenphänomens. Um eine Erklärung der weißen Streifen kommt man kaum herum. Ohne tiefer darauf einzugehen, sei nur so viel gesagt: Der untere Streifen verdankt sich der Totalreflexion an der unteren Seite der Wasseroberfläche, der obere Streifen der Lichtbrechung an der unteren Glasrundung. (Eine Begründung mit Hilfe einer Computersimulation findet man in [6]).

Spiegelnde Gläser

Nicht nur das Auftreten von Schatten durch die Lichtfokussierung relativiert die Transparenz eines Trinkglases. Ein Teil des Lichts durchquert gar nicht erst die Grenzschicht, sondern wird spiegelnd reflektiert. Das kann man unter dafür günstigen Lichtverhältnissen unmittelbar sehen. Die Vorderseite des Weinglases in Abbildung 6 wirkt wie ein Wölbspiegel, wie er beispielsweise an unübersichtlichen Straßeneinmündungen steht. Noch ausgeprägter ist jedoch eine zweite Spiegelung, die an der Rückseite des Glases erfolgt. Diese wirkt wie ein Hohlspiegel in dem ein außerhalb der Brennweite liegender Gegenstand gesehen wird und dessen Spiegelbild daher auf dem Kopf steht.

Auch wenn die Spiegelphänomene transparenter Gläser nur unter besonderen Bedingungen (helle Gegenstände, dunkler Hintergrund zur Vermeidung von Streulicht) sichtbar werden, gehören Gläser zu den wichtigsten Alltagsgegenständen, bei denen das Prin-

Abb. 2 *Auf dem Wege von der Lichtquelle über das Wasserglas zur Leinwand kreuzen sich die Lichtstrahlen und führen zu einem seitenverkehrten Bild.*

Abb. 3 *Das Weinglas als Lupe.*

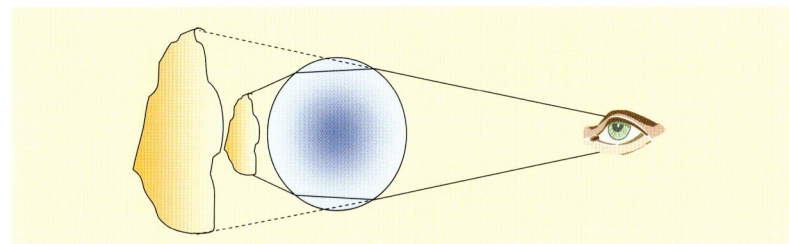

Abb. 4 *Schematische Darstellung der Vergrößerung eines dicht hinter einem gefüllten Weinglas stehenden Gegenstands.*

zip des Hohl- und Wölbspiegels realisiert erscheint. Wölbspiegel findet man im Alltag zum Beispiel als Frisierspiegel oder auch an spiegelnden Autokarosserien vor [1].

Leere Gläser

Bereits an Abbildung 1a konnte man erkennen, dass nicht nur gefüllte, sondern auch leere Weingläser Gegenstände modifiziert erscheinen lassen. Dort sieht man beim Blick durch das Glas einen Pavillon als aufrecht stehendes verkleinertes Bild. Das leere Weinglas wirkt also wie eine schwache Zerstreuungslinse. Ein leicht kurz-

Abb. 5 *Das Glas bildet seinen eigenen Schatten ab.*

Abb. 6 *Spiegelbilder des Fotografen an Vorder- und Rückseite des Glases.*

Abb. 8 *Der Blick durch ein volles Weinglas auf ein Haus offenbart ein zugleich aufrechtes und auf dem Kopf stehendes Bild.*

sichtiger Mensch könnte mit einem guten Weinglas entfernte Gegenstände deutlicher erkennen als ohne Hilfsmittel. Von der zerstreuenden Wirkung überzeugt man sich, wenn man sich die Bahn von Randlichtstrahlen durch das Glas vor Augen führt (Abbildung 7). Ein parallel zur optischen Achse in das Glas eintretender Lichtstrahl divergiert,

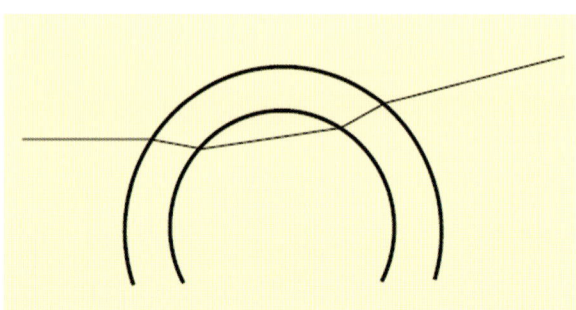

Abb. 7 *Randlichtstrahlen zeigen deutliche Divergenz und damit eine entsprechende Verkleinerung des betrachteten Gegenstands.*

so dass das Auge in geradliniger Verlängerung ein verkleinertes, aufrecht stehendes Bild sehen würde.

Nachdem man nunmehr weiß, dass der Blick durch ein leeres Weinglas auf einen fernen Gegenstand aufrecht stehende und der Blick durch ein gefülltes Glas Kopf stehende Bilder hervorbringt und außerdem davon überzeugt ist, dass es in der Physik eindeutig zugeht, macht man vielleicht die in Abbildung 8 dargestellte Entdeckung: Der Blick durch das Glas auf ein Haus ergibt sowohl ein aufrechtes als auch ein auf dem Kopf stehendes Bild. Hat man hier vielleicht zu tief ins Glas geblickt?

Öfter mal ins Trinkglas schauen

Auch wenn es zumindest im übertragenen Sinne nicht gut ist, zu tief ins Glas zu schauen, so kann ein tiefer physikalischer Blick eine Fülle interessanter und überraschender optischer Phänomene offenbaren, die zu einer eingehenden Auseinandersetzung motivieren. Wenn man sich darauf einlässt, optische Phänomene an realen Gläsern zu untersuchen, wird man bald erkennen, dass sich eine kaum zu erschöpfende Fülle weiterer Phänomene auftut. Sie können eine echte Herausforderung der Kreativität, des experimentellen Geschicks und der physikalischen Intuition darstellen [2 – 6]. Und in dieser Hinsicht hatte Wilhelm Busch Unrecht mit dem Spruch: *Ein Trinkgefäß, sobald es leer, macht keine rechte Freude mehr.*

Literatur

[1] H. J. Schlichting, Reflexionen im Alltag – Sehen lernen, was offen vor unseren Augen liegt. In: J. Grebe-Ellis, F. Theilmann (Hrsg.), open eyes 2005. Ansätze und Perspektiven der phänomenologischen Optik, Logos, Berlin **2006**, *127*.

[2] R. Erb, L. Schön, Die Schusterkugel. Zur Didaktik der Physik und Chemie. Vortrag der GDCP-Tagung in Weingarten **1990**. 291.

[3] H. J. Schlichting, MNU **2003**, *56* (6), 348.

[4] H. J. Schlichting, Phys. unserer Zeit **2009**, *40* (6), 314.

[5] H. J. Schlichting, Optische Marginalien – Phänomene im Trinkglas, in: Erb, R., Grebe-Ellis, J. (Hrsg.), Alles, was der Mensch ernstlich unternimmt, ist ein Unendliches. Physikalische Miniaturen, Logos, Berlin **2011**.

[6] U. Backhaus, T. Braun, Der Blick ins Wasserglas – Ein Anlass zu offenem Experimentieren, Vorträge der Frühjahrstagung der DPG, Regensburg **2007**.

Anhänge

Wo sind physikalische Spielzeuge erhältlich?

Wer physikalische Spielzeuge kaufen möchte, kann sich auf ein umfangreiches Angebot im Versandhandel im Internet stützen. In normalen Spielwarengeschäften ist das Angebot kleiner und häufig wechselnd. Manchmal muss man viel Findigkeit beweisen, um an ein bestimmtes Spielzeug heranzukommen.

Die im Folgenden angegebenen Internet-Adressen können nur eine Auswahl darstellen. Bestellungen aus dem Ausland können mitunter hohe Versandkosten bedeuten.

Shop Bild der Wissenschaft, www.wissenschaft-shop.de/ index.html
(sehr schöne und zum Teil exklusive Objekte, nicht nur Physik)

Spektrum der Wissenschaft, www.science-shop.de
(etwas teure, aber sehr schöne und teils exklusive Objekte)

Shop des Deutschen Museums, www.deutsches-museum-shop.com
(sehr viele Objekte, nicht nur Physik)

Spieleshop, www.spieleshop.de/wissenschaft.html
(Spielzeuge mit physikalischem Hintergrund, auch schöne Puzzles)

Gaby's Zauberland, www.hund-hersbruck.de
(günstige Einkaufsquelle, viele Artikel, auch Zauberartikel)

Kids and Science, kids-and-science.tradoria.de
(günstige Einkaufsquelle, umfangreiches Angebot für Kinder und Eltern, Schulen und Kindergärten)

AstroMedia, www.astromedia-verlag.de
(Schwerpunkt günstige astronomisch-optische Bausätze zum Selbstbau)

VDI Onlineshop – Technical Toys, www.vdi-nachrichten-shop.com/artikel/975998
(einige interessante Stirling-Motoren, Dampfmaschinen, Brennstoffzellen, Kreisel)

Dynabee Gyroscopic Exercises, www.dynabee.de
(physikalisch sehr interessanter Kreisel, auch Sporttrainingsgerät, viele Variationen)

Powerball, www.powerball-germany.de
(ähnlich wie Dynabee, aber mit Zähler für die Drehzahl)

Kreisel von Christoff Guttermann, www.kreiselvonchristoffg.de
(sehr schöne Kreisel; Wendekreisel, Taumelkreisel aus Metall; edle Kreisel aus Holz)

Valett Design, www.valett.de
(schöne Kreationen aus Edelstahl; großes Wilberforce-Pendel; Möbius-Band-Puzzle)

Supermagnete, www.supermagnete.de
(alle möglichen Magnete zum Spielen und Experimentieren; viele Anregungen durch kleine Veröffentlichungen)

Perpetuum Mobile, www.perpetuum-mobile.ch/de
(Schweiz; viele, zum Teil sehr schöne Spielzeuge aus der Physik)

Klangspiel, www.klangspiel.ch
(Schweiz; viele, zum Teil sehr schöne Spielzeuge aus der Physik)

Arabesk, www.arabesk.nl/en
(Niederlande; sehr große Auswahl; auch design und office toys)

Grand Illusions, www.grand-illusions.com
(Großbritannien; einige sehr originäre und originelle Objekte)

Science Museum London,
www.sciencemuseum.org.uk/shoponline.aspx
(Großbritannien, viele Bausätze)

Educational Innovations, www.teachersource.com/ index.html
(USA; viele und interessante, zum Teil originäre Spielzeuge und Lehrmittel für Schulen)

Arbor Scientific, www.arborsci.com/
(USA, viele Spielzeuge, auch Lehrmittel)

Edmund Scientifics, www.scientificsonline.com/
(USA, sehr umfangreiches Angebot)

In Ladengeschäften findet man die meisten Artikel in den Läden, die den wissenschaftlich-technischen Museen (Science Museum, Science Center) zugeordnet sind. Die Artikel sind üblicherweise nicht unter einer Rubrik Physikalische Spielzeuge geordnet, sondern verstreut im Laden vorhanden. Ohne Anspruch auf Vollständigkeit seien hier einige Adressen angegeben:

Deutsches Museum Shop, München, www.deutsches-museum-shop.com/

EXPLORA Museum+Wissenschaft+Technik, Glauburg Platz 1, 60318 Frankfurt am Main; der Laden dort hat keinen Verkauf über das Internet!

Phaeno shop, Wolfsburg, www.phaeno.de/shop.html

Phänomenta, Flensburg, www.phaenomentashop. com

Universum Science Center, Bremen, universum-bremen.de/de/startseite/web-shop

Technorama (Laden), Technoramastr. 1, CH-8404 Winterthur, Schweiz; ; der Laden dort hat keinen Verkauf über das Internet!

Diverse Läden in England (Science Museum/London), Frankreich (Cité des Sciences/Paris), USA (Liberty Science Center/New York, Science Center/Boston/Washington/Chicago/u.a.; Exploratorium/San Francisco). Bei einem Besuch in derartigen Museen lohnt sich ein Durchgang durch die dort befindlichen Läden auf jeden Fall.

Läden für Jonglierzubehör und Zauberartikel haben häufig auch Objekte, die sonst unter physikalischen Spielzeugen eingeordnet werden.

In allgemeinen Spielwarenläden findet man auch physikalische Spielzeuge. Diese gehen aber häufig im allgemeinen Angebot unter. Eine physikalische Beratung ist nicht vorhanden. Das Angebot wechselt schnell. Hersteller und Läden gehen dazu über, Artikel zum Teil nur kurzfristig oder saisonweise anzubieten. Einen schönen Kreisel findet man dann nicht wieder. In den Geschenkabteilungen großer Kaufhäuser und in sogenannten Geschenkboutiquen, Party-Shops und ähnlichen Läden, ja auch in modernen Einrichtungsgeschäften finden sich ebenfalls immer wieder mal physikalische Spielzeuge. Ähnliches trifft für Optiker und Elektronikfachgeschäfte zu. Manche Geschäfte sind spezialisiert auf Drachen, Bumerangs, alle Arten von Ballons, Zauber oder Jonglierartikel. Auch hier kann man fündig werden. Zufallsfunde lassen sich auch auf Jahrmärkten, Kirchweih, Oktoberfest oder ähnlichen Veranstaltungen machen. Ebensowenig systematisch findet man in den Überraschungseiern der Firma Ferrero gelegentlich ganz nette physikalische Spielzeuge (beispielsweise Wackeltier, Pickspecht, Mini-Mikroskop). Auf der nicht allgemein zugänglichen Nürnberger Spielwarenmesse sind natürlich die Hersteller selbst vertreten. Ein Handverkauf findet dort nicht statt.

Informationen und Literatur

Die Frage, was eigentlich ein physikalisches Spielzeug ist, lässt sich nicht eindeutig beantworten. Man kann nur versuchen, den Begriff einzugrenzen. Kreisel sind klassische physikalische Spielzeuge; wenn ein Wissenschaftler sich einem solchen Objekt zuwendet, kann der Spielzeugcharakter praktisch verloren gehen. Hologramme oder Moiré-Muster kann man spielerisch betrachten. In der Kunst finden sie ebenfalls Anwendung. Aber auch in Wissenschaft und Technik sind sie weit verbreitet. Bumerangs, Frisbeescheiben und Drachen sind Sportgeräte, weisen aber in mancher Hinsicht physikalische Spielaspekte auf. Es gibt fließende Verbindungen zwischen Freihandexperimenten und physikalischen Spielzeugen. Physikalische Spielzeuge sind mehr dadurch charakterisiert, dass sie als Einzelobjekte käuflich sind oder waren oder selbstgefertigt sind und der Spielaspekt im Vordergrund steht. Bei Freihandversuchen steht der Lehr- und Vorführaspekt im Zentrum. Ja, auch zwischen Magie und Zauberkunststücken auf der einen Seite und physikalischen Spielzeugen auf der anderen Seite bestehen Zusammenhänge.

Beim Einsatz im Unterricht und für alle diejenigen, die über das bloße Spielen hinaus weiterführendes Interesse haben, kann die Frage nach vertiefenden Informationen auftauchen. Sofern diese als Beilage überhaupt vorhanden sind, beschränken sie sich in den meisten Fällen darauf, den Zusammenbau und einige Spielmöglichkeiten zu erklären. Zusätzliche physikalische Hintergrundinformationen sind selten vorhanden, ja häufig auch nicht sinnvoll, weil die Erklärungen nicht allgemein interessieren oder zu schwierig wären. In einigen Fällen sind die Erklärungen zu physikalischen Spielzeugen so einfach, das sie ein Physiklehrer, Physiker oder naturwissenschaftlich Allgemeingebildeter ohne Rückgriff auf spezielle Literatur selbst geben kann. Jedoch sollte man dabei aufpassen. Manche Spielzeuge verleiten zu einfachen Erklärungen und sind in Wirklichkeit doch komplizierter, als man denkt. Hierzu zählen beispielsweise der Luftheuler, die trinkende Ente, der Klopfspecht und das Dampfboot. Einige Spielzeuge finden sogar Eingang in die Wissenschaft. Dazu zählen insbesondere spezielle Kreisel, wie der keltische Wackelstein, der Stehaufkreisel oder der magnetische Levitron-Kreisel. Der Übergang von Spiel zu Wissenschaft ist da ziemlich gleitend.

Als erste Quelle für weiterführende Information bietet sich heutzutage das Internet an. Die Eingabe des entsprechenden Spielzeugnamens ergibt meistens viele Einträge, üblicherweise von sehr unterschiedlicher Qualität. Ein Problem stellt schon der Name des Spielzeugs oder des Spiels selbst dar. Es kann sich um einen allgemein verbreiteten Namen handeln, unter dem auch im Internet sofort Informationen erscheinen. Beispiele dafür sind die schon erwähnte trinkende Ente, der Stehaufkreisel, der Levitron-Krei-

sel, das Kaleidoskop und andere. Bereits bei diesen Spielzeugen sind aber teilweise auch andere Bezeichnungen verbreitet. Der Stehaufkreisel ist auch unter den Namen Wendekreisel, Umkehrkreisel oder Kippkreisel bekannt. Die trinkende Ente heißt manchmal auch trinkender Storch, Wippvogel, Pickvogel, Schluckspecht oder sogar Suffi. Bei Wikipedia gibt es eine extra Kategorie Physikalisches Spielzeug [1], bei der äquivalente Namen aufgeführt sind, sofern das Spielzeug dort vorhanden ist.

Ein Spielzeug kann aber auch eine spezielle Firmenbezeichnung haben, die meist ebenfalls im Internet zu finden ist. Hinter Tick-Tock verbirgt sich beispielsweise das Kugelstoßpendel (Stoßpendel, Newtons Pendel, Newtons Wiege). Der Kreativität beim Suchen im Internet durch Hinzusetzen weiterer Wörter ist da keine Grenze gesetzt.

Eine enorme Erweiterung der Information erhält man durch Eingabe entsprechender Englischer Bezeichnungen. Sind sie nicht gerade auf dem Spielzeug oder der Verpackung selbst aufgeführt, ist es manchmal nicht einfach, die äquivalente Bezeichnung im Englischen zu finden. Wörterbücher helfen nur bedingt weiter. Zu einigen Artikeln bei Wikipedia sind die entsprechenden Namen und die ganzen Artikel in anderen Sprachen enthalten.

Die vordergründige Internetsuche (einfaches googeln) führt nur selten zu professionellen Datenbanken oder gar zum Verweis auf Behandlung des Spielzeugs oder des physikalisch-spielerischen Themas in einschlägigen Zeitschriften und Büchern. Das sind allerdings genaue Quellen weiterführender Information. Deswegen sei darauf etwas genauer eingegangen.

Es gibt einige Zeitschriften, in denen immer wieder physikalische Spielzeuge behandelt werden. Ohne Anspruch auf Vollständigkeit – insbesondere bezüglich mittlerweile nicht mehr existierender Publikationen – zählen im deutschsprachigen Raum dazu

Physik in unserer Zeit (Phiuz)

www.phiuz.de

kostenpflichtig zugänglich im Internet; ab 1993 spezielle Rubrik Die Spielwiese zum Thema Spiele und Spielzeuge. Einige Videos zum Thema sind frei zum Download.

Spektrum der Wissenschaft

www.spektrum.de

Ausgaben ab 1993 kostenpflichtig zugänglich im Internet; ab 2000 Beiträge zu physikalischen Spielzeugen und Spielereien; in früheren Jahren einiges in der Rubrik Experiment des Monats. Sonderheft Physikalische Unterhaltungen, 2010.

Bild der Wissenschaft

www.wissenschaft.de/wissenschaft/home.html

frei zugänglich ab 1997 im Internet, allerdings nur Texte (keine Abbildungen und Formeln); zwischen 1988 und 2000 viele Beiträge zum Thema in der Rubrik Das Kabinett.

Mathematisch-Naturwissenschaftlicher Unterricht (MNU)

www.mnu.de

nicht im Internet zugänglich. Ab 2002 auf CD erhältlich. Enthält insgesamt wenig zum Thema.

Praxis der Naturwissenschaften/Physik in der Schule

www.aulis.de/newspaper_view/praxis-der-naturwissen-schaften-physik-in-der-schule.html

beschränkt im Internet zugänglich. Enthält insgesamt wenig zum Thema.

Naturwissenschaften im Unterricht Physik (NiU)

www.friedrich-verlag.de/go/Schule%20&%20Unterricht/ Sekundarstufe/Naturwissenschaften/Physik

nur sehr eingeschränkt im Internet zugänglich. Enthält insgesamt wenig zum Thema.

PhyDid (nur im Internet), seit 2002

www.phydid.de

frei zugängliche Internetpublikation; insgesamt wenig zum Thema.

Tagungsbände des Fachausschusses Didaktik der Physik in der DPG

ab 2010 in PhyDid B frei zugänglich, von 1997 bis 2009 auf CD (zu beziehen über Lehmanns Media (www.lob.de)), davor nur in gedruckter Form. Enthalten eine ganze Menge von Beiträgen zum Thema.

Datenbank PhysDat

www.physikdidaktik.uni-wuppertal.de/db_suche.htm

Die Datenbank enthält fast 23.000 Einträge mit bibliographischen Angaben, Abstracts und Deskriptoren zu Aufsätzen aus deutschen physikdidaktischen Zeitschriften bis 2008, erstellt an der Universität Wuppertal. PHYSDAT erschließt Aufsätze zur Sekundarstufe I und II.

Private Datenbank von C. Ucke

www.ucke.de/christian/physik/suche.php

Diese Datenbank enthält etwa tausend Einträge speziell zur Literatur von physikalischen Spielzeugen, insbesondere Hinweise auf Literatur vor dem Jahr 2000. Jetzt nur noch sporadisch aktualisiert.

Datenbank Fachportal Pädagogik, Fachinformationssystem (FIS) Bildung

www.fachportal-paedagogik.de/fis_bildung/fis_form.html

frei zugänglich bezüglich der Recherche, einiges zu physikalischen Spielzeugen und Spielereien.

Datenbank GoogleScholar

scholar.google.de

frei zugänglich; zeigt enorm viel an aus Internet, Zeitschriften und auch Büchern

Deutsche Patent-Datenbank

www.dpma.de

frei zugängliche Datenbank für deutsche Patente. Im Prinzip eine enorme Quelle auch für physikalische Spielzeuge. Die spezielle Sprache und Form von Patenten erschwert häufig die Lesbarkeit.

Amerikanische Patente

www.google.com/patents

In dieser Suchmaske von Google kann man amerikanische Patente recherchieren.

Englischsprachige Zeitschriften enthalten insgesamt erheblich mehr Artikel zum Thema.

The Physics Teacher

tpt.aapt.org

Abstracts frei im Internet, sonst kostenpflichtig zugänglich; enthält viele Artikel zum Thema, häufig bezogen auf den Einsatz in Schulen.

American Journal of Physics

ajp.aapt.org

Abstracts frei im Internet, sonst kostenpflichtig zugänglich; enthält insgesamt viele Artikeln zum Thema, vielfach mathematisch anspruchsvoll.

Physics Education

iopscience.iop.org/0031-9120/

Abstracts frei im Internet, sonst i. A. kostenpflichtig zugänglich; enthält insgesamt eine Reihe von Artikeln zum Thema, häufig bezogen auf den Einsatz in Schulen.

European Journal of Physics

iopscience.iop.org/0143-0807

Abstracts frei im Internet, sonst i. A. kostenpflichtig zugänglich; enthält einige Artikel zu physikalischen Spielzeugen, mathematisch anspruchsvoll.

Artikel aus nicht direkt im Internet zugänglichen Zeitschriften lassen sich kostenpflichtig entweder direkt über die Zeitschrift oder über Subito bestellen (www.subito-doc. de). Personen mit Zugriff auf zentrale Online-Zeitschriftendatenbanken (Hochschul- oder Forschungsinstitutsangehörige oder Abonnenten) haben auf einige dieser Zeitschriften Online-Zugriff.

Außer in Zeitschriften, in denen Artikel eher unregelmäßig erscheinen, kann man in Büchern konzentriert zum Thema fündig werden. Hier kann nur ein Überblick einiger wichtiger Werke gegeben werden. Die meisten Bücher sind längst vergriffen, mittlerweile über das Internet antiquarisch dennoch erhältlich.

G. **Dussler,** Spiel und Spielzeug im Physikunterricht, Verlag Otto Salle, Frankfurt/M. 1933.

Richard **Kluge,** Spielzeuge als Zugang zur Physik, Verlag M. Diesterweg, Frankfurt/M. 1973.

Alfred **Becker,** Schulphysik mit Spielzeug, Aulis Verlag Deubner, Köln 1974.

Otto Ernst **Berge.** Spielzeug im Physikunterricht, Quelle&Meyer, Heidelberg 1982.

Mireille **Hibon,** Elisabeth **Niggemeyer**: Spielzeug Physik, Luchterhand, Köln 1998.

Jearl **Walker**: Der fliegende Zirkus der Physik, Oldenburg Verlag, München 2007, (Englisch: The flying Circus of Physics, 1975).
Zu diesem Buch gibt es eine frei zugängliche Webseite mit sehr vielen weiteren Literaturangaben und links: www.flyingcircusofphysics.com

Wolfgang **Bürger,** Spielzeug-Physik, Akademie-Bericht Nr. 98, Dillingen 1986; Akademie für Lehrerfortbildung, Kardinal-von-Waldburg-Str. 6–7, 89407 Dillingen.

Wolfgang **Bürger,** Der paradoxe Eierkocher, Birkhäuser-Verlag, Basel 1995.

Wolfgang **Bürger,** Der Traum des Seglers bei Flaute, Birkhäuser-Verlag, Basel 1998.

Ernst **Hrabalek,** Laterna Magica – Zauberwelt und Faszination des optischen Spielzeugs, München 1985.

Jürgen **Becker**, Christian **Ucke** (Hrsg.), Unterrichtsanregungen zur Physik-Boutique, Stark-Verlag, Freising 1995.

Renée **Holler,** Kreisel, Hugendubel Verlag, München 1996.

Norbert **Treitz,** Spiele mit Physik, Verlag Harri Deutsch, Frankfurt/M. 1996.

Joachim **Bublath,** Das knoff-hoff Buch, Heyne Verlag, München. Drei Bände 1987, 1988 und 1993.

Michael **Kratz,** Das Blutwunder von Neapel, AOL-Verlag, Lichtenau 1994.

Michael **Kratz,** Cola verdaut Fleisch, AOL-Verlag, Lichtenau 1997.

Beverley **Taylor** et al.: Teaching Physics with Toys, Terrific Science Press, Cincinnati 2006.

Mickey **Sarquis,** Exploring Matter with Toys: Using and Understanding the Senses, Terrific Science Press, Cincinnati 1997.

Jerry **Sarquis** et al., Investigating Solids, Liquids, and Gases with Toys, Terrific Science Press, Cincinnati 1997.

Jodi und Roy **McCullough,** Let them play – the role of toys in teaching physics, American Association of Physics Teachers 2000.

Internet

[1] de.wikipedia.org/wiki/Kategorie:Physikalisches_Spielzeug

Mitautoren

Die folgenden Personen haben bei den in Klammern hinter ihrem Namen stehenden Beiträgen mitgewirkt oder waren der Erstautor.

Jürgen Becker (*Roll Kegel, roll!*) ist ehemaliger Physiklehrer und war lange Zeit freier Mitarbeiter und wissenschaftlicher Mitarbeiter am Lehrstuhl für Physikdidaktik der Universität Erlangen. Er beschäftigt sich seit vielen Jahren mit physikalischem Spielzeug. Dazu hat er in physikdidaktischen Zeitschriften und in Lehrerhandreichungen publiziert sowie eine Vielzahl von Vorträgen in physikalischen Kolloquien an Universitäten und bei den Frühjahrstagungen der Deutschen Physikalischen Gesellschaft sowie bei Lehrerfortbildungen gehalten. Seine Vortragstätigkeit richtet sich seit 2007 überwiegend an den physikalisch interessierten Laien. Regelmäßig hält er zu historischem Spielzeug Workshops im Spielzeugmuseum in Nürnberg für jede Altersgruppe. Näheres unter www.webec.de

Dr. **Christoph Engelhardt** (*Wobbler oder Zwei-Scheiben-Roller; Kaustik in der Kaffeetasse*), geboren 1971, studierte Physik und Mathematik an der Technischen Universität München und interessiert sich für interdisziplinäre Themen.

Prof. Dr. Ing. **Christoph Glocker** (*Der Spielzeugspecht*), promovierte und habilitierte an der Technischen Universität München, seit 2001 im Institut für Mechanische System – Zentrum für Mechanik, ETH Zürich. Zentrales Thema seiner Forschung ist die nicht-glatte Dynamik mechanischer Systeme mit endlichem Freiheitsgrad, die zum Beispiel die Reib- und Stoßproblematik in Mehrkörpersystemen beinhaltet, und die eine Erweiterung der klassischen Mechanik darstellt. Näheres unter: www.zfm.ethz.ch/~glocker/

Dipl.-Ing. **Markus Eisen** (*Lavalampen*) konstruierte im Zuge einer Semesterarbeit im Jahr 2002 Teile der Experimental-Lavalampe und war weiterhin studentische Hilfskraft am Lehrstuhl für Thermodynamik der TU München. Seit dem Abschluss seiner Diplomarbeit im Jahr 2004 ist er für die Firma Bertrandt Ingenieurbüro GmbH in München tätig und arbeitet als Versuchsingenieur in der Fahrzeugerprobung.

Prof. Dr. **Friedhelm Kuypers** (*Steh auf Kreisel!*), geb. 1949, studierte Physik in Münster, Bonn, Freiburg und promovierte dort in theoretischer Physik. Er ist heute Professor an der Hochschule Regensburg und unterrichtet seit 1986 Physik und Technische Mechanik für Ingenieure und Naturwissenschaftler. Er ist Verfasser mehrerer Lehrbücher, u.a. Klassische Mechanik. Sein besonderes Interesse gilt dem Stehaufkreisel und Simulationen von Demonstrationen von physikalischen Effekten. Näheres unter: http://homepages.fh-regensburg.de/~kuf39386/

Dr. **Wilfried Suhr** (*Kinetische Farben*), geb. 1951, studierte Physik an der Universität Oldenburg, wo er 1992 über ein Thema der Wissenschaftsforschung promovierte. Gegenwärtig ist er als Mitarbeiter am Institut für Didaktik der Physik der Universität Münster im Bereich der Lehrerausbildung tätig.

Stichwortverzeichnis

A

Abbildung, optische   134
Aberration, chromatische   123
Ahornsamen   26
Anamorphose   110
Atomix   68ff
Aufwindkraftwerk   93
Ausdehnung von Flüssigkeiten   88ff, 89

B

Barlow   100
Barometer   84
Beamer (DLP)   132
Becher des Pythagoras   57
Beschleunigung   11, 33, 43ff, 50, 95ff, 106
Beugung   124, 125ff
Beugungsgitter   125
Bierdeckel   31
Bimetall   95
Brechung   134f, 120, 124, 125, 129
Büroklammer   6ff

C

Chromadepth-Brille   125

D

Dali   110
Dampfdruck   78, 80
Diabolo   29
Doppelkegel   29ff
Drehimpuls   10, 14, 15ff, 18, 101
Drehmoment   18, 20, 27ff, 56, 61ff

E

Eigenfrequenz   71
Einkristall   70
elektrischer Strom   100, 101
Elektromotor   100
elektrostatische Aufladung   70
Energie   10, 12, 15, 34f, 37f, 40ff, 43ff, 46f, 49, 51f, 57, 60, 69, 71, 74
Entropie, Energiedissipation   11, 40
Epizykloide   118ff

F

Faraday   100
Farbe, kinetisch   131
Farbenstereoskopie   123
Farbmischung   131

Farbtiefeneffekt   123
Feder   40, 43
Fernsehturm Berlin   50
Festkörperphysik   68
Flip-Flop   48

G

Galileo   87
Gasgesetz, ideales   85
Gegenwindfahrzeug   34
Goethe-Barometer   84
Gravesande   29
Grundschwingung   74

H

Hängebrücke   7
Hebelprinzip   60
Helmholtz-Resonator   71
Henry-Daltonsches Gesetz   65
hexagonale Struktur   68
Hohlspiegel   114
homopolar   100
Hubschrauber   26
Hui-Maschine   20ff

I

Impuls   34, 38, 71, 93, 104ff

J

jumping disc   95

K

Kaustik   117
Kavitation   64
Kelt   18ff
Kettenlinie   7
Kippkreisel   15
Klickscheibe   95
Kondensation   64, 78, 81
Korngrenze   69
Kraft   8, 10, 14, 20, 35, 60ff, 66, 92, 95, 100, 103, 105ff
Kreisel   6ff, 9, 12ff, 15ff, 18, 23ff
Kugelkreisel   12
Kugelstoßpendel   104

L

Lamellenbild   127
Lavalampe   89
Leerstelle   68

Leonardo da Vinci   93, 110
Lichtbrechung   120
Lichtstrahl   124ff, 112, 117ff, 120ff, 124, 129, 134f
Lichtwippe   96
Liebesthermometer   78
Linsenraster   128
Lorentz- Kraft   100
Luftdruck   85, 86ff

M
Magnet   100
Magnet   100, 102
Magnetkanone   104
Magnetkreisel   102
Magnetkugeln   13, 104
Metapendel   46ff

N
Nussknacker   60ff

O
Oloid   32

P
Parabel   7
Pendel   46
Pustekreisel   23ff

R
Radiaculum   102
rattleback   19
Reflexion   111, 112ff, 115ff, 117ff, 121, 134ff
Regelung   11, 27f, 48, 51f
Regenbogen   120
Reibung   2, 10, 11, 13f, 15ff, 18, 23f, 29, 35, 37f, 52f, 55, 61f,
   66, 70f, 74
Resonanzfrequenz   72, 74
Reynoldszahl   55
Rotation   9ff, 13, 17, 18, 20, 25ff, 52, 71

S
Samen, geflügelt   26ff
Sanduhr   54ff
Schnappscheibe   95
Schwerpunkt   6, 40, 81
Schwingung   21f, 37f, 44, 46ff, 48ff, 51f, 73f
Schwingungstilgung   48ff
Schwirrring   9
Sektblasen   65ff
Siedepunkt   63, 78, 88

Sisyphus   29
Specht   51
Spektrum   120
Sphericon   31
Spiegelbild   114, 136
Spielzeugspecht   51ff
Spiraculum   102
Spirale   9,1
Springspielzeug   43ff
Stapelfehler   69
Stehaufkreisel   6, 15ff
Stereobild   125, 128
Stick&Slip   38, 52
Storch, trinkender   80
Stroboskop   23
Strömung, laminare   55

T
Tantalus-Becher   57ff
Thermometer   87
Trinkglas, optisch   134

U
Ultraschall   64
Umkehrkreisel   15

V
Verbindungstorse   31
Verdunstung   79, 81ff
Versetzung   70
Viskosität   54

W
Wackelbilder   127
Wackelstein, keltisch   18ff
Wasserhammer   63ff
Weihnachtskugelrad   72
Weihnachtspyramide   92
Wetterglas   84
Wilberforcependel   47
Windrad   23
Wirkungsgrad   83
Wobbler   31
Wolkenkratzer   48

Z
Zauberspiegel   112, 114
Zwei-Scheiben-Roller   31ff
Zylinderanamorphose   111
Zylinderkreisel   12